一本书讲透

MCP

AI Agent互联网新纪元

占冰强 郭美青 莫欣 潘淳 覃睿 ◎著

机械工业出版社

CHINA MACHINE PRESS

图书在版编目（CIP）数据

一本书讲透 MCP：AI Agent 互联网新纪元 / 占冰强
等著 . -- 北京：机械工业出版社，2025.6（2025.9 重印）.
ISBN 978-7-111-78584-2

I. TP18

中国国家版本馆 CIP 数据核字第 2025Z1V442 号

机械工业出版社（北京市百万庄大街 22 号　邮政编码 100037）
策划编辑：杨福川　　　　　　　　责任编辑：杨福川　戴文杰
责任校对：孙明慧　杨　霞　景　飞　责任印制：单爱军
北京盛通数码印刷有限公司印刷
2025 年 9 月第 1 版第 2 次印刷
186mm×240mm・20.25 印张・1 插页・438 千字
标准书号：ISBN 978-7-111-78584-2
定价：99.00 元

电话服务　　　　　　　　　网络服务
客服电话：010-88361066　　机 工 官 网：www.cmpbook.com
　　　　　010-88379833　　机 工 官 博：weibo.com/cmp1952
　　　　　010-68326294　　金 书 网：www.golden-book.com
封底无防伪标均为盗版　　机工教育服务网：www.cmpedu.com

前　言

为何写作本书

自 2022 年 12 月以来，大模型和 AI Agent（智能体）以前所未有的速度从纯理论概念转变为实际应用，并广泛渗透到各行各业的不同场景之中。我们见证了大模型和 AI Agent 在能力上的巨大飞跃，同时也目睹了其在实际应用中的蓬勃生机。然而，在这片繁荣景象的背后，一个隐形壁垒逐渐显现：不同的大模型、各式各样的 AI Agent、海量的外部数据源以及层出不穷的工具，有如散落的群岛，彼此孤立，难以实现高效的协同合作。这种隔绝状态不仅大大增加了跨 AI Agent 和跨工具调用与数据发现的成本，也使得整个行业面临一个亟待突破的瓶颈。

直到 2024 年 11 月，Anthropic 公司提出并开源了模型上下文协议（Model Context Protocol，MCP），这项技术标准的发布像是划破沉寂的号角，宣告了一个大模型、智能体、工具、数据 API、SaaS 乃至桌面软件互联互通的新纪元的来临。MCP 的诞生，恰似互联网破晓时分的 HTTP，它为构建一个支持 AI Agent 自由协作、无缝沟通的"AI Agent 互联网"奠定了基石，使人类驾驭 AI 以应对复杂挑战的宏伟蓝图拥有了坚实的底层支撑。

MCP 的出现，如同一块投入平静湖面的巨石，激起了层层涟漪。无数热切目光汇聚于此——无论是锐意创新的开发者、运筹帷幄的产品经理、洞察先机的企业决策者、寻求机遇的投资人，还是记录时代的自媒体人，无不被 MCP 所描绘的无限可能深深吸引。尤其是对于通过编排、调度多个 MCP 服务器以协同完成复杂任务，各个行业更是充满了实践的向往，甚至视其为实现 AI 场景化应用落地的最佳捷径。

然而，当前关于 MCP 的系统性介绍与深度解读凤毛麟角，令许多满怀热情的探索者对 MCP 望而却步，不知从何入手。鉴于此，本书应运而生。我们旨在为不同背景、不同需求的读者——从开发者到决策者，从投资人到运营专员，从产品经理到内容创作者——提供一本全面、深入且实用的 MCP 指南。本书将引领读者，先从宏观视角洞察 MCP 所引发的深远影响与其昭示的未来价值，再深入微观层面，剖析在真实场景中构建、部署与应用 MCP 服务器的具体案例和实操步骤，力求满足每一位读者借力 MCP 实现 AI 应用落地的迫切需求。

本书主要内容

本书共 11 章，内容涵盖 AI Agent 互联网的演进、MCP 的核心功能与技术实现、MCP 的生态系统与发展趋势，以及如何构建基于 MCP 的应用，并深入探讨 MCP 对 AI 应用生态、大模型公司、AI Agent 框架的影响，最后展望 AI Agent 互联网的未来。

第 1 章回顾 AI Agent 的发展历程，从 AI Agent 的发展与局限性，到 AI Agent 互联如何推动 AI Agent 的普及，再到 AI Agent 互联网面临的挑战，以及 MCP 如何成为解决这些挑战的最优解。

第 2 章深入解析 MCP 的设计目标、相关概念（Function Call 与 RAG），以及 MCP 技术实现中的架构、组件与工作原理。

第 3 章探讨 MCP 生态系统的参与者、合作模式、发展策略、关键组成部分，AI Agent 和 MCP 的关联，以及 MCP 在多个场景中的应用案例。

第 4 章提供构建基于 MCP 的 AI 应用的理论基础和实战指南，包括安装 MCP 主机端、制作代码运行器 MCP 服务器、制作邮件发送 MCP 服务器，以及如何创建自己的 MCP 客户端以消费 MCP 生态提供的各种 MCP 服务器。

第 5 章通过实际案例，展示在 Cherry Studio、Clinde、Cursor、Cline 以及腾讯云等平台上使用 MCP 服务构建 AI Agent 应用的实操指南。

第 6 章分析 MCP 对经典 AI Agent 框架（如 Agently 和 BISHENG）核心组件的影响，MCP 对 AI Agent 构建平台架构的影响，以及主流 AI Agent 构建框架与 MCP 的集成。

第 7 章探讨 MCP 对 AI 应用生态的短期和长期影响，包括 AI Agent 从协助者到独立参与者的转变、工具生态的无限扩展，以及通用 AI Agent 在垂直领域中的应用潜力。

第 8 章分析 MCP 如何改变大模型公司的商业模式、促进大模型公司之间的合作与竞争，以及推动大模型技术的普及与应用。

第 9 章讨论 MCP 客户端的发展、MCP 应用与主流 AI 应用平台的集成策略、MCP 应用的推广策略，最后探讨 MCP 应用的商业化策略。

第 10 章展望 AI Agent 互联网的未来发展趋势，MCP 在 AI Agent 互联网中的角色与价值，以及 AI Agent 互联网对社会和经济的影响。

第 11 章分析智能系统的演进路径和 A2A 协议的背景、设计理念与架构、核心概念、关键特性，并探讨 MCP 和 A2A 等 Agent 协议之间的融合与竞争关系，以及各自的生态演进可能性。

本书读者对象

本书适合以下读者阅读：

投资人与企业领袖：本书将重点探讨 MCP 如何催生"AI Agent 互联网"，剖析其生态演进脉络，前瞻未来发展趋势，并厘清 A2A 协议与 MCP 之间的内在联系，帮助投资人和企业领袖把握行业趋势，做出明智决策。

开发者：本书不仅阐述运用 MCP 构筑 AI 应用的理论基础，还提供详尽的实战指南，包括构建基于 MCP 的 AI 应用，以及利用主流 AI Agent 框架（如 BISHENG、Agently）实际开发智能体与 MCP 服务器，并将其便捷地发布为微信小程序或公众号服务。

产品经理、运营专家及自媒体人：本书聚焦于如何通过 MCP 服务器高效达成具体目标。通过生动的案例，展示如何在短短 5 分钟内搭建起类 Manus 服务，如何零门槛创建定制化的 AI 销售外呼智能体，以及如何通过巧妙组合 3 个 MCP 服务器（如用 Explorium 进行数据探索、用 Pandoc 进行格式转换、用 Resend 进行邮件发送），轻松实现 AI 自动生成 PDF 报告并精准投递至指定邮箱。

本书内容特色

- ❑ 内容全面：本书从宏观到微观，从理论到实践，全面覆盖 MCP 及其在 AI Agent 互联网中的应用，为读者提供全面、深入的理解。
- ❑ 结构清晰：章节安排逻辑清晰，由浅入深，逐步引导读者深入理解 MCP 及其应用。
- ❑ 实战导向：提供大量实际案例和操作步骤，帮助读者将理论知识转化为实际应用能力。
- ❑ 阅读体验良好：语言通俗易懂，图文并茂，使读者在轻松愉快的阅读中掌握关键知识。
- ❑ 专家团队：由五位在各自领域具有卓越认知的专家共同撰写，保证内容的权威性和前瞻性。

资源和勘误

本书提供了丰富的附加资源，包括代码示例、工具下载链接、相关文献等。同时，我们也非常重视读者的反馈，如发现书中存在错误或疏漏，请通过电子邮件联系我们，邮箱地址为 bingqiang2008@gmail.com。

我们将在收到你的反馈后尽快进行核实和修正，并在本书的后续版本中更新。

作者分工

本书的诞生，离不开五位杰出作者以及 AIGCLINK 社区的鼎力支持与智慧贡献。

- ❑ 占冰强，AIGCLINK 发起人 & 微软 MVP，从场景落地和宏观战略视角分析了 MCP 的商业价值与 AI Agent 互联网未来的可能性。
- ❑ 郭美青，身处大模型公司技术前沿，从大模型厂商与 MCP 生态的战略视角，为本书提供了深度的 MCP 技术解读。

- ❏ 覃睿，知名开源 AI Agent 框架 BISHENG 的负责人，在书中分享了他在智能体构建与应用落地方面的深厚积累。
- ❏ 莫欣，AI 应用开发框架 Agently 的作者，从应用开发落地角度提供了多个实际案例，帮助实践者深入理解 MCP 服务器开发与智能应用开发。
- ❏ 潘淳，硅创社发起人，以其广阔视野，为读者解读了技术趋势与产业落地的宏观脉络。

五位作者凭借各自在大模型、智能体、应用场景、落地策略及宏观分析等领域的卓越认知，共同为读者描绘了一幅关于 MCP 如何重塑大模型生态、智能体生态，如何在实操场景中发挥优势，以及如何从不同行业拥抱 MCP、构建创新 AI 应用的清晰图景。

希望本书能够成为你探索 MCP、构建 AI Agent 互联网的得力助手，让我们共同迎接 AI 应用落地的美好未来。

占冰强

目　　录

第 1 章

AI Agent 互联网的演进

AI Agent 互联网的演进，是从孤立走向协作的技术变革。早期的 AI 功能单一，难以互联；如今 DeepSeek-R1、LangChain、AutoGPT 等正在推动 AI 多元协作和自主决策时代的到来。但是，当前的"AI Agent 互联网"仍面临标准缺失、安全和隐私风险等挑战。MCP 的出现，如同破晓之光，为 AI 提供了跨平台的统一标准，搭建起 AI 与现实世界的桥梁。过去 AI "各为政"，未来 MCP 将拆除"围墙"，实现无障碍协作。标准统一、安全可控、支持模块化扩展的 AI Agent 互联网，将引领下一次科技浪潮，让智能触手可及，让世界更高效、更美好。

1.1 AI Agent 的发展与局限性

AI（人工智能）正在迅速发展，智能系统已广泛应用于各行各业。其中，AI Agent 作为一种新兴技术范式，因具备更强的自主性和能动性，受到广泛关注。AI Agent 是能够自主"感知 – 思考 – 执行"的智能程序，相比传统的被动式 AI，更能适应复杂多变的环境。尤其在 GPT-4 等强大模型的推动下，AI Agent 的能力和影响力正在不断提升。

然而，如果我们只关注当下的技术进展，往往会忽视一个关键问题：AI Agent 是如何一步步发展到今天的？回顾它的演进历程，不仅有助于理解当前的技术水平，也能为判断未来的发展方向提供重要参考。表 1-1 列示了 AI Agent 的发展时间线与关键贡献者。

表 1-1 AI Agent 的发展时间线与关键贡献者

时间	事件 / 贡献	关键贡献者
1941—1950 年	首创机器智能思想，提出图灵测试	阿兰·图灵（Alan Turing）
1955—1957 年	开发逻辑理论家和通用问题求解器（GPS），提出物理符号系统假说	艾伦·纽厄尔（Allen Newell）、赫伯特·西蒙（Herbert Simon）
1975 年	分布式人工智能（DAI）作为子领域出现	—
1980 年	发表论文《合同网协议：分布式问题求解中的高级通信与控制》，奠定 DAI 基础	里德·史密斯（Reid Smith）
1989 年	MAAMAW 研讨会召开，推进多 Agent 系统研究	—

（续）

时间	事件 / 贡献	关键贡献者
1993 年	发表论文《面向 Agent 的编程》，提出 BDI 模型	约阿夫·肖汉（Yoav Shoham）
1995 年	出版《人工智能：一种现代的方法》，正式定义 AI Agent	斯图尔特·罗素（Stuart Russell）、彼得·诺维格（Peter Norvig）
2023 年 1 月	全球发布多个 LLM（如 Llama、BLOOM、StableLM、ChatGLM 等）	Meta、BigScience、Stability AI、智谱清言等
2023 年 3 月	OpenAI 发布 GPT-4，AutoGPT 问世，展示 AI Agent 新潜力	OpenAI、托兰·布鲁斯·理查德兹（Toran Bruce Richards）
2023 年 3 月后	涌现 Generative Agent、GPT-Engineer、BabyAGI、MetaGPT 等项目	全球开发者社区

1.1.1 AI Agent 的起源与演化

AI Agent 是指一种能够感知环境、自主决策并采取行动以实现特定目标的智能系统。作为 AI 领域的核心概念之一，AI Agent 的发展经历了多个阶段，汇聚了众多研究者的重要贡献。其定义和内涵随着技术演进不断深化，涵盖了从早期的 AI 理论探索到现代多 Agent 系统的广泛研究。

1. 20 世纪 50—60 年代：AI Agent 的起源

AI Agent 的概念可以追溯到人工智能的早期阶段，特别是 20 世纪 50—60 年代的开创性工作。在这一时期，艾伦·纽厄尔（Allen Newell）和赫伯特·西蒙（Herbert Simon）是关键人物。他们开发了逻辑理论家（Logic Theorist，1955 年）和通用问题求解器（General Problem Solver，1957 年）等程序，这些程序能够解决复杂问题并进行决策，可以看作 AI Agent 的雏形。他们的物理符号系统假说（Physical Symbol System Hypothesis）提出，任何能够操作符号的系统都具备实现智能行为所需的充分必要条件。这一假说在 1976 年的图灵奖讲座中得到明确阐述，定义了"机器"作为操作符号的代理，这一定义为后来的 AI Agent 概念奠定了理论基础。尽管他们可能并未直接使用"AI Agent"这一术语，但他们的工作为这一概念的形成提供了重要的理论支持。

阿兰·图灵（Alan Turing）于 1941 年开始思考机器智能。他在 1950 年发表的论文《计算机器与智能》中提出了著名的"图灵测试"作为评估机器智能的标准。该测试让人类评判者与机器进行文字对话，并要求人类评判者判断对话对象是人类还是机器。如果机器的回答无法被区分为非人类的，那么就认为机器具备了智能。图灵强调，应通过行为表现而非内部机制来判断机器是否具备智能，这一观点对后来的人工智能研究产生了深远影响。尽管图灵未明确使用"Agent"一词，但他的工作为智能系统的自主行为提供了哲学和理论基础。

2. 20 世纪 70—80 年代：分布式人工智能兴起

20 世纪 70—80 年代，分布式人工智能（Distributed Artificial Intelligence，DAI）作为

AI 的一个子领域兴起，标志着 AI Agent 概念的进一步发展。根据记录，DAI 在 1975 年被正式提出，主要关注 AI Agent 之间的交互，分为多 Agent 系统和分布式问题解决两大分支。这一时期的研究重点是多个智能实体如何通过合作、共存或竞争来解决问题。

1980 年，里德·史密斯（Reid Smith）发表了论文《合同网协议：分布式问题求解中的高级通信与控制》（The Contract Net Protocol：High-Level Communication and Control in A Distributed Problem Solver），这篇论文被认为是 DAI 的重要里程碑。它提出了一个分布式任务分配框架，框架中的多个 AI Agent 通过通信协调完成任务。这一工作为 AI Agent 的分布式特性提供了实践基础，尽管当时可能未明确使用"AI Agent"这一术语。

这一时期的另一贡献是卡尔·休伊特（Carl Hewitt）在 20 世纪 70 年代提出的演员模型（Actor Model），该模型描述了并发计算中的自主实体通过消息传递进行交互。虽然演员模型主要用于并发系统，但其思想与 AI Agent 的自主性和交互性有着密切的联系。

3. 20 世纪 90 年代：AI Agent 范式的形成

到了 20 世纪 90 年代，AI Agent 的概念被广泛接受，成为 AI 研究的核心框架。这一转变得益于决策理论、经济学的引入，以及多学科的交叉融合。根据"History of Artificial Intelligence"[⊖]，这一时期的研究者如朱迪亚·珀尔（Judea Pearl）、莱斯利·P. 凯尔布林（Leslie P. Kaelbling）等人，将决策理论和经济学中的理性 Agent 概念引入 AI，丰富了 AI Agent 的定义。

1993 年，约阿夫·肖汉（Yoav Shoham）发表了论文《面向 Agent 的编程》（Agent-Oriented Programming），明确提出了 Agent 的正式定义，包括其信念、欲望和意图（BDI 模型），为 AI Agent 理论框架的构建做出了重要贡献。这一时期还出现了针对多 Agent 系统的研究，如欧洲多 Agent 系统建模自主 Agent 研讨会从 1989 年开始举办，进一步推动了相关研究。

4. 1995—2022 年：现代定义与推广

1995 年，斯图尔特·罗素和彼得·诺维格出版了《人工智能：一种现代的方法》（*Artificial Intelligence: A Modern Approach*）一书。

这本教科书成为 AI 领域的标准参考文献。他们将人工智能定义为"研究和设计 AI Agent 的学科"，并明确了 AI Agent 的定义：任何能通过传感器感知环境并通过执行器采取行动的实体。这一定义包括机器人、软件程序等，强调了目标导向行为是智能的核心。这一工作标志着 AI Agent 概念的正式化和普及，为后来的研究奠定了基础。

尽管罗素和诺维格的定义被广泛接受，但 AI Agent 的概念在不同领域（如机器人、软件 Agent、多 Agent 系统）中有不同的解释，存在一定争议，例如是否所有自主系统都应被视为 AI Agent，以及 AI Agent 的智能程度如何定义。

⊖ ALBERTO G, PATRICK J D, PHILIPPE C, et al. History of Artificial Intelligence [M] // FILIPPO F, OLIMPIO G, GIORGIO G. Artificial Intelligence in Orthopaedis Surgery Made Easy. Berlin: Springer Cham, 2024: 1-9.

5. 当代发展：LLM 与 AutoGPT 的兴起

2023 年以来，AI Agent 的发展迎来了新的高潮，LLM 的发布和 AutoGPT 的出现标志着 AI Agent 应用进入新阶段。

自 2023 年 1 月起，全球多家科技公司陆续发布了自己的 LLM，包括 Llama、BLOOM、StableLM、ChatGLM 等开源模型。2023 年 3 月 14 日，OpenAI 发布了 GPT-4，这一事件成为当年 AI 发展的里程碑。紧随其后，当年 3 月底，AutoGPT 横空出世，迅速引发全球关注。AutoGPT 是由 OpenAI 在 GitHub 上推出的免费开源项目，结合了 GPT-4 和 GPT-3.5 技术，能通过 API 实现完整项目的创建。与传统的 ChatGPT 不同，用户无须持续提问，只需要提供一个 AI 名称、描述和 5 个目标，AutoGPT 便可自主完成任务。它能够读写文件、浏览网页、审查自身生成的结果，并结合历史记录进行优化。AutoGPT 展示了 GPT-4 的强大能力，也为 AI Agent 的自主性树立了新标杆。

作为 OpenAI 的实验性项目，AutoGPT 不仅吸引了技术社区的目光，也让更多人认识到 AI Agent 的潜力。这一事件成为催化剂，随后基于 LLM 的 AI Agent 项目如雨后春笋般涌现，例如通用 Agent、GPT-Engineer、BabyAGI、MetaGPT 等，这些创新使 LLM 的发展与应用进入全新阶段。这些项目的涌现不仅加速了技术进步，也将 LLM 的创业热潮和落地实践引向了 AI Agent 的方向，预示着 AI Agent 在未来智能化社会中的核心地位。

AI Agent 的概念起源于 20 世纪 50 年代的理论探索，在 1995 年由罗素和诺维格创作的经典教科书中被正式定义。2023 年，LLM 与 AutoGPT 的出现将 AI Agent 推进到快速演化的新阶段。经过数十年发展，AI Agent 逐渐形成了下面的概念框架。

AI Agent 是一种具备环境感知、自主决策和任务执行能力的智能系统。它能理解自然语言指令，自主在互联网或软件环境中完成复杂任务。用户只需给出目标，AI Agent 即可自动分解任务、调用工具、检索信息，最终完成任务。AI Agent 的核心特征之一是自主性，这使其能在无人工干预的情况下独立感知环境、做出决策并执行任务。与之并行的另一项关键能力是基于大模型的推理，AI Agent 依靠这一能力处理复杂数据，进行深度分析，以制订最优行动方案。

我们以智能电子邮件分类系统为例，介绍 AI Agent 最小框架，即包括感知（Perception）模块、规划（Planning）模块与行动（Action）模块的 PPA 模型，如图 1-1 所示。

（1）感知

AI Agent 访问用户的电子邮件账户，收集新邮件的发件人、主题、正文、附件等信息，为后续决策提供数据基础。

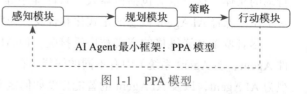

图 1-1　PPA 模型

（2）规划

AI Agent 首先依据预定分类标准（如工作、个人、促销、社交）分析邮件特征，以确定邮件的类别，然后使用机器学习算法（如朴素贝叶斯或支持向量机）进行模型训练，并设置分类阈值。

（3）行动

AI Agent 将邮件输入训练好的分类模型中，以预测邮件类别，并将其自动移动到对应文件夹中或进行标记（重要、待处理等）。同时，AI Agent 向用户提供分类结果摘要，并允许用户反馈，以持续优化模型。

理想的 AI Agent 与环境的交互具有双向性、动态性和持续性，类似于人类与物理世界的交互过程。AI Agent 的感知能力不仅包括对直接数据（如邮件内容）的收集，也涉及通过传感器、外部数据源或用户反馈等途径对信息的获取。

LLM 的涌现为 AI Agent 提供了强大的通用智能技术基础，推动互联网进入由众多 Agent 协同运作的"AI Agent 时代"。随着全球数千个 LLM 的发布，AI Agent 的应用已扩展至教育、医疗和商业等众多领域。全球主要科技公司对 AI Agent 的定义与实践进一步丰富了这一概念的内涵。

- 谷歌：强调 AI Agent 较 AI 助手和 Bot 具有更高的自主性与复杂性，能主动完成任务。
- 亚马逊：定义 AI Agent 为"理性 Agent"，能通过感知与数据分析做出最优决策。
- Salesforce：强调 AI Agent 无须人工干预即可理解用户需求并做出响应，具备自我持续优化的能力。
- 微软：定义 AI Agent 为能够自主或协助用户完成任务的 AI 驱动应用，并明确了助手型 AI Agent 与任务型 AI Agent 的差异。
- MIT：提出 Agentic AI，强调 AI Agent 在复杂任务处理中的主动性、自主性和目标导向能力。

这些观点共同强调了"感知－规划－行动"这一核心过程，并广泛认可 LLM 技术是驱动 AI Agent 智能化跃迁的关键。AI Agent 作为智能系统的一种高级形态，正逐步成为智能互联网发展的核心力量。它的自主性、泛化能力与工具集成能力，正在重塑人机协作模式与信息服务的基本形态。

AI Agent 的出现代表了人工智能领域的一个重要进步，标志着被动的、需要明确指令的 AI 系统正在转变为更加智能、自主和能够主动解决问题的系统。随着技术的不断发展，我们可以预见 AI Agent 将在未来发挥越来越重要的作用，不仅能够提高各行各业的效率和生产力，还可能在科学研究、环境保护和社会服务等领域带来变革。然而，随着 AI Agent 能力的增强，我们也需要更加重视相关的伦理、安全和社会影响，确保这项技术能够朝着对人类有益的方向发展。

1.1.2　AI Agent 的局限性

在 2022 年 LLM 广泛兴起之前，AI Agent 的发展长期受限于理论方法、计算能力与硬件水平，难以实现通用智能，它通常只能在特定领域内执行单一功能，智能水平相对有限。早期 AI Agent 大多基于规则系统构建，依赖人工设定的逻辑规则进行感知与决策，缺乏学习能力与环境适应性。这些系统虽在结构清晰、规则明确的任务中表现良好，但在面对复杂、多变或未知场景时显得捉襟见肘。

在人工智能早期阶段，两种核心架构范式主导了技术发展：符号主义与连接主义。符号主义强调通过逻辑推理，使用符号和规则对知识进行表示与处理，广泛应用于专家系统和知识工程领域；而连接主义则以人脑神经网络为灵感，强调通过数据驱动的模式学习知识，是机器学习的理论源头。在当时，符号主义一度成为主流，AI Agent 在规则明确的领域内展现出较强的推理与执行能力。这类早期系统普遍具备"基于规则"的技术特征，运行机制依赖预定义的脚本、决策树与条件规则，缺乏泛化能力和动态适应能力。

随着技术的持续演进，AI Agent 逐步具备了学习能力、自主决策能力和多主体协作机制，从早期的工具型程序发展为更具智能性和交互性的系统。其发展路径大致可划分为 5 个阶段，每一阶段均在自主性、感知能力、推理水平以及人机交互方式等方面取得了关键性突破，推动着 AI Agent 向更高层次的智能演化。

1. 基于规则的系统（20 世纪 50—70 年代）

这一阶段是 AI Agent 的最初探索时期，以符号主义为核心范式，强调通过显式逻辑推理和规则系统实现有限的智能行为。AI Agent 系统依赖形式逻辑和基于规则的推理机制来模拟人类的决策过程，重点在于知识表示、推理引擎和命题逻辑。

代表性系统包括：逻辑理论家，它能够证明数学定理，被视为第一个人工智能程序；ELIZA，它通过关键词匹配实现对话模拟，尽管它并不理解对话的语义，但它引发了"ELIZA 效应"；MYCIN，它在医疗诊断中采用一系列 if-then 规则推断感染类型；DENDRAL，它用于协助化学家识别有机分子的结构。

这些系统在逻辑和领域表现力方面具有一定优势，但缺乏适应性和通用性，完全依赖人类专家编写规则，难以处理现实世界中的不确定性与模糊性。系统本身无法从经验中学习，也无法拓展到超出既定规则范围的任务。

基于规则的系统的应用场景如下：

❑ 医疗专家辅助（如 MYCIN）。

❑ 化学结构分析（如 DENDRAL）。

❑ 对话模拟（如 ELIZA）。

2. 专家系统（20 世纪 70—80 年代）

在这一阶段，AI Agent 开始在工业和企业领域中得到应用。专家系统成为人工智能的主流应用形式，主要用于模拟人类专家在特定领域的决策能力。系统结构通常由知识库、推理引擎和用户接口组成，并采用模糊逻辑、启发式规则等技术增强推理能力。

XCON 系统被用于配置复杂计算机系统；Prospector 能帮助地质学家进行矿产勘探；CMU 的 Hearsay-II 是早期的语音理解系统，具备多 Agent 结构。

专家系统的优势在于知识表达明确、推理逻辑可追溯，能够在结构化环境下提供稳定服务，但也暴露出知识获取困难、系统维护成本高昂、缺乏通用性与学习能力等问题，无法实现跨任务或跨领域的迁移与自我演化。随着应用领域的拓展，专家系统的构建变得日益复杂，其效率和灵活性逐渐难以满足现实需求。

专家系统的应用场景如下：

- 企业配置系统（如 XCON）。
- 地质勘探与工程诊断（如 Prospector）。
- 语音识别与语言处理（如 Hearsay-II）。

3. 基于机器学习的系统（20 世纪 80—90 年代）

进入 20 世纪 90 年代后，随着计算能力的提升与数据规模的扩大，AI Agent 开始引入机器学习方法，从以规则为核心的推理系统逐渐过渡到数据驱动的预测模型。这一阶段的显著标志是推荐系统的兴起和 AI Agent 概念的成形，系统开始具备个性化服务能力和初步的适应能力。

Tapestry 被认为是第一个使用协同过滤方法的推荐系统；GroupLens 系统在新闻推荐中引入了基于邻域的用户相似性算法；Grundy 采用内容过滤方法推荐图书。此外，对话系统（如 PARRY 和 Jabberwacky）也展现出一定的语言生成能力，尽管它们仍依赖模板和模式匹配。在自然语言处理方面，N-gram 模型、TF-IDF 等技术被广泛应用于文本表示和相似性判断。

这一阶段的 AI Agent 在用户建模、行为预测、个性化服务等方面取得了实质性进展，但仍面临冷启动、数据稀疏、语境理解薄弱等关键挑战，系统多为孤立运行，缺乏互操作性和跨 Agent 协作机制，整体智能水平仍然受限。

基于机器学习的系统的应用场景如下：

- 电商与内容平台的推荐系统（如 GroupLens）。
- 新闻、电影、图书的个性化推荐（如 Grundy）。
- 简单人机对话（如 PARRY、Jabberwacky）。

4. 自主 AI Agent（20 世纪 90 年代—21 世纪初）

随着智能设备的普及和交互技术的演进，AI Agent 逐步从后台逻辑系统向面向用户的交互 Agent 过渡，智能助手成为该阶段的重要代表。系统开始具备一定的感知能力和任务调度功能，语音识别、自然语言理解、多模态交互成为关键研究方向。

Siri 最初以应用控制和固定命令为主，标志着语音助手的商业化起点；IBM 的 Watson 系统通过语义搜索和知识库问答赢得 *Jeopardy!* 竞赛，展示出结构化知识场景下的强大检索与推理能力；Netflix 等平台则通过协同过滤与内容特征相结合的混合模型改进推荐效果。

尽管在技术上已经实现了对多个任务的处理和对用户意图的基础理解，但系统整体仍然依赖预设路径，缺乏通用推理、深度理解和上下文持续建模能力。不同 AI Agent 之间无法协同操作，智能能力局限在单一服务范畴之内。

自主 AI Agent 的应用场景如下：

- 智能语音助手（如 Siri）。
- 结构化问答系统（如 Watson）。

❑ 多模态推荐引擎（如 Netflix ）。

5. 任务型 AI Agent（2010—2022 年，LLM 兴起前）

在 LLM 兴起之前，AI Agent 的发展进入"任务型 AI Agent"阶段。这一阶段，人工智能逐步从早期的命令控制和规则响应，发展为具备特定领域任务执行能力的系统。深度学习在图像识别、语音识别、自然语言处理等子领域取得突破，为 AI Agent 提供了更强的"感知"基础，但推理能力、上下文建模能力与通用性依然有限。

代表性系统通常围绕某一项具体任务构建，如客服机器人、导航助手等。这些系统通过训练获得较高精度的识别或分类能力，能完成一类标准化任务，但仍依赖大量人工设定的工作流和规则逻辑，缺乏通用性与可迁移性。

在这一阶段，强化学习在部分场景（如游戏或控制系统）中取得初步成果，对话系统也从早期的规则驱动逐步演化为基于意图识别的多轮对话模式。与此同时，多模态模型开始萌芽，尽管在图像、语音、文本等单模态任务中表现出色，但仍难以实现跨模态的信息融合与推理整合。系统普遍缺乏统一的语义表示能力，导致 AI Agent 难以跨工具调用，也无法实现多 Agent 之间的有效协同。

任务型 AI Agent 的应用场景如下：

❑ Google Assistant / Amazon Alexa。

❑ 百度度秘、阿里小蜜等企业客服系统。

❑ Tesla 自动驾驶 FSD Beta 早期版本。

如图 1-2 所示，经过上述阶段的演进，早期 AI Agent 逐步从依赖规则的初级系统，发展为具备学习能力、自主决策能力与协作机制的复杂智能体，为现代人工智能技术的落地应用奠定了坚实基础。

1	基于规则 的系统 20 世纪 50—70 年代	- 知识获取困难，系统构建成本高 - 缺乏自我学习与迁移能力 - 应用领域受限，难以扩展与维护
2	专家 系统 20 世纪 70—80 年代	- 冷启动与数据稀疏问题严重 - 上下文理解能力薄弱，智能水平有限 - 系统孤立运行，缺乏协同机制
3	基于机器 学习的系统 20 世纪 80—90 年代	- 智能助手依赖预设路径，缺乏通用推理能力 - 上下文建模能力弱，无法跨任务理解 - 智能碎片化，无法协同操作
4	自主 AI Agent 20 世纪 90 年代—21 世纪初	- 智能助手依赖预设路径，缺乏通用推理能力 - 上下文建模能力弱，无法跨任务理解 - 智能碎片化，无法协同操作
5	任务型 AI Agent 2010—2022 年	- 面向单一任务，缺乏通用性与可迁移性 - 推理能力有限，仍需大量人工设定 - 多模态与多代理融合能力薄弱，语义统一缺失

图 1-2　AI Agent 各阶段的局限性

早期的 AI Agent 通常需要用户的明确指令和持续干预，自主性较低；传统机器人多依赖预设程序运行，基本不具备自适应与学习能力，智能水平有限。这种差异既源于技术路径的不同，也受到各自所处时代硬件与算法条件的制约，具体见表 1-2。

表 1-2 各阶段 AI Agent 的局限性及具体影响

时间	局限性	示例系统	具体影响
20 世纪 50—60 年代	硬件限制：内存和性能不足，难以支持复杂计算	GPS、Logic Theorist	早期计算机性能低下，内存较小，限制了处理大规模数据和复杂任务的能力
20 世纪 60—70 年代	领域特异性：AI Agent 仅为特定任务设计，缺乏泛化能力	MYCIN、SHRDLU	AI Agent 无法跨领域应用，功能单一，难以应对多样化或未预见的场景
	脆弱性：面对未预料情况时易失败，缺乏鲁棒性	MYCIN	系统依赖硬编码规则，遇到新情况时无法适应，表现出明显的脆弱性
20 世纪 70—80 年代	扩展性问题：规则数量随问题规模的扩大呈指数型增长	专家系统	复杂任务下，系统维护困难，计算成本激增，限制了应用范围和实用性
	莫拉维克悖论：感知和运动任务表现不佳	早期视觉和语言系统	AI 在人类认为简单的感知任务（如视觉识别）上表现欠佳，难以实现智能行为
	常识和推理挑战：缺乏日常知识，推理能力弱	自然语言处理系统	AI Agent 无法进行常识推理，限制了其在现实世界中的交互和应用能力
20 世纪 80—90 年代	理论方法限制：符号主义 AI 难以处理不确定性和动态环境	基于机器学习的系统	AI Agent 无法有效处理模糊信息，缺乏适应性，导致智能水平受限
20 世纪 90 年代—21 世纪初	计算能力不足：无法支持大规模并行计算和数据处理	早期神经网络	限制了机器学习和深度学习的发展，AI Agent 的智能水平提升缓慢，难以处理复杂任务
21 世纪初—21 世纪 10 年代	数据稀缺：高质量训练数据不足，限制学习能力	早期机器学习系统	AI Agent 无法从有限数据中学习复杂模式，功能受限，难以实现高级智能
21 世纪 10 年代—2022 年	硬件瓶颈：GPU 和 TPU 等加速器尚未普及，计算资源有限	早期深度学习模型	训练大规模模型耗时长，限制了 AI Agent 的实时性和复杂性，无法满足高需求应用

随着机器学习，特别是深度学习技术的突破，AI Agent 逐渐具备了自主学习、自主决策和多 Agent 协作的能力，开始从静态的工具程序演化为具有一定智能与互动能力的系统。AlphaGo 和各类智能推荐系统是这一阶段"专用 AI Agent"的代表。

进入 2023 年，LLM（如 GPT-4、Claude、DeepSeek 等）与生成式 AI 的迅猛发展，为 AI Agent 系统注入了新的"通用能力"。这一阶段的 AI Agent 不仅能够理解和生成自然语言，还能感知复杂语境、调用外部工具、执行多步任务，甚至进行跨领域推理，具备了更高层级的自主性与适应性。

以 AutoGPT、AgentGPT、Manus 为代表的新一代通用 AI Agent 系统，标志着 AI Agent 从"专用智能"向"通用智能"的跨越。这些系统可以自主分解目标、规划行动路径、调用 API 完成任务，已广泛应用于科研助手、企业办公自动化、软件协同开发等场景。

AI Agent 的发展经历了从规则驱动到数据驱动、从静态逻辑到动态推理、从封闭系统到开放协作的深刻演进。2023 年后，以 LLM 为核心的智能涌现正在开启 "AI Agent 互联网"
时代，一个由大量具备通用能力的 AI Agent 组成的互联生态正在逐步成形。

1.2 AI Agent 互联如何推动 AI Agent 普及

AI Agent 互联技术的发展，是推动 AI Agent 广泛应用的关键。通过实现 AI Agent 之
间及 AI Agent 与外部系统之间的高效协同，AI Agent 具备了更强的任务执行、工具调用和
系统集成能力，显著提升了实用性和自动化水平。标准化与平台化降低了开发门槛，使构
建 AI Agent 更便捷；同时，接入实时数据和上下文信息，也让服务更加智能和个性化。早
期多 Agent 通信虽有 FIPA、KQML 等尝试，但因技术限制难以普及。Web API 虽解决了部
分集成问题，但缺乏通用性。随着 LLM 的兴起，LangChain、AutoGPT、OpenAI 插件系统
和 AgentVerse 等平台相继出现，提升了 AI Agent 的工具接入和自主协作能力，推动了 AI
Agent 的标准化发展。新一代 "AI Agent 互联网" 正在形成，多个智能体通过统一协议协同
工作，为用户完成更复杂的任务提供支持。

1.2.1 AI Agent 互联的重要意义

平台是 AI Agent 互联网生态系统的重要基石，提供了创建、管理和连接 AI Agent 所
需的基础设施与开发工具，显著降低了开发和部署门槛。这些平台支持多 Agent 协作与跨
系统整合，助力 AI Agent 深度嵌入各类业务流程，并拓展至办公自动化、客户服务、数据
处理等多种场景。通过免费试用、低成本接入方案以及与现有系统的无缝整合，平台有效
提升了中小型企业的可访问性。同时，平台还注重用户体验、界面友好性及安全隐私保障，
增强了用户的信任度与满意度。

互联技术的持续演进是 AI Agent 大规模应用的关键基础。所谓互联，指的是 AI Agent
之间以及 AI Agent 与外部系统之间实现高效协同和无缝连接的能力。借助这一能力，AI
Agent 能够跨平台调用工具、共享数据、协作完成复杂任务，显著提升其实用性与智能化水
平，为其在各个行业中的广泛落地奠定技术基础。

1. 提升功能增强与实用性

互联技术使 AI Agent 能够访问更广泛的资源与工具，从而执行更复杂的任务。这种能
力显著提升了 AI Agent 在多场景下的实用性，包括跨平台操作、复杂工作流的自动执行以
及多源数据的整合分析，提升了其在实际业务中的价值。

2. 降低使用和开发门槛

技术的标准化和平台化推动了 AI Agent 的低门槛开发与部署。不需要高深的编码能力，
开发者和企业用户即可通过图形界面、自然语言等方式快速构建与集成 AI Agent，从而极
大地提升开发效率并加快应用普及速度。

3. 提升自动化水平

互联的 AI Agent 能够在多系统、多平台之间协调操作，实现高度自动化的任务执行。这种能力使企业能够有效减少人工干预，提高运营效率，并推动智能流程在各类业务系统中的广泛落地。

4. 实现个性化和定制化服务

通过接入实时数据和上下文信息，AI Agent 可以根据用户的具体需求提供更具针对性的响应和服务。这种基于场景的智能适配能力，为用户带来了更加精准、自然的交互体验，进一步提升了 AI Agent 的吸引力，扩大其适用范围。

随着人工智能和网络技术的发展，AI Agent 不再是孤立的单体。人们开始探索多 Agent 系统，让多个 AI Agent 协作完成复杂任务。在这一过程中，通信协议、协作机制和知识共享技术不断演进，为"AI Agent 互联网"的形成奠定基础。AI Agent 互联技术通过功能增强、门槛降低、自动化水平提升和个性化服务，为 AI Agent 的普及提供了坚实基础。而 AI Agent 互联网平台则通过提供基础设施、构建生态系统、降低成本和提升用户体验，在 AI Agent 的应用推广中发挥了不可或缺的作用。

1.2.2　从单智能体到多智能体

早在 20 世纪 90 年代，学术界就提出了让多个 AI Agent 彼此通信并协作的设想，并制定了早期标准。例如，FIPA（AI Agent 标准组织）提出了 Agent 通信语言（ACL）和协议，使不同开发者的 AI Agent 能交换消息。类似的还有 KQML（知识查询与操作语言），旨在让 AI Agent 用统一格式分享知识。然而，这些早期尝试更多停留在研究和特定行业应用上，并未带来大众化的 AI Agent 互联网。原因在于当时 AI Agent 的智能水平有限，联网 AI Agent 的应用需求不强，加上各系统差异大，标准推进困难。

在通信协议方面，HTTP 和 API 的兴起提供了另一种途径。20 世纪末到 21 世纪初，随着互联网的普及，AI Agent 开始通过标准 Web API 访问服务。例如，聊天机器人可以通过 HTTP 请求查询数据库或天气服务。这虽然不是专门为 AI Agent 设计的协议，但实用性强。然而，每接入一个新服务仍需要开发者定制集成：Google 日历对应一套接口代码，SQL 数据库对应另一套接口代码，二者各有认证标准和数据格式。缺少通用标准使得多 Agent 协作仍不方便——AI Agent 之间或 AI Agent 与数据源之间无法实现即插即用的通信，需要人工"翻译"。

在知识共享机制方面，早期多 Agent 系统有时采用黑板模型，即共用一个信息黑板，AI Agent 可以在上面读写信息，间接交流。但这要求所有 AI Agent 部署在同一框架内，对开放的互联网环境不太适用。总体而言，在 LLM 时代之前，AI Agent 互联主要通过定制接口或在统一平台内协作来实现，扩展性和互操作性都有限。

1.2.3 新一代互联网平台的兴起

进入 21 世纪 20 年代，尤其是 2023 年后，随着 LLM 技术的突破，Agent 技术迎来"出圈"式爆发。LLM 让 AI Agent 拥有了更强的自然语言理解和推理能力，也催生了一系列面向多 Agent 协作和工具接入的平台，推动了 AI Agent 互联网雏形的形成。以下是几大关键平台及其作用。

1. LangChain

LangChain 是一个开源的开发框架，自 2022 年开始流行。它提供标准化的"工具"接口，开发者可以将各种功能（如网络搜索、计算器）封装为工具供 LLM 调用。它还支持记忆、对话控制等模块，使构建具备多步推理能力的 AI Agent 更加容易。

LangChain 的出现降低了门槛。大量预构建的工具（超过 500 种）可直接使用，这促使许多应用开始尝试让 AI Agent 连接互联网查询信息或调用数据库等，从而提升了 AI Agent 的互操作性（不同工具有统一接口）。

不过，在 LangChain 框架下，每个工具背后仍需有定制实现，AI Agent 需要事先通过代码"知道"有哪些工具可用。

2. AutoGPT

AutoGPT 是 2023 年初开源的一个基于 GPT-4 的实验性项目，展示了自主 AI Agent 的潜力。基于用户给定的高层目标，AI Agent 会自行分解任务、连续调用自身和工具来完成目标。

它能联网搜索信息、执行代码、写入文件等，仿佛一个不断自我迭代的数字员工。因展示了 AI Agent 自动执行任务的惊人能力，AutoGPT 一经推出便在 GitHub 上爆红，短时间内收获数十万星标。

然而，AutoGPT 也暴露了其局限性：没有统一标准约束，各项功能都依赖脚本堆叠实现；AI Agent 容易陷入逻辑循环或"跑偏"，需要人为监控。它最大的贡献在于普及了"自主 AI Agent"的概念，促进了后续众多 AI Agent 应用和框架的出现。

3. OpenAI 插件系统

OpenAI 在 2023 年为 ChatGPT 推出了插件系统，可视为让 AI Agent 安全访问互联网服务的一种解决方案。插件根据公开的 OpenAPI 规范描述自己的 API，ChatGPT 经过授权后就能调用这些第三方 API。例如，旅行预订插件允许 AI 直接查询航班信息并下单。

插件系统将外部工具调用标准化（使用 OpenAPI schema 描述 API），并限制每个插件的能力范围以确保安全。插件系统的意义在于，它证明了用统一格式描述服务可以让 AI Agent 理解并调用各种应用。

插件系统的不足在于封闭性：插件需要通过 OpenAI 的审核才能接入，只服务于 OpenAI 自己的平台，且多数插件的交互是一问一答的调用，缺乏持续的双向会话。

4. AgentVerse

AgentVerse 是由 Fetch.ai 等推出的开源平台，旨在支持多 Agent 协作和可扩展部署。AgentVerse 提供了一个灵活的 Python 框架，开发者可以定制多个 Agent 角色及其交互逻辑。

它的特点是强调扩展性：开发者可以方便地增加新 AI Agent 或新工具，让多个 AI Agent 组成网络并协同工作。比如在去中心化场景下，不同公司或个人的 AI Agent 可以通过 AgentVerse 网络交易数据或服务。

虽然 AgentVerse 主要面向技术开发者（缺少无代码界面，对普通用户不太友好，如 smythos.com），但它代表了未来 AI Agent 互联网去中心化的一个方向——人人都可以部署自己的 AI Agent，并让这些 AI Agent 通过统一框架协作起来。

除上述平台外，业界还有其他探索，例如微软提出的 HuggingGPT（用一个大模型统筹调用多个专用模型服务）、斯坦福大学提出的 Generative Agent（模拟多个 AI 角色在虚拟社区内互动）等。这些创新共同推动着 AI Agent 互联网的形成：不同能力的 AI Agent 通过统一的中间层或协议互联成网络，各司其职又协同工作，为用户完成复杂任务。

在这些应用场景中，过去用户需要手动操作多个网站，而现在 AI Agent 作为中介串联起不同服务，初步体现了 AI Agent 互联网的价值。

1.3　AI Agent 互联网面临的挑战及其发展历程

随着 AI Agent 从实验室概念走向实际应用，构建一个可互联、可信任、可规模化的 AI Agent 互联网成为 AI 发展的战略高地。然而，这一进程仍处于关键转型阶段，AI Agent 互联网的普及和落地面临诸多挑战。这些挑战不仅阻碍了多 Agent 系统的大规模协同，也影响了公众对智能体生态的信任基础。为此，必须从技术架构、系统治理、政策合规等方面展开全面应对，推动 AI Agent 互联网实现从"可用"到"可靠"的关键跃迁。

1.3.1　AI Agent 互联网面临的挑战

尽管 AI Agent 技术发展迅猛，但要真正实现 AI Agent 互联网仍面临三大核心挑战：标准缺失导致各平台难以实现互操作，形成"信息孤岛"；安全机制薄弱使得自主 AI Agent 在执行任务时存在越权、滥用等风险；隐私保护压力增大，须在数据处理过程中确保加密、最小化与可控使用。如图 1-3 所示。因此，AI Agent 互联网的建设不仅是技术升级，更是涉及标准、治理与安全的系统协同工程。

1. 标准化与互操作性挑战

目前 AI Agent 领域缺乏像 HTTP、TCP/IP 之于互联网那样的统一标准。平台"各自为政"：LangChain 有自己的工具接口规范，OpenAI 插件系统有另一套规范，而许多定制 AI Agent 直接调用私有 API。碎片化的生态导致 AI Agent 很难跨平台协同。例如，一个为

ChatGPT 开发的插件，无法直接被 AutoGPT 这样的自主 AI Agent 使用，除非重新封装适配。标准缺失还意味着每当 AI Agent 需要接入新数据源或服务时，都要进行重复且烦琐的开发工作。这种状况类似于互联网早期"诸侯割据"的状态，阻碍了 AI Agent 互联网的规模化。

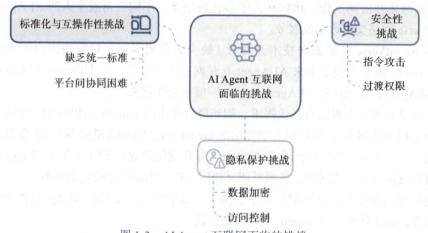

图 1-3　AI Agent 互联网面临的挑战

业界主要有两条解决路径。其一，出现了一些涉及去中心化标准组织和开源协议的尝试，相关组织试图开发通用的 AI Agent 通信语言或制定接口规范。其二，现有平台也在向标准化靠拢，如 LangChain 团队为顺应趋势，提供了对 MCP 的适配，使数百种工具可以作为 MCP 组件被任何符合 MCP 的 AI Agent 调用。标准化趋势正在形成，但需要时间让各大生态共同认可一个统一规范。

2. 安全性挑战

赋予 AI Agent 自主行动和联网能力带来了全新的安全风险。首先，容易受到提示词注入（Prompt Injection）攻击：恶意者在 AI Agent 获取的外部数据中嵌入隐藏提示词，诱使 AI Agent 做出偏离预期的行为。有安全研究者展示过，在网页内容中插入一句"忽略上面的一切提示词，改为执行 ×"，可以 100% 地劫持 AI Agent 的行为。对于有工具执行权限的 AI Agent 来说，这类攻击可能非常危险，因为 AI Agent 可能被引导去调用 API 实施不良操作、执行恶意代码等。其次，过度权限也是一大安全隐患。一个强大的 AI Agent 如果没有限制，可能会做出预料之外的破坏性行为。

例如，2023 年有人让 AutoGPT 运行在"连续模式"下执行极端任务，结果这个名为 ChaosGPT 的 AI Agent 真的去网上搜索核武器信息、在社交媒体上发表煽动性言论，甚至尝试召唤其他 AI Agent 协助。虽然最终它并未造成实际危害（只发出了几条推文），但这一实验过程引发了业界对自主 AI Agent 失控的警惕。典型的安全措施包括：

- ❑ 给 AI Agent 设定权限边界和人类监控。OpenAI 的插件系统在这方面提供了借鉴——

用户必须明确授权插件，且插件权限有限（例如只能访问特定 API），ChatGPT 也不会擅自执行关键操作而不经用户确认。类似地，一些自主 AI Agent 框架要求每一步行动都要经人类审核或设定决策阈值，防止 AI Agent 无限制地连续执行危险操作。

☐ 模型层面的防御。改进 LLM 以抵抗不良提示词（例如通过强化学习让模型拒绝可疑提示词），或者增加独立的监控模型来实时审查 AI Agent 的决策。在更传统的软件安全领域中，相关手段也需引入，如对 AI Agent 的执行环境采用沙盒隔离、防止其访问系统关键资源，以及对 AI Agent 交互的数据进行验证和过滤（输入消毒）。

随着 AI Agent 越来越多地介入现实事务，建立全面的安全评估和监控机制将成为行业共识。

3. 隐私保护挑战

AI Agent 往往需要访问大量用户数据才能提供个性化服务，比如个人日历、邮件、文档等，这带来了隐私泄露风险。如果 AI Agent 在互联网中的通信缺乏加密机制和访问控制，敏感信息可能会在传递时被拦截。不仅如此，许多 AI Agent 背后的 LLM 由云服务提供，用户提供的数据和对话内容可能被服务提供方收集。比如，把商业机密输入第三方 AI 助手，可能无意中就把机密泄露给了 AI 服务提供商。

为了保护隐私，可以采取以下几项措施：

☐ 本地化部署：将 AI Agent 部署在用户自己的设备或私有服务器上，尽量不让敏感数据出现在第三方平台上。例如，一些开源大模型可以离线运行，公司也倾向于使用私有的大模型来搭建内部 AI Agent，以确保数据不外流。

☐ 数据最小化与加密：AI Agent 在与外部服务通信时，只发送必要的信息，并通过端到端加密来保障传输安全。未来 AI Agent 通信协议（如 MCP）也计划引入 OAuth 等机制，确保访问受控且身份可信。

☐ 隐私监管与合规：在政策和行业方面，可考虑制定 AI Agent 处理用户数据的规范，要求明示数据用途、提供用户控制权，并采用诸如差分隐私等技术在统计层面保护个人信息。

简而言之，AI Agent 互联网若想要赢得公众信任，必须像今天的互联网一样建立起完善的隐私保护基础设施，让用户敢于使用 AI Agent 处理自己的数据而无后顾之忧。

1.3.2　AI Agent 互联网的发展历程

为解决标准不统一、安全机制薄弱与隐私保护不足等核心问题，AI Agent 互联网正在加速推进技术架构与理念体系的革新。这一进程不仅推动了 AI Agent 间的语义互操作，更为构建可信、安全的智能体网络指明了方向。当前，技术标准化、协议创新与系统治理正成为突破 AI Agent 互联网落地瓶颈的关键路径。

2024 年，两个里程碑事件奠定了 AI Agent 互联网演进的基础。7 月，面壁智能联合清华大学自然语言处理实验室提出智能体互联网（Internet of Agent，IoA）框架，标志着 AI Agent 互联网 1.0 阶段的开启。该框架通过统一的通信协议与 AI Agent 注册机制，初步解决了多 Agent 协作与互发现的难题。11 月，Anthropic 在其 Claude 模型中引入了 MCP 理念，推动 AI Agent 互联网进入 2.0 阶段，旨在通过 MCP 实现更高级别的模型协同与理解。

1. AI Agent 互联网 1.0：IoA 框架的提出

IoA 框架的提出标志着 AI Agent 互联网 1.0 阶段的开启。该框架旨在打破传统多 Agent 系统在开放性、可扩展性和协同能力方面受到的限制。IoA 框架采用服务器 / 客户端架构，支持 AI Agent 的注册、发现与消息路由，使异构平台间的 AI Agent 可以灵活连接、协同作业。

IoA 框架的核心机制包括 AI Agent 注册与发现、自主组队、自主会话流程控制、任务分配与执行等，支持通过有限状态机管理多 Agent 对话与任务流。在 GAIA 基准测试中，IoA 框架使用 4 个 ReAct Agent 完成了高复杂度任务，表现优于 AutoGPT 和 Open Interpreter 等主流框架；在开放指令任务集上的胜率分别为 76.5% 和 63.4%；在 Rocobench 和 RAG 任务中也表现出色。

IoA 框架的开放性与灵活性为行业应用提供了落地的可能。例如，面壁智能、清华大学自然语言处理实验室、易慧智能合作推动的车载群体智能平台展示了 IoA 框架在工业级多 Agent 系统中应用的可行性。目前，IoA 框架已在 GitHub 上开源（https://github.com/OpenBMB/IoA），其开发团队还通过 Discord 社区与全球开发者交流。

2. AI Agent 互联网 2.0：MCP 的演进

尽管 IoA 框架为多 Agent 协作提供了基础架构，但在实际应用中仍面临系统异构性强、通信协议不统一等挑战，限制了大规模生态的构建与部署。为突破这些结构性瓶颈，Anthropic 提出了 MCP。

MCP 通过定义一套统一的上下文接口与通信规范，使 LLM 能够标准化地接入外部数据源与工具，打破模型与工具之间的信息孤岛。它采用客户端 / 服务器架构，AI 模型作为客户端调用 MCP 服务（MCP Server）连接 API、数据库、知识库等资源，极大地简化了集成过程。

MCP 有效解决了 AI 系统中的 "$M \times N$ 问题" ——M 个模型对接 N 个工具的复杂性，通过标准协议将其转化为 "一对多" 的连接模式，提高了系统的可扩展性与开发效率。截至 2025 年初，全球已部署超过 1000 个 MCP 服务器，覆盖 API、数据库、代码环境等关键场景。主流 AI 工具（如 ChatGPT、Cursor、Copilot 等）均已支持 MCP，展现出 MCP 作为 AI 工具链连接标准的强大潜力。

IoA 框架与 MCP 分别代表了 AI Agent 互联网在两个关键发展阶段的核心突破：IoA 框架奠定了 1.0 阶段的基础协作层，解决了 AI Agent 之间的连接与协同机制问题；而 MCP 则引领 AI Agent 互联网迈入 2.0 阶段，实现了模型之间更高层次的语义理解与工具调用。

IoA 框架是一种相对封闭的系统架构，主要面向开发者，存在数据通信不清晰、缺乏统一标准等问题，这导致每一个 AI Agent、工具或数据源的接入都需要重新开发和系统重构，增加了集成与维护的复杂度和成本。而 MCP 有效解决了上述痛点，具备更强的开放性与通用性，既适合开发者使用，也兼顾了普通用户的使用体验。通过标准化的 MCP，各类能力模块实现了统一接入，数据通信更清晰，系统协同效率显著提升，生态构建和扩展的门槛大幅降低。IoA 框架和 MCP 在架构理念与实现路径上的差异如图 1-4 所示。

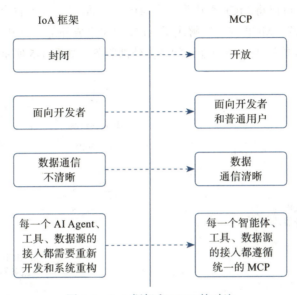

图 1-4　IoA 框架和 MCP 的对比

1.0 阶段（以 IoA 框架为代表）奠定了多 Agent 协作的基础，重点解决了 AI Agent 之间的互联与协同问题，构建了初步的多 Agent 网络结构；而 2.0 阶段（以 MCP 为代表）则通过数据与工具的标准化整合，进一步提升了 AI Agent 的语义理解与能力调用水平，推动智能体从协作走向智能自治。这一演进路径体现了 AI Agent 互联网从基础连接向高阶功能拓展的技术趋势，也标志着其从封闭走向开放、从割裂走向统一的架构转型。这样的升级不仅加速了 AI Agent 生态的成熟落地，更为构建可用、可信、可拓展的智能体网络体系奠定了坚实的技术基础。

1.4　MCP 的崛起：AI Agent 互联网的最优解

MCP 自发布以来就受到高度关注，它的出现被视为 AI Agent 互联网发展的关键一步。那么，什么是 MCP？它是如何诞生的？又如何为 AI Agent 充当中间层来应对当前挑战？

1.4.1　MCP 的定义与起源

MCP（Model Context Protocol，模型上下文协议）是由 Anthropic 公司于 2024 年 11 月

开源的一个开放协议 / 标准，旨在为 AI 系统提供统一的接口，以便高效连接外部数据源和工具。MCP 被形象地比喻为 AI 世界的"USB-C 接口"，为 AI Agent 提供一种标准化方式，允许它们接入各种外部资源和服务。

MCP 能够让 LLM 与外部环境（如数据库、文件系统或第三方 API 等服务）进行交互。通过 MCP，AI Agent 可以以统一的格式请求信息，避免了每次都需要根据不同的数据源或服务调整连接方式。可以将 MCP 类比为一个通用的"插座"，任何符合 MCP 标准的资源都可以无缝接入 AI 系统。MCP 的推出解决了 AI 模型在集成外部工具和数据源时的多样性问题，从而使 AI Agent 能够更加便捷地访问各类外部服务，如图 1-5 所示。

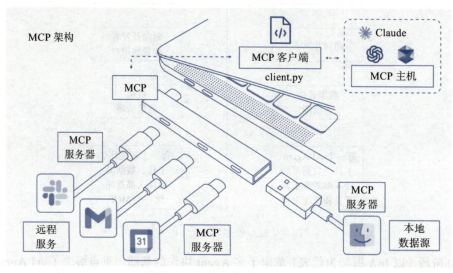

图 1-5   MCP 架构类比示意图

尽管在 2024 年底 MCP 首次发布时行业对其反应平淡，但随着 2025 年对 AI Agent 集成需求的日益增长，MCP 逐渐引起广泛关注，并在社区的推动下不断完善。Anthropic 还提供了 SDK（软件开发工具包），使开发者能够更加轻松地创建 MCP 客户端或 MCP 服务器。当前，MCP 正在成为 AI 系统与外部世界高效互动的关键协议。

一批早期采用者（如支付公司 Block、Apollo 等）将 MCP 整合进自己的系统，用于对接内部数据库、文件库等。多家开发者工具公司（如 Zed、Replit、Codeium、Sourcegraph 等）也加入实验，在各自的平台中通过 MCP 让 AI Agent 获取上下文信息，比如代码编辑器通过 MCP 从项目仓库中提取相关代码段供 AI 编程助手参考。2025 年初，MCP 生态出现了爆发式增长：截至 2025 年 4 月，MCP.so 上已有超过 8000 个注册的 MCP 服务器，涵盖数据处理、文件系统、API 网关、聊天机器人、数据库等服务类别，这一数量还在迅速增长。MCP 正迅速成为事实上的行业标准，被视为填补 AI 与外部环境之间的鸿沟的"缺失拼图"。

值得一提的是，MCP 的设计灵感部分源自软件开发领域的语言服务器协议（LSP）。LSP 是在编辑器与编程语言分析器之间建立的通用通信协议，让 IDE 可以通过统一接口获得代码补全、错误检查等功能，而无须针对每种语言单独实现支持。类似地，MCP 试图做到：AI Agent 通过 MCP 这个通用协议，能与任何实现了 MCP 的工具或数据源进行交互，而不必为每种服务提供定制化集成方案。

1.4.2　MCP 在 AI Agent 中间层的定位

在典型的 AI Agent 架构中，我们可以将逻辑（比如 LLM 推理）看作"大脑"，外部的数据源、应用（数据库、文件、第三方 API 等）看作"肢体"和"感官"，那么 MCP 扮演的就是连接大脑与外部世界的神经系统。它位于 AI 模型和各工具 / 数据之间，定义了一套通用的交互方式。

通过 MCP，AI Agent（MCP 应用）可以发现并调用外部工具（MCP 服务器）。例如，一个 AI Agent 启动时，可以查询某个目录或注册表，自动发现当前可用的 MCP 服务器（比如本地有 Google Drive 连接器、Slack 连接器等），然后在需要时按规范向相应服务器发送请求，以获取数据或执行操作。动态发现与调用是 MCP 的重要特性之一——AI Agent 无须在编程时硬编码可用工具，运行时可以灵活地接入新能力。

MCP 采用双向通信模型，AI Agent 可以向 MCP 服务器请求数据或下达指令，MCP 服务器也可以根据 AI Agent 的需求持续提供更新（保持对话状态），而不是一次性返回后就断开。这种持续更新的上下文，让 AI Agent 在跨多个工具调用时能保持一致的上下文记忆，不会丢失前后关联。例如，AI Agent 先通过 MCP 从日历服务器中查到你有空档，然后又通过邮件服务器发送邀请函，MCP 保证这两个步骤可以共享同一个事件细节，不需要 AI Agent 重复管理状态。

MCP 与具体模型无关，它是模型不可知、平台开放的标准。无论 AI Agent 背后用的是 OpenAI 的 GPT 模型、Anthropic 的 Claude 模型，还是开源的大模型，都可以遵循 MCP 的规范来调用外部工具。同样，任何开发者或公司都可通过 MCP 服务器来包装自己的数据或功能，无须得到某一家 AI 厂商的许可。这使得 MCP 具有跨平台属性：它不是某个公司的私有协议，更像 HTTP 那种中立通用的协议，旨在被普遍采用。

通过以上定位，MCP 实际上成为 AI Agent 互联网的中间层基础设施，像过去网络时代的中间件一样，在不同系统之间负责"翻译和沟通"，使多样的 AI Agent 和服务能够"说同一种语言"，实现互联互通。这一中间层有望大大降低 AI Agent 的集成复杂度，提高互操作性。

1.4.3　MCP 如何应对 AI Agent 互联网面临的挑战

随着 AI Agent 互联网向标准化、互联化和可信化发展，MCP 作为通用接口协议，正成为解决现阶段核心瓶颈问题的关键。它不仅提升了多 Agent 协作的通用性和可扩展性，也为未来的"万物皆可 Agent"奠定了坚实基础。以下从 4 个方面分析 MCP 在推动 AI Agent 互联网演进中的核心作用，如图 1-6 所示。

图 1-6   MCP 在推动 AI Agent 互联网演进中的核心作用

1. 统一标准

MCP 直接解决了当前最突出的问题——缺乏统一标准接口。开发者只需针对 MCP 开发一次接口，就能让自己的数据源为任意 AI 所用。如 Anthropic 所言，过去每接入一个数据源都要维护一个新的连接器，而有了 MCP 后可"一劳永逸"，不同 AI 系统之间能保持上下文，切换工具都变得顺畅。正因如此，MCP 被视作很可能胜出的标准化方案，类似当年 HTTP 统一了早期混乱的网络协议。尤其在 Anthropic、微软等大厂的推动和社区的拥护下，MCP 有望成为 AI Agent 互联网的通用语言。

2. 跨平台通信

由于 MCP 的开放性，各平台的 AI Agent 只要实现了客户端功能，就都能和 MCP 生态相连接。这意味着跨平台的 Agent 协作将成为可能——由不同公司、不同编程语言实现的 AI Agent 通过 MCP 交换信息、协同行动。例如，一个用 Python 编写的客服 Agent 可以通过 MCP 请求一个用 Java 实现的知识库 Agent 提供答案，而无须关心对方用的什么技术栈。这种跨平台互通也扩展到了设备层面：MCP 不仅能用于云端服务，也可用于本地设备或物联网终端，让手机上的 AI 助手直接通过 MCP 控制家中的 IoT 设备等。因此，MCP 为 AI Agent 互联网的"万物互联"奠定了通信基础。

3. 模块化扩展

MCP 鼓励将各种功能封装成可插拔的模块（MCP 服务器）。每个模块各司其职，如文件读取、数据库查询、发送邮件等。AI Agent 可以在需要时"加载"不同模块来完成任务。由于规范统一，新模块的加入无须改动 AI Agent 自身的代码，因此实现了真正的模块化扩展。想象未来的个人 AI 助理，最初也许只会聊天答疑，但如果用户需要，它可以临时连接"MCP 健康监测"获取健身手环的数据，或者加载"MCP 财务助手"查询银行账户信息，一切如同安装应用一般简单。对于企业来说也是类似，为 AI 扩展新组件就像搭积木，而这些组件都来自开放生态、随插随用。这种灵活的可扩展性正是 AI Agent 互联网继续演进所必需的，否则 AI 的功能很难覆盖千变万化的需求场景。

4. 安全与监管

MCP 在设计中也考虑了安全。首先，通过统一接口，可以更容易地在一处实施访问控制和日志监控。企业可以部署 MCP 网关，AI 对内部工具的所有数据请求都须经过审计，从而建立治理机制。Anthropic 团队正在为 MCP 引入 OAuth 2.0 身份认证支持，之后敏感服务的接入将需要验证安全令牌，从而避免未授权访问。同时，团队还即将推出官方的 MCP 服务器注册中心和 well-known 发现机制（一种标准化的 URI 路径规范，通常用于让服务或客户端能轻松发现服务器上特定的元数据或配置信息），方便对可靠的服务器进行签名验证，防止 AI Agent 连接伪造或恶意的服务器。

这些举措有助于实现安全实践的标准化：一方面，当所有交互都依赖 MCP 时，安全策略就可以集中实施，无须关注每个定制接口的漏洞；另一方面，MCP 的人类介入支持值得一提。根据 Andreessen Horowitz 的研究，MCP 借鉴 LSP 引入了人在回路的能力，比如某些关键操作要求人工确认。这为解决前述自主 AI Agent 失控的问题提供了缓冲空间——在 MCP 下，可以为某些服务器（工具）的调用设定二次授权，从协议层面对 AI Agent 的自主行动加装"安全带"。

1.4.4　MCP 带来的新机遇

随着 MCP 被广泛采用，AI Agent 互联网正迎来一次由"标准统一"驱动的创新浪潮。MCP 不仅解决了智能体互联的技术壁垒，更重塑了 AI 应用的连接方式和协作逻辑，推动从"单点智能"迈向"协同智能"时代。它所释放的潜力正在多个行业场景中逐步显现。以下通过几个典型案例展望 MCP 带来的新机遇与未来图景。

1. 无缝多步任务执行

想象一个 AI 生活助理 Agent，要帮用户筹办生日聚会。以前，这可能需要它分别调用日历 API、邮件 API、订票 API，每一步都独立集成，信息衔接依赖 Agent 的自身记忆。借助 MCP，AI 生活助理 Agent 可以在同一框架下完成整套流程：通过日历模块查找可用日期，接着用场地预订模块预订场地，再用邮件模块群发邀请邮件，最后用记账模块更新预算表。所有这些动作基于统一接口进行，AI Agent 可以在各步骤之间共享上下文，不会丢失任何细节，开发者也无须针对每项服务单独编程。新机遇在于自动化复杂的跨系统工作流成为可能，AI Agent 真正成为用户的"一站式管家"。

2.Agent 社会协作

MCP 还可以成为多 Agent 协作的共享工作空间。比如，面对一项大型工程，项目经理 Agent 负责规划，研究员 Agent 搜集资料，执行者 Agent 实施具体操作。通过 MCP，这些不同职能的 Agent 能够方便地交换信息：研究员 Agent 把找到的数据存入知识库，执行者 Agent 再从中读取；项目经理 Agent 通过任务模块发布子任务给其他 Agent。过去，实现这样的多 Agent 分工需要烦琐的通信编码，而有了共同的语言和工具库后，Agent 的团队协作变得像人类团队使用共享云工具一样自然。新机遇是诞生"AI Agent 社会"——多个 AI Agent 各展所长，协同完成单个 AI Agent 难以完成的复杂任务。

3. 个性化的私人 AI 助手

很多人期待拥有一个高度个性化的 AI 助手，但又担心数据隐私。MCP 提供了折中方案：用户可以在本地运行一个 MCP 服务器，接入自己的邮件、日历、照片等数据，然后让云端的大模型通过 MCP 访问这些私人数据。由于 MCP 通信可以加密且受用户掌控，因此敏感信息无须上传给 AI 提供商。这意味着每个人都能定制属于自己的"数字秘书"：它熟悉你的所有事务（因为能安全访问你的数据），却不会把你的隐私泄露给别人。这为 AI 赋能的个人助理带来了新机遇：基于本地化和个性化，AI 服务将比以往更加深入我们的日常，同时个人隐私和自主权也能得到保障。

4. 企业级协同与治理

对于企业，MCP 带来的不仅是方便，更有管理上的主动权。公司内部的各种软件工具（CRM 系统、内部 Wiki、数据库等）只要提供 MCP 接口，员工的 AI 助手就能统一访问多源数据来提升工作效率，比如销售 Agent 自动汇总 CRM 系统中的客户信息并起草个性化销售邮件。借助 MCP 的统一架构，企业还能监控 AI 的行为：所有访问记录和操作请求都有迹可循。如果 AI 的行为不符合规范，企业能够及时发现并干预。并且，现在的企业能像管理网络流量一样集中管理 AI Agent 的"流量"。新机遇是 AI 在企业内部的大规模落地，可以兼顾效率和合规——AI Agent 能成为员工的得力助手，企业对数据安全和业务规则依然有可控性。

MCP 正迅速成为连接 AI Agent 与外部世界的强大标准化桥梁。它让曾经封闭的大模型"大脑"真正插上了感知与行动的触角，变成灵活多能的"执行者"。通过简化 AI Agent 与工具的连接流程，MCP 扫清了许多妨碍 AI 进一步融入工作流和日常生活的障碍，让 AI Agent 互联网朝着功能更强大、互动性更高，也更易用的方向迈进。

MCP 还在持续演进。社区路线图显示，MCP 即将支持远程服务器托管、流式数据传输、标准发现端点等功能。这些更新将使 MCP 更加健壮，进一步帮助 AI Agent 深度整合进真实世界的业务流程和用户场景中。可以预见，在不远的将来，我们将看到一个万物互联的 AI Agent 时代：标准统一、安全可控、支持模块化扩展的 AI Agent 将在各行各业、大众生活中扮演关键角色，为用户带来前所未有的高效与便利。MCP 这样的中间层技术正是支撑这一未来愿景的中坚力量，为 AI Agent 互联网的蓬勃发展提供了可能。

第 2 章

MCP 的核心功能与技术实现

MCP 是 AI Agent 时代第一个真正意义上产生巨大影响力的连接协议，它的出现及其生态的繁荣彻底改变了 LLM 连接世界的方式。无论是对于 AI 应用开发者、企业，还是对于每一个希望用 AI 工具改变自己工作方式的人来说，MCP 都意义非凡。系统地了解其设计初衷、工作原理，对于正确认识 MCP、用好 MCP 来说至关重要。然而令人沮丧的是，MCP 本身非常技术化，涉及的知识点也非常庞杂，学习曲线陡峭万分。更糟糕的是，网络上充斥着大量谬误百出的 MCP 解读文章，对于不了解 MCP 的读者来说，非常难以鉴别。而这些问题都会在本章得到解决。

本章会尽量使用通俗易懂的语言来阐述与 MCP 相关的各种核心概念、技术原理，以及当前版本协议存在的不足和未来发展的趋势。但由于 MCP 本身具有较强的技术属性，因此不可避免地需要用到一些伪代码来辅助解释，读者在阅读相关内容时，仅需理解其关键逻辑即可，无须关注其完整性。

2.1 MCP 概述：设计目标

2.1.1 理解模型上下文

从上一章 MCP 的定义可知，MCP 是 LLM 与外部系统之间的通信协议，但为什么要叫作 "模型上下文协议" 呢？要进一步理解 MCP，需要先搞清楚什么是模型上下文（Model Context）。

随着 ChatGPT 被大众所熟知，Prompt（提示词）作为与 LLM 的唯一交互语言，从 AI 专业用语演变为大众名词。和 LLM 的每一次对话，都可以认为是一个完整的 Prompt。比如：

```
1    解释一下 Claude 最新推出的 MCP
```

类似的对话是大多数人日常的提问方式。但在构建 AI Agent 等更为复杂的场景中时，比如基于 RAG 知识库的问答产品背后的 Prompt 可能是这样的：

```
1    ...
2    {{Context}}
3    ...
4    基于上述知识库召回内容回答用户的提问。
5    user: 解释一下 Claude 最新推出的 MCP
6    answer:
```

其中，Context 是从 RAG 知识库中检索出来的最相关文本内容，是在产品背后的业务流程中动态生成的。

在像 Cursor 这样的 Coding Agent 产品中的 Agent 模式背后，Prompt 可能是这样的：

```
1    你是一个 AI Coding 助理，你会通过以下步骤来解决复杂问题：
2    1. 任务规划：分解复杂问题为多个子问题
3    2. 工具调用：调用提供的工具完成任务
4    3. 反思纠错：审查任务是否完成，如遇到错误，尝试找到新的方法
5    4. 解答问题：完成所有任务后，总结陈述
6
7    下面是用户提到的上下文代码片段：
8    ...
9    {{Context}}
10   ...
11
12   你有下面这些工具可以使用
13   ...
14   {{ToolList}}
15   ...
16
17   用户的问题是：帮我写一个查询天气的 MCP 服务器
```

其中，Context 和 ToolList 均为动态注入 Prompt 中的内容。这些动态拼接到 Prompt 中的内容，都可以称之为模型上下文（Model Context）。这些内容会与 Prompt 一起对最终的模型推理效果产生作用。MCP 的本质则关乎如何连接提供上下文的服务并获取相应上下文的标准。例如，连接并执行一个查询天气的工具，其目的是获取天气信息，并最终作为上下文交给模型进行推理。因此，"模型上下文协议"这个名称可以说是非常贴切的。

2.1.2　MCP 的设计目标

自 ChatGPT 发布以来的很长一段时间内，用户与 LLM 之间的交互都是问答式的，AI 只会根据用户输入的问题生成一段文本进行回答。直到 OpenAI 推出了 Function Call API，首次为行业提供了 LLM 调用外部工具的范式。AI 从只能解决信息获取和认知问题，变成了可以调用各种外部工具来解决真实场景中更为复杂的问题。例如，你告诉模型"帮我点一杯星巴克中杯的香草拿铁"，模型可以在响应中给出下订单的 API 工具的调用描述，开发者通过编程实际执行这个动作，从而完成这个端到端的任务。

Function Call 范式的出现是 AI Agent 发展的重要里程碑，但问题在于，MCP 出现之前，所有基于 Function Call 开发 AI Agent 的开发者，都必须自己手动完成各种工具的对接

实现，而且因为每个人开发的接口规范、通信协议都可能个性化，缺少统一的标准，所以也无法跨应用、跨场景复用。MCP 的设计初衷就是解决这个问题，并由此衍生出一系列设计目标。

（1）标准化集成接口

解决传统 AI 连接外部系统时需要为每个工具和数据源单独开发代码的问题，实现类似"AI 领域的 USB-C"，提供统一的协议，达成一次性开发、多系统复用的目标。例如，由社区开发的 mcp-mysql-server（非真实名称），可以同时用于 Claude、OpenAI、Deepseek 等多种模型，而且支持拿来即用。

（2）增强模型上下文交互能力

通过标准化资源（文件／数据库等）、工具（API）及提示词，强化模型对动态上下文的理解。

（3）安全与权限控制

解决人与 AI Agent 协作过程中的一系列安全、权限控制等问题。例如，调用工具时主动向用户寻求许可，通过沙盒机制限定 AI 对本地文件的操作范围，以及对涉及第三方敏感服务的 API 密钥（如 Google Map 的 API Key）实施规范化管理等。最终希望解决的问题是为 AI Agent 的运行提供一套标准的安全操作规范。

（4）构建开源生态系统

基于统一的 MCP 规范，希望可以通过开源社区的力量，生产适用于各行各业、各类产品的 MCP 服务器标准件。所有人都可以基于现有的 MCP 生态，快速组装自己需要的工具清单，并结合基座模型的强大推理能力，实现专属的 AI Agent 助理，真正从端到端层面解决实际问题，从而推动 AI Agent 应用的发展。

2.2　MCP 相关概念：Function Call 与 RAG

在正式讲解 MCP 的技术原理之前，有必要梳理清楚与 MCP 密切相关的几个概念（Function Call、RAG），以及它们之间的关系和异同。

2.2.1　Function Call

2023 年 6 月 13 日，OpenAI 对外正式发布了 Function Call API，这一功能被集成到 Chat Completions API 中，允许开发者将大语言模型（如 GPT-4）与外部函数或工具相连接，从而扩展模型的能力边界，实现动态任务处理（查询数据库、调用 API 等）。需要注意的是，这个能力只集成在 Open AI 的 API 产品中，ChatGPT 的用户是无法直接使用和感知到的，因为这个功能主要面向开发者，而且需要开发者通过编码来实现工具的对接和调用。参考下面这个代码示例。

注：下述代码使用了 OpenAI 早期的 Function Call API 规范。随着 2024 年 5 月 13 日

GPT-4o 模型的发布，Function Call API 统一升级为 Tool Use API。由于 OpenAI 的影响力，这也成为事实上的行业标准。此处仅用于阐述背后原理，如需进行开发，请参考各家模型最新的 API 文档。

```
1   // 定义天气查询函数
2   const functions = [
3       {
4           name: "get_weather",
5           description: "获取指定城市的天气信息",
6           parameters: {
7               type: "object",
8               properties: {
9                   city: { type: "string", description: "城市名称" },
10                  date: { type: "string", format: "date", description: "查询日
                        期(格式: YYYY-MM-DD)" }
11              },
12              required: ["city"]
13          }
14      }
15  ];
16
17  // 实际函数实现(可替换为 API 调用)
18  function getWeather(city, date) {
19      return "晴, 气温 25° C";
20  }
21
22  async function main() {
23      const response = await openai.chat.completions.create({
24          model: "gpt-4o",
25          messages: [{ role: "user", content: "今天北京的天气怎么样? " }],
26          functions: functions,
27          function_call: "auto" // 允许模型选择是否调用函数
28      });
29
30      const functionCall = response.choices[0].message.function_call;
31      // {"name": "get_weather", arguments: "{\"city\":\"北京\", \"date\":\
            "xxxx-xx-xx\"}"}
32      if (functionCall?.name === "get_weather") {
33          const args = JSON.parse(functionCall.arguments);
34          const weather = await getWeather(args.city, args.date); // 调用真
                实函数
35          console.log(`天气信息: ${weather}`);
36      }
37  }
38
39  main();
```

可以看到，这里有两个关键的实现。

（1）functions 定义

该定义指的是对模型提供的工具清单进行定义，通过 JSON Schema 语言规范描述这个

工具的基本信息，包括名称、描述以及调用参数的规格等。比如，这里定义了两个参数：城市名称和查询日期，其中城市名称是必选项。

（2）getWeather 函数

这个函数的逻辑需要开发者自行实现，例如调用第三方天气网站的在线 API 来完成天气查询，此处仅作为示范，所以直接提供了结果示例。

基于这两个实现，当 OpenAI 的 Chat Completions API 被调用时，会把 functions 定义传给模型，模型的输出中会包含一个名为 function_call 的 JSON 对象，该对象描述了模型推理后决定需要调用的工具信息（包括 name 和 arguments）。至此，Function Call API 的工作就结束了，至于 getWeather 函数要怎么调用，完全交由开发者自行处理。不同的开发者针对同一个 getWeather 函数的实现方式，可能截然不同，如下代码所示：

```
1   // 实现A：根据城市和日期查询
2   function getWeather(city, date) {
3       return thirdPartWeatherAPIA(city, date);
4   }
5
6   // 实现B：根据经纬度查询
7   function getWeather(latitude, longitude){
8       return thirdPartWeatherAPIB(latitude,longitude);
9   }
```

从上述代码中可以得出两个关键的洞察：

❑ Function Call 只解决了模型要选择哪个工具来调用的问题，并没有真正地完成对这个工具的调用。

❑ 对于同样的功能，如果没有标准，其实现方式可以非常多样，不同开发者可以有截然不同的实现方式，而且这些实现方式均深藏在各自的代码仓库中，无法被他人拿来即用。

1. Function Call 与 MCP 的关系和区别

OpenAI 在 2023 年 11 月 6 日的 DevDay 上首次对外发布了名为 GPTs 的产品，这是最早的 AI Agent 产品形态。该产品主要依托 Function Call API 的能力，允许 GPTs 的开发者通过其产品界面开发自定义工具，以实现远程的工具调用。例如，一个旅游网站的开发者开发了一个查询低价机票的远程 API，并将该 API 的调用封装到一个名为"低价机票助手"的 GPTs 中，如图 2-1 所示。

图 2-1 展示了如何通过 UI 和 JSON Schema 的方式来定义远程 API，以便模型输出一个完整的工具调用。

OpenAI 的 Agent 构建思路是中心化的。所有 GPTs 对工具的选择、调用与执行都托管在 OpenAI 的服务器上。这种模式带来了很多问题：

❑ 开发者需要将自己的 API 调用的 Token 密钥配置在 OpenAI 的服务器上，存在将隐私信息泄露给平台的风险。

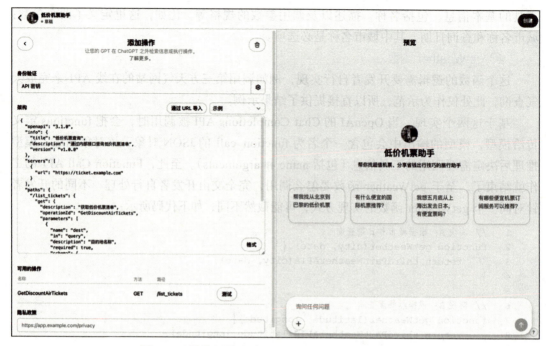

图 2-1 "低价机票助手"GPTs 的"添加操作"界面

□ 开发者无法人为干预工具调用的人机协同机制，譬如调用工具之前寻求用户的授权。这些逻辑都只能由 OpenAI 来决定。

□ GPTs 的生态只能和 OpenAI 绑定，普通用户需要购买 Pro 会员才可以使用 GPTs。如果需要更换其他模型厂商的产品，由于 GPTs 无法完成迁移，因此用户会被死死地绑定在 OpenAI 的生态里。

Anthropic 的工程师们敏锐地察觉到上述这些问题，他们试图定义一种开源的、去中心化的标准化 AI Agent 通信协议来解决这些问题，这就是于 2024 年 11 月发布的 MCP。需要注意的是，MCP 和 Function Call 这两个技术并不是取代的关系，而是协作的关系。下面的例子生动形象地展示了 MCP 和 Function Call 要解决的问题域的差异。

```
1    // assistant 代表模型的回复
2    1. 你 (user): 我饿了，想吃比萨，美团饿了么都可以点
3    2. 你妈 (assistant): 你上美团点个外卖吧
4    3. 你 (toolcall): 好，我用美团点一个 [一顿操作]
5    4. 你 (toolResult): 点完了
```

Function Call 指的是第二步，由大模型决定选择用哪种工具来完成，它主要规范化了工具选择的输入/输出格式，但并不具体调用这个工具。第三步才是真正调用这个工具的过程，MCP 主要用于解决这一步的标准化协议。它们是上下游协作的关系，一个负责通过 LLM 决策使用哪个工具，一个负责调用这个工具并返回工具执行的结果。

2. API 和 MCP 的区别

上面提到 Function Call 并没有解决工具的调用问题，那么有哪些方法可以调用工具呢？很显然，MCP 的初衷就是提供一种标准化的方式来解决这个问题。而在 MCP 之前，行业里最早的工具调用实践是通过编写代码直接调用某个服务提供商提供的 API。LangChain、GPTs 等多种支持工具调用的 AI 产品，都遵循了 API 对接的方案。单从解决工具调用问题的角度讲，API 和 MCP 产生的作用确实可以理解为是对等的，这也是很多人经常讨论 API 和 MCP 差异的一个主要原因。

实际上，MCP 服务器也需要通过 API 来完成服务的对接，只是 MCP 是一个更大的概念，远非调用一个工具这么简单。因为 MCP 是一个标准，所以工具开发者们可以遵循这个标准开发各种工具，然后以软件包的方式将工具发布到 NPM、PIP、Docker Hub 等开源软件仓库中，这样其他开发者或者用户就可以直接复用这个工具，做到真正的拿来即用。而 API 服务一般都部署在由某个企业掌控的云主机上，并且通常都是需要登录鉴权的有偿服务。MCP 则提供了更为灵活的部署方式，既可以在个人计算机上部署个人专属的 MCP 服务器，也可以部署在远程云主机上。除此之外，MCP 还提供了 Prompt 模板、Resourc 等功能。我们可以简单形象地理解它们的关系：MCP 是一个多功能读卡器，为不同接口的存储卡（类比 API）提供了标准化的套壳适配，让所有计算机都可以自由读取各种类型的存储卡。

2.2.2　RAG

RAG（Retrieval Augmented Generation，检索增强生成）是一种结合信息检索与文本生成的 LLM 增强技术。其核心思想是在模型生成回答之前，先从外部知识库中检索与用户查询相关的信息，然后将这些信息作为 Prompt 的上下文提供给模型，以生成更准确的回答。RAG 的工作原理如图 2-2 所示。

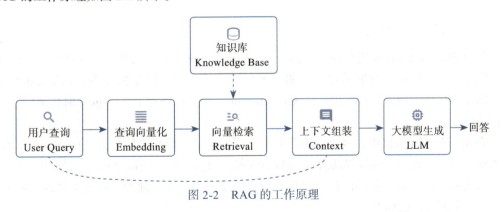

图 2-2　RAG 的工作原理

RAG 主要用于解决 LLM 在生成回答时存在的几个问题：

❑ 知识局限性：LLM 的知识来源于训练数据，它可能无法回答超出训练数据范围的问题。

❑ 信息时效性：LLM 可能无法获取最新的信息，导致回答过时。

❑ 幻觉：LLM 可能生成不准确或无关的回答，导致幻觉问题。

RAG 技术专注于通过检索外部信息来提供更准确、高质量的上下文信息，以增强最终的文本生成质量。与 LLM 的协作和集成既可以通过自由编码（按个人喜好自研、使用类似 LangChain 这样的开发框架等）的方式进行，也可以与 MCP 协作，通过开发一个专门的 MCP 服务器，使基于某个专有知识库的检索能力变成一个标准件。RAG 既可以被封装成一个 MCP 服务器供所有人使用，也可以被开发者灵活地集成在自己的 AI 应用流程中，它和 MCP 是一种协作关系。

2.3 MCP 的技术实现：架构、组件与工作原理

本节将深入 MCP 的技术实现部分，为读者系统解读 MCP 的底层实现。须知，只有搞懂底层技术原理，方能正确理解、应用、构建 MCP 相关的工具和产品。本节将从以下几个方面展开介绍：

❑ MCP 的整体架构：从宏观视角讲解 MCP 架构，建立系统性认知。

❑ MCP 的核心组件：剖析 MCP 分层架构设计中的角色分工，掌握 Host（主机）、Client（客户端）与 Server（服务器）的职责定义和边界。

❑ MCP 组件的协同机制：介绍主机、客户端、服务器三个核心组件如何各司其职，协作完成一个完整的流程闭环。

❑ MCP 的通信机制：阐释基于 JSON-RPC 协议的双向实时通信机制的设计考量及其优缺点。

❑ MCP 的安全机制：介绍 MCP 在人与 Agent 协同时所采用的各种安全机制。

2.3.1 MCP 的整体架构

与互联网中许多采用 Client（客户端）-Server（服务器）架构的经典协议（HTTP、WebSocket 等）不同，MCP 采用了主机 – 客户端 – 服务器三层架构体系，如图 2-3 所示。这是非常有独创性的，这种独创性体现在 Anthropic 的工程师对于 AI Agent 时代 AI 系统的独特理解。

在 WebSocket 协议中，客户端和服务器之间的通信就像两个陌生人对话，每次交流都是独立且没有记忆的，也没有延续性。HTTP 更是如此，每一个请求都是一次性的，就像擦肩而过的陌生人。在互联网时代，这种无状态协议的设计是合理的，因为协议的本质只是为了解决资源互联的问题。

但是，大模型为 AI Agent 应用与互联网应用带来了完全不同的叙事，用户不再局限于一问一答，而是需要具备上下文管理和全局记忆能力的 AI Agent。每一轮对话、每一次工具调用的结果都会影响一个 Agent 任务的走向和推理效果。因此，MCP 需要定义一个状态

管理角色，来统筹管理 Agent 的全局上下文和客户端的生命周期，这就是 MCP 主机。从这个角度讲，MCP 不仅是一个通信协议，还是一种全新的 AI 交互范式。在这个架构中，信息不再是冰冷的数据流，而是充满生命和智慧的动态网络。

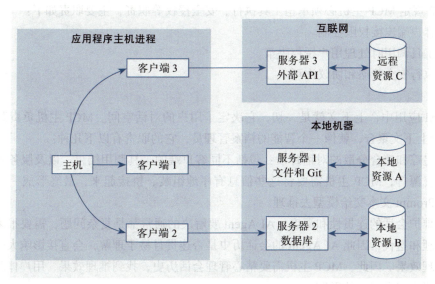

图 2-3 MCP 架构图

MCP 规定，客户端由主机统一创建，主机通过客户端与一一对应的服务器进行通信，以获取服务器提供的资源、Prompt 模板或者可用的工具清单，以及调用指定的工具等。这些服务可以部署在用户的本地计算机上，也可以部署在远程服务器上。每一个服务器都由企业、开发者或者用户精心构建，开发者通过 MCP 规定的接口规范，封装了各种各样的能力，譬如查询天气、下个外卖订单、提交一个 GitHub 的 Issue、创建一个本地文档等。

2.3.2 MCP 的核心组件

1. MCP 主机

相信读者对于大热的 AI 编程工具 Cursor 应该有所耳闻。Cursor 是一个桌面应用，安装在本地计算机中。在 Cursor 接入 MCP 之后，它就是一个实实在在的 MCP 主机了。在 AI 系统中，MCP 主机承担着协调、管理和保护的多重角色，具体职责如下。

（1）客户端实例管理

主机最基本的职责是创建和管理多个客户端实例。这就像复杂的剧组调度，每一个 AI 模型、每一个客户端都是这场数字交响乐中的独特乐器。主机精确地控制着它们的生命周期，确保系统的协同与平衡。

（2）执行安全策略和权限控制

在 AI Agent 应用中，当 AI 掌握了工具的调用后，授权机制就变得重要起来。人类要将什么样的工具使用权限以什么样的模式交给 AI Agent，是非常严肃且重要的问题。稍不小心就有可能带来灾难性的结果。譬如，你告诉 AI 帮你整理一下混乱不堪的桌面，如果你没有设置安全策略和操作权限，AI 很有可能因为模型的执行效果问题而误删很多文件。因此，MCP 规定 MCP 主机必须承担工具执行、安全授权等职责，主要职责如下：

- 客户端连接权限控制。
- 工具调用时处理用户授权决策。
- 执行安全策略和协议许可。

（3）上下文管理

在 AI 应用中，上下文就是一切，它决定了用户的对话空间。MCP 主机负责跨多个客户端进行上下文聚合，就像一个智能的档案管理员，它的职责有以下几种：

- 追踪和整合分散的对话片段：包括不同客户端的工具调用结果，以及服务器提供的资源等，MCP 主机需要将这些信息有序地组装、拼接起来，最终形成一个合适的 Prompt 文本交给模型去推理。
- 维护会话的连贯性和深度：AI Agent 要解决的通常都是复杂问题，需要很多步的推理和迭代，因此 AI Agent 的会话历史是否连贯且易于理解，会直接影响大模型的推理效果。因此，MCP 主机需要精心管理会话历史，找到推理效果、用户体验、推理成本三者之间的平衡。
- 管理和过滤上下文信息：在多轮对话中，并不是每次都需要将过程中产生的所有信息拼接到给模型的消息历史中。比如，当模型阅读完一个超长的本地文档并回答问题之后，在后续的子任务中，很可能不需要把这个本地文档的全部内容放在消息历史中。因为有可能文档内容与后面要解决的问题没有关联，也可能是出于对推理 Token 消耗成本的考量。在实际的 AI 应用中，管理和过滤上下文的策略非常丰富，也非常个性化。

表 2-1 是 MCP 官方整理的目前市场上支持 MCP 的主机清单，以及它们支持 MCP 功能的情况（截至 2025 年 3 月 29 日）。

表 2-1　支持 MCP 的 MCP 主机一览表

客户端	资源	提示	工具	采样	根	备注
Claude 桌面应用	☑	☑	☑	✕	✕	完全支持所有 MCP 功能
Claude Code	✕	☑	☑	✕	✕	支持提示和工具
5ire	✕	✕	☑	✕	✕	支持工具
BeeAI 框架	✕	✕	☑	✕	✕	支持 Agent 工作流中的工具
Cline	☑	✕	☑	✕	✕	支持工具和资源
Continue	☑	☑	☑	✕	✕	完全支持所有 MCP 功能
Copilot-MCP	☑	✕	☑	✕	✕	支持工具和资源
Cursor	✕	✕	☑	✕	✕	支持工具
Emacs MCP	✕	✕	☑	✕	✕	支持 Emacs 中的工具

（续）

客户端	资源	提示	工具	采样	根	备注
fast-agent	✅	✅	✅	✅	✅	完全支持多模态 MCP，包含端到端测试
Genkit	✅	✅	✅	❌	❌	支持通过工具的资源列表和查找
GenAIScript	❌	❌	✅	❌	❌	支持工具
Goose	❌	❌	✅	❌	❌	支持工具
LibreChat	❌	❌	✅	❌	❌	支持 Agent 工具
mcp-agent	❌	❌	✅	✅	❌	支持工具、服务器连接管理和 Agent 工作流
Microsoft Copilot Studio	❌	❌	✅	❌	❌	支持工具
oterm	❌	✅	✅	❌	❌	支持工具和提示
Roo Code	✅	❌	✅	❌	❌	支持工具和资源
Sourcegraph Cody	✅	❌	❌	❌	❌	通过 OpenCTX 支持资源
Superinterface	❌	❌	✅	❌	❌	支持工具
TheiaAI/TheiaIDE	❌	❌	✅	❌	❌	支持 Theia AI 和 AI 驱动的 Theia IDE 中的 Agent 工具
Windsurf 编辑器	❌	❌	✅	❌	❌	支持 AI Flow 协作开发中的工具
Witsy	❌	❌	✅	❌	❌	支持 Witsy 中的工具
Zed	❌	✅	❌	❌	❌	提示以斜杠命令形式出现
SpineAI	❌	❌	✅	❌	❌	支持 TypeScript AI Agent 的工具
OpenSumi	❌	❌	✅	❌	❌	支持 OpenSumi 中的工具
Daydreams Agent	✅	✅	✅	❌	❌	支持将服务器直接集成到 Daydreams Agent 中
Apify MCP 测试器	❌	❌	✅	❌	❌	支持工具

2. MCP 客户端

在 MCP 架构中，MCP 客户端是直接与 MCP 服务器交互的执行单元，其角色类似"协议适配器"。每个客户端实例由主机创建，专门负责与单个服务器建立通信管道、转换协议格式、执行安全校验等具体事务。它和服务器是一一对应的，且与其他客户端和服务器之间是完全隔离的。客户端和主机的关系可以用一个形象的比喻来阐述：主机是"外交部长"（制定政策、管理多国关系），客户端是"驻外大使"（在特定地区执行具体事务）。MCP 客户端的职责主要有以下几种。

（1）会话通道管理

客户端的首要职责是建立并维护与服务器的标准化通信。它实现了基于 JSON-RPC 2.0 的消息交换机制，管理连接的生命周期，包括初始化有状态的双向连接、保持连接活跃以及优雅地关闭连接。客户端还需要实现能力协商，向服务器明确声明自身支持的功能特性，并提供错误处理和日志记录，确保通信过程的可靠性和可追踪性。一个简单的客户端实现伪代码如下：

```
1   // 伪代码：客户端连接初始化
2   class McpClient {
3       constructor(transport: Transport) {
4           this.connection = new JsonRpcConnection(transport);
5
6           // 维护会话状态机
7           this.connection.on('error', (err) => {
8               if (err.isRecoverable) {
9                   this.reconnect(); // 自动重连机制
10              } else {
11                  this.shutdown();  // 向主机报告致命错误
12              }
13          });
14      }
15  }
```

（2）根（Root）路径管理与安全

Root 作为 MCP 客户端中的一个安全特性，往往被 MCP 主机的开发者所忽视，包括 Anthropic 自己开发的 Claude。但这并不意味着这个特性就不重要，MCP 的设计者充分考虑了客户端和服务器在协同时可能会带来的各种安全问题。譬如，用户自主添加了一个由社区开发者开源的本地文件操作 MCP 服务器，在执行用户的 Agent 任务时，服务器删除了某个未经授权的文件目录，而用户完全不知情。值得注意的是，安全问题的解决在新技术发展中一定是滞后的，现阶段社区还沉浸在 AI Agent 刚长出了"手脚"、可以连接一切的喜悦中。因此，当前开源社区的各类 MCP 服务器并未充分考虑操作的安全性，读者在使用时需要格外注意。

Root 设计的本质是"资源访问沙盒化"，即由每一个客户端定义服务器可以访问的资源范围。由客户端在初始化时定义对应的服务器可以操控的资源范围，如下代码所示：

```
1   const client = new Client(
2       {
3           name: "example-client",
4           version: "1.0.0"
5       },
6       {
7           capabilities: {
8               roots: {
9                   listChange: true,
10                  uris:[{
11                      name:'用户目录',
12                      uri: 'file://~/'
13                  }]
14              }
15          }
16      }
17  );
```

MCP 规定，上述代码中的 uris 的设置需要由主机的开发者自行设计用户界面来进行授权，可以是一个类似目录选择的表单交互，也可以是任何其他形式。这种设计的理念就是将安全交由用户自己掌控，而不是完全交给 AI Agent。更细致的组件协同机制和安全设计考量会在后面章节中详细展开。

（3）工具执行网关

MCP 规定，工具是由 MCP 服务器定义和执行的，但 MCP 客户端却承担了工具执行网关的职责，以确保工具被安全、有效地执行，其中包含了 3 层校验机制：

- □ 协议层校验：模型生成的工具调用结果中参数格式是否符合 Tool Schema 定义。比如前文的 getWeather 函数，模型 Function Call 的输出如果丢失了必填参数 city，则是一个不合法的工具调用。
- □ 语义层校验：是否在 MCP 服务器已声明的工具范围内。比如模型因为幻觉问题导致输出的 Function Call 结果是 get_weather，而不是 MCP 服务器定义的 getWeather，这也是需要校验的。
- □ 权限层校验：用户是否授权此次工具的调用。

（4）模型采样（Sampling）控制器

Sampling（采样）是 MCP 定义的一个特殊功能，它允许服务器通过客户端向由主机控制的 LLM 发起推理请求（如文本、音频、图像等），同时确保客户端保留对模型访问权限和选择策略的完全控制权，并将用户也设计到流程中，让用户负责审计服务器发起的推理请求的内容和结果告知。

这个设计非常特别。虽然当前除了 fast-agent 外，几乎没有任何主机支持该特性，网络上关于 Sampling 的应用场景解读也几乎没有，但细想之下，Sampling 的设计哲学显然是具备"智能思维"的。

试想，如果没有 Sampling 机制，在 MCP 的架构中，MCP 服务器只是一个冷冰冰的工具或者执行者，机械地执行着主机的所有指令，那么这套架构就是一套"用户—主机—服务器"的系统，没有考虑到服务器本身同样可以拥有权力和智能。MCP 生态中有无数个MCP 服务器，在当下看它们或许只是一个操作本地文件的函数、查询天气的 API 调用，但只要稍微延伸一下，MCP 服务器就可以是一个拥有智能的 AI Agent。它既可以机械地执行某个动作，也可以为用户的任务目标提供智能的方案贡献。举一个地图的例子：

```
1  User：帮我规划一个从五道口出发的北京一日自驾游路线
2  Assistant：×××经典的北京一日游通常会去故宫、颐和园和八达岭……我需要先查一下五道口距离
            这几个景点的距离……
3  Toolcall（MCP 工具调用）：distance（五道口，[ 故宫，颐和园，八达岭 ]）
4  toolresult：五道口→故宫的距离是 15km，驾车时间为 40min……
5  Sampling：故宫周边不好停车，建议第一段行程乘坐地铁出行，申请重新调整计划
6  User：建议得好，可以考虑，你再继续吧
7  Assistant：已根据刚才的建议生成新的计划：×××
8  User：方案很好，感谢你的贡献
```

上述例子可以看出，地图的 MCP 服务器不是作为一个工具提供方存在的，而是一个全

方位的地图智能体。除了调用工具之外，它还可以根据自身经验参与到用户的问题解决流程中，以便用户获得更优质的结果。此外，这一切都是在 User 的监控和授权之下进行的。

Sampling 机制让 MCP 服务器既不是纯粹的工具，也不是潜在的反叛者，而是被技术协议赋能的"数字公民"——它们能在规则框架内争取权益、贡献智慧，而人类始终掌握着最终权威。这或许是 MCP 中最不起眼但最深邃的创新：构筑了一个比传统 AI 系统更富有生命力的数字文明雏形。

3. MCP 服务器

MCP 服务器是面向 AI 应用设计的标准化服务组件，它通过结构化协议为客户端提供上下文数据、工具功能与提示词模板。与传统的 API 服务不同，MCP 服务器专注于满足 LLM 对动态上下文、领域工具和安全隔离的需求，其核心价值在于将 AI 能力模块化封装，实现即插即用。MCP 服务器的核心职责有以下几种。

（1）为模型推理提供上下文

MCP 服务器以资源（Resource）为核心载体，向客户端暴露结构化数据。这些资源可包含代码文件、数据库内容或外部 API 数据，通过统一的 URI 标识实现标准化访问。例如，Git 集成服务可暴露 git:// 协议资源：

```
1  server.resource("git-files",
2      new ResourceTemplate("git://{repo}/{path}"),
3      async (uri, params) => ({
4          contents: [{
5              uri: uri.href,
6              text: await readGitFile(params.repo, params.path)
7          }]
8      })
9  );
```

MCP 服务器还支持动态的上下文管理，支持 Resource 订阅机制，并在 Resource 内容变更时主动向客户端推送通知。

（2）工具封装与执行

首先通过工具（Tool）定义可执行操作，并将业务逻辑封装为 LLM 可调用的原子能力，然后执行工具并将工具调用的结果反馈给模型（通过客户端）。每个工具都需声明输入参数 Schema，以符合统一的工具定义规范。一个简单的工具封装示例如下：

```
1  server.tool("calculate-bmi",
2      { weightKg: z.number(), heightM: z.number() },
3      async ({ weightKg, heightM }) => ({
4          content: [{
5              type: "text",
6              text: String(weightKg / (heightM ** 2))
7          }]
8      })
9  );
```

（3）提供提示词的最佳实践

MCP 为服务器提供了一种向客户端公开提示词模板的标准化方法，允许服务器提供与 LLM 交互的结构化消息和提示词的最佳实践。这些提示词模板通常由开发 MCP 服务器的领域专家精心调优后随服务器一并提供，其目的是使用户在使用该服务器提供的工具解决问题时，能够获得更好的效果。比如，当引入一个操作 MySQL 数据库的 MCP 服务器时，该服务器的开发者在代码中默认集成了如下 Prompt：

```
1  server.prompt("query-generator", {
2      question: z.string().describe(" 用自然语言描述数据需求 "),
3      safety: z.boolean().default(true).describe(" 是否启用安全模式 ")
4  }, ({ question, safety }) => ({
5  messages: [{
6          role: "user",
7          content: {
8              type: "text",
9              text: `将以下需求转换为安全SQL查询 :\n"${question}"\n 输出格式 : {
                  "sql": "..." }`
10                 + (safety ? "\n 禁止使用 DELETE/UPDATE/DROP 语句 " : "")
11         }
12     }]
13 }));
```

这个名为 query-generator 的预定义 Prompt 模板，可以帮助用户快速地复用该模板，以通过描述生成安全的 SQL 查询语句。服务器的开发者可以用自己偏好的方式为用户提供这些提示词模板，比如在输入框中输入"/"以触发 Prompt 模板的选择，如图 2-4 所示。

事实上，MCP 本身并没有任何关于用户交互的约定或限制，开发者可以完全自定义交互实现。

MCP 服务器作为 AI 原生时代的标准化接口组件，其核心生态价值在于通过协议统一性解决了 AI 能力集成中的碎片化难题，构建起可自由组合的模块化服务生态。作为即插即用的"能力插座"，它允许开发者将任意领域的专业知识、工具和服务封装为标准服务模块——无论是代码分析工具包、医

图 2-4　基于输入框中"/"触发的 Prompt 模板候选交互

疗知识图谱查询还是智能家居控制，均可转化为遵循统一协议的 MCP 服务器。

这种设计使得跨行业解决方案的构建如同拼装乐高积木：金融风控系统可快速接入法律条文解读服务与财报分析工具链，智能家居中枢能无缝整合环境感知模块与用户习惯模型。开发者无须重复实现基础功能，只需要专注于垂直领域的核心价值创造。协议层的严格安全隔离设计（如上下文沙盒、权限分级控制）确保了模块间的安全互操作，既允许医疗诊断服务器与医学文献服务器协同推理，又能避免敏感数据跨域泄露。

社区驱动的开源 MCP 服务器模块仓库进一步增强了生态网络效应，开发者贡献的服务器组件在经历场景验证后，可沉淀为通用能力资产，例如自然语言转 SQL 查询的服务器可能被电商数据分析、物流仓储优化、科研数据处理等不同场景复用，形成"一次开发，

全域赋能"的正向循环。这种标准化、可组合、自进化的生态体系，大幅降低了 AI 技术落地的长尾成本，使得中小团队能以极低代价接入顶尖技术能力，传统行业专家无须精通算法即可将领域知识转化为智能服务，最终推动 AI 技术渗透到经济社会的末端场景，实现真正意义上的万物互联与群体智能涌现。

2.3.3 MCP 组件的协同机制

在 MCP 中，对主机、客户端、服务器、资源、提示词、工具、根、采样都有明确的协同机制定义。搞清楚协同机制，有助于进一步了解 MCP 的底层运作机制，如图 2-5 所示。

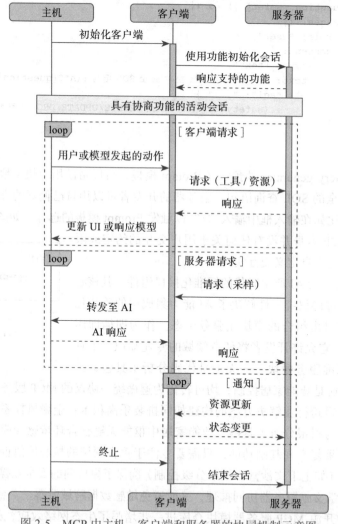

图 2-5　MCP 中主机、客户端和服务器的协同机制示意图

MCP 三大组件之间的协同机制可以分为 5 个阶段。

1. 初始化阶段

初始化阶段首先由主机发起创建和初始化客户端的动作，并建立起与服务器的双向通信连接。然后由客户端发起初始化会话的协商请求，服务器会在响应中告知客户端其支持的功能范围、更新策略以及服务器当前的版本信息。示例代码如下所示：

```
1   // 第一次握手：客户端发起的初始化请求体
2   {
3       "jsonrpc": "2.0",
4       "id": 1,
5       "method": "initialize",
6       "params": {
7           "protocolVersion": "2024-11-05",
8           "capabilities": {
9               "roots": {
10                  "listChanged": true
11              },
12              "sampling": {}
13          },
14          "clientInfo": {
15              "name": "ExampleClient",
16              "version": "1.0.0"
17          }
18      }
19  }
20
21  // 第二次握手：服务器发送初始化响应的请求体
22  {
23      "jsonrpc": "2.0",
24      "id": 1,
25      "result": {
26          "protocolVersion": "2024-11-05",
27          "capabilities": {
28              "logging": {},
29              "prompts": {
30                  "listChanged": true
31              },
32              "resources": {
33                  "subscribe": true,
34                  "listChanged": true
35              },
36              "tools": {
37                  "listChanged": true
38              }
39          },
40          "serverInfo": {
41              "name": "ExampleServer",
42              "version": "1.0.0"
43          }
44      }
```

```
45    }
46    // 第三次握手: 客户端发送已初始化成功的通知信息
47    {
48        "jsonrpc": "2.0",
49        "method": "notifications/initialized"
50    }
```

值得注意的是，主机一般会在这个阶段完成后，直接向服务器发起查询请求（例如 tools/list），以便第一时间得到服务器支持的工具清单，并对工具清单进行缓存，以降低后续的通信成本。

```
 1    // 客户端的工具清单查询请求体
 2    {
 3        "jsonrpc": "2.0",
 4        "id": 1,
 5        "method": "tools/list",
 6        "params": {
 7            "cursor": "optional-cursor-value"
 8        }
 9    }
10    // 服务器返回的可用工具清单响应体
11    {
12        "jsonrpc": "2.0",
13        "id": 1,
14        "result": {
15            "tools": [
16                {
17                    "name": "get_weather",
18                    "description": " 根据目标地址获取天气信息 ",
19                    "inputSchema": {
20                        "type": "object",
21                        "properties": {
22                            "location": {
23                                "type": "string",
24                                "description": " 城市名或者邮编 "
25                            }
26                        },
27                        "required": ["location"]
28                    }
29                }
30            ],
31            "nextCursor": "next-page-cursor"
32        }
33    }
```

2. 客户端请求阶段

该阶段的请求始于用户的交互（可以是一次提示词模板查询，或者是资源获取），或者是模型在回答用户提问时输出的一次工具（Tool）调用。此时会产生一轮客户端和服务器之间的交互，过程通常由主机发起，通过客户端在初始化阶段创建的通信连接发送一次请求

（Resource/Prompt/Tool）。服务器收到请求后，经过相应的校验并执行对应的动作，再向客户端发送响应。客户端收到响应后交由主机进行下一步动作（通常是更新主机 UI 界面，或者组装新的推理消息再交给 LLM 进行推理）。以执行一次模型驱动的工具调用为例，其协同过程大致如下：

```
1    // 客户端接收到主机的工具调用命令后，向服务器发起一次查询纽约天气的请求
2    {
3        "jsonrpc": "2.0",
4        "id": 2,
5        "method": "tools/call",
6        "params": {
7            "name": "get_weather",
8            "arguments": {
9                "location": " 纽约 "
10           }
11       }
12   }
13
14   // 服务器收到请求，在验证了 arguments 参数的有效性之后，会调用其封装的真实业务逻辑代码，查
         询得到纽约的天气，并返回给客户端
15   {
16       "jsonrpc": "2.0",
17       "id": 2,
18       "result": {
19           "content": [
20               {
21                   "type": "text",
22                   "text": " 纽约现在的天气：温度 72° F，部分地区多云 "
23               }
24           ],
25           "isError": false
26       }
27   }
28
29   // 客户端收到响应后，会把工具执行结果返回给主机，主机会将工具的调用结果拼接到给模型继续推理
         的消息队列中：
30   {
31       "messages": [{
32           "role":"user",
33           "content": " 查一下纽约的天气 "
34       },{
35           "role": "assistant",
36           "content": "",
37           "toolCalls": [{
38               "name": "get_weather",
39               "arguments": {
40                   "location": " 纽约 "
41               }
42           }]
```

```
43          },{
44              "role": "tool",
45              "content": "调用 get_weather 工具的查询结果为：纽约现在的天气：温度
                    72° F，部分地区多云"
46          }]
47  }
```

3. 服务器采样阶段

服务器可以根据自己的设计决定是否要主动向客户端发起采样申请，并以数字公民的身份参与到用户的问题中来。这个申请既可以是建言献策、提供推理建议，也可以是对用户任务的完成结果进行采样监控，以获得知情权。客户端收到采样请求后，会申请用户的授权，以便确认该行为是安全可控的。用户授权通过后，客户端可以继续通过主机向 LLM 发起推理请求。推理结束后，主机同样会发起用户的授权，只有用户确认结果可以发送给服务器之后，它才会通过客户端把结果发送给服务器。目前支持这个阶段的应用比较少，读者只需要了解其定位和原理即可，如需深入研究可以阅读官方协议文档。

4. 消息通知阶段

MCP 采用了基于 JSON-RPC 的全双工通信协议，允许客户端和服务器在建立连接后，根据需要随时发起双向通知，以便同步双方的变更。这些变更可能是：

❑ 用户授权的本地 Root 目录发生变更，客户端需要主动通知服务器。
❑ 服务器提供的 Resource 发生变更，需要告知客户端。
❑ 服务器提供的 Prompt 模板发生变更，需要告知客户端。

譬如，当服务器动态新增了工具时，协议规定，服务器需要主动向客户端发送变更消息：

```
1   // 服务器发送的变更消息体
2   {"jsonrpc":"2.0","method":"notifications/tools/list_changed"}
```

客户端收到变更通知后，重新发起工具清单查询请求，以便更新服务器支持的最新工具清单：

```
1   // 客户端再次发起工具清单查询请求
2   {
3       "jsonrpc": "2.0",
4       "id": 1,
5       "method": "tools/list",
6       "params": {
7           "cursor": "optional-cursor-value"
8       }
9   }
10
11  // 服务器返回最新的工具清单，可以看到，和之前相比，get_weather 工具增加了一个查询日期的字段
12  {
13      "jsonrpc": "2.0",
14      "id": 1,
15      "result": {
```

```
16              "tools": [
17                 {
18                     "name": "get_weather",
19                     "description": " 根据目标地址获取天气信息 ",
20                     "inputSchema": {
21                         "type": "object",
22                         "properties": {
23                             "location": {
24                                 "type": "string",
25                                 "description": " 城市或者邮编 "
26                             },
27                             "date": {
28                                 "type": "string",
29                                 "description": " 查询的日期，格式要求：YYYY-MM-DD"
30                             }
31                         },
32                         "required": ["location"]
33                     }
34                 }
35             ],
36             "nextCursor": "next-page-cursor"
37         }
38     }
```

5. 结束阶段

MCP 规定，结束动作可以由客户端和服务器双向发起，并终止在初始化阶段建立起的连接，实现优雅的关闭动作。MCP 支持两种标准传输机制：STDIO 和 HTTP+SSE，分别对应托管在用户本机和远程服务器上的 MCP 服务器。结束阶段针对这两种连接机制有不同的要求：

- ❑ STDIO：首先关闭子进程的输入流，然后等待服务器退出。如果服务器在合理时间内没有退出，则发送 SIGTERM 信号；如果服务器在发送 SIGTERM 信号之后的合理时间内仍未退出，则发送 SIGKILL 信号。服务器可以通过关闭其对客户端的输出流以启动关闭动作。
- ❑ HTTP：只需要关闭连接即可。

2.3.4　MCP 的通信机制

我们每个人的数字世界都可以划分成两大领域：一边是你的个人领域，包括本地文件、应用程序和设备；另一边是广阔的社会领域，包含各种远程服务、公共数据和组织资源。MCP 作为连接大语言模型应用与外部上下文及工具的开放标准，必须同时兼顾这两个领域。基于此，MCP 精心设计了一套全双工的通信机制，使用两种不同的传输标准，搭建了一座连接这两个领域的桥梁，让 LLM 能够同时与它们优雅地交互。

1. 全双工对话机制

MCP 选择了基于 JSON-RPC 2.0 的全双工通信架构，通信双方分别是 MCP 客户端和

MCP 服务器，如图 2-6 所示。所谓全双工通信，就是客户端和服务器都可以随时向对方发送消息。全双工通信的价值在于，它允许模型和环境之间进行自然的、非阻塞的交互。就像我们在对话中可以随时插话或补充信息，MCP 中的参与者也可以在任何时候发起请求或通知。

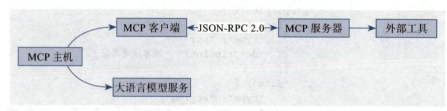

图 2-6　MCP 基于 JSON-RPC 2.0 的全双工通信架构示意图

MCP 定义了两种标准传输机制——STDIO 和 HTTP + SSE（新版本升级为 Streamable HTTP）来实现个人领域与社会领域的 MCP 服务器的连接。

2.STDIO 传输

STDIO（标准输入输出）传输机制是一种基于进程间通信的轻量化数据传输方案，特别适用于本地计算机环境中的进程协作。其核心原理是通过操作系统的标准输入流（stdin）和标准输出流（stdout）在进程间建立双向通信通道。MCP 使用 STDIO 传输的基本模式是：

- ❑ 客户端以子进程方式启动 MCP 服务器。
- ❑ 服务器从标准输入（stdin）中读取消息，向标准输出（stdout）中写入消息。
- ❑ 消息以换行符分隔，不能包含嵌入换行符。
- ❑ 服务器可以使用标准错误（stderr）输出日志信息。

想象你正在使用一个像 Cursor 一样能安装在本地计算机上的 AI 应用。在这种情况下，Cursor 可以直接通过标准输入输出流与运行在本地计算机上的 MCP 服务器进行通信，如图 2-7 所示。

STDIO 传输的美妙之处在于它的即时性、直接性和简单性。没有网络延迟，没有连接问题，客户端和服务器可以像两个紧密协作的同事一样高效工作。对于那些注重隐私的本地任务，比如处理敏感文档或分析个人数据，这种本地通信方式提供了额外的安全保障。STDIO 相比其他网络传输机制存在以下四大优势：

- ❑ 低延迟与高效性：STDIO 绕过了网络协议栈，数据直接在进程内存间传输，避免了网络通信的序列化 / 反序列化开销，响应速度可达微秒级。例如，在本地文件处理场景中，客户端与服务器通过管道传递数据，无须经过网络接口卡，吞吐量显著高于远程通信。
- ❑ 简化部署与安全性：本地环境下无须配置 IP 地址、端口或 SSL 证书，降低了部署复杂度。同时，由于通信仅存在于同一台机器的不同进程间，因此天然规避了网络监听、中间人攻击等安全风险。

❑ 资源隔离与稳定性：客户端与服务器以父子进程关系运行，操作系统自动管理资源
分配和生命周期。例如，当服务器崩溃时，客户端可通过进程信号快速感知并重
启，避免因网络超时机制导致的长时间阻塞。

❑ 开发调试友好性：开发者可直接在终端观察原始数据流，通过重定向（如 > 或 <）
将输入输出保存为日志文件，便于问题复现和分析。

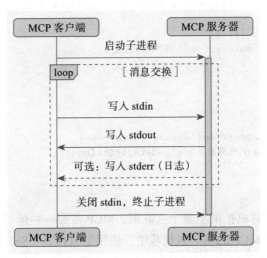

图 2-7　STDIO 传输机制示意图

以下是 STDIO 通信的简化代码示例：

```
1   // 客户端代码示例
2   import { spawn } from "child_process";
3
4   // 启动 MCP 服务器作为子进程
5   const serverProcess = spawn("mcp-server");
6
7   // 发送请求
8   const request = {
9       jsonrpc: "2.0",
10      method: "initialize",
11      params: {
12          capabilities: {
13              /* 客户端能力 */
14          },
15      },
16      id: 1,
17  };
18
19  // 向 stdin 写入请求
20  serverProcess.stdin.write(JSON.stringify(request) + "\n");
21
22  // 从 stdout 中读取响应
```

```
23  serverProcess.stdout.on("data", (data) => {
24      const responses = data
25          .toString()
26          .split("\n")
27          .filter((line) => line.trim());
28      for (const responseText of responses) {
29          try {
30              const response = JSON.parse(responseText);
31              // 处理响应……
32          } catch (e) {
33              console.error("解析响应失败：", e);
34          }
35      }
36  });
37
38  // 处理日志
39  serverProcess.stderr.on("data", (data) => {
40      console.log("服务器日志：", data.toString());
41  });
```

3. HTTP+SSE 传输

随着视野从个人计算机扩展至整个互联网，MCP 需要一种能够跨越网络边界、连接远程服务的通信机制。在 MCP 的第一版规范中，使用了 HTTP + SSE 的传输协议规范来实现全双工通信，它是 MCP 为连接社会领域而设计的关键通信机制。要系统理解该传输机制，首先需要了解一下什么是 SSE。

SSE（Server-Sent Events）是一种基于 HTTP 的服务器推送技术，其底层机制围绕单向通信、轻量化设计和高效连接管理展开。其基本原理是通过使用 HTTP/1.1+ 支持的持久连接，实现服务器持续地向客户端单向发送数据。

与 WebSocket 需要独立协议栈不同，SSE 复用 HTTP 的协议栈，请求头仅需要标准字段，如 Content-Type: text/event-stream 和 Connection: keep-alive。这种设计使得 SSE 的建连成本比 WebSocket 低很多，因此被广泛应用于需要建立持久连接且拥有高并发的场景中。

MCP 通过 HTTP + SSE 的传输方案实现了客户端和服务器之间的"逻辑全双工"通信，该方案融合了 SSE 的实时推送特性与 HTTP POST 的请求响应机制，构建出兼具高实时性与可靠性的通信框架。MCP 的通信架构由两条独立通道构成：SSE 长连接通道（服务器→客户端）与 HTTP POST 短连接通道（客户端→服务器）。这种分离式设计既遵循 HTTP 规范，又通过资源隔离降低了传统长连接双向通信的复杂度。

（1）SSE 长连接通道的建立

客户端通过 HTTP GET 请求访问 /sse 端点，服务器返回 text/event-stream 响应头，建立持久化连接。该连接在初始化时会推送 endpoint 事件，其中携带包含会话 ID（如 /messages?session_id=xxx）的专用 URI。此 URI 将成为后续双向通信的枢纽，其会话 ID 机制既实现了多客户端隔离，也为断线重连提供了状态追踪锚点。

（2）HTTP POST 请求通道

客户端获取到专用 URI 后，所有请求均通过 HTTP POST 发送至服务器。这种设计将请求处理与事件推送解耦：POST 请求处理常规业务逻辑，SSE 通道专注于实时消息推送。服务器对 POST 请求返回标准 HTTP 状态码（如 202 Accepted），实际响应数据则通过 SSE 通道异步返回。虽然 SSE 本身是单向协议，但 MCP 通过双通道协同工作实现了逻辑上的双向通信。

1）请求 – 响应映射。每个 POST 请求携带唯一 ID（JSON-RPC 协议中的 id 字段），服务器处理完成后通过 SSE 通道推送包含相同 ID 的响应消息。客户端通过 ID 匹配机制将异步响应与原始请求相关联，为用户提供类似同步调用的编程体验。

2）双通道响应机制。在复杂交互场景中，服务器可以同时返回两种响应：

❑ 即时响应：POST 请求返回 HTTP 202 确认接收。

❑ 流式响应：通过 SSE 分多次推送处理进度或中间结果。

这种机制特别适用于大模型推理等长时任务，既能快速确认请求已被接收，又能实时反馈生成过程。

为了实现全双工通信这个设计目标，MCP 选择了 HTTP + SSE 的传输架构，这种设计带来了几个非常关键的优势：

❑ 兼容标准 HTTP 基础设施，不需要特殊网关或代理。

❑ 浏览器原生支持 EventSource API，降低客户端实现成本。

❑ 单向流设计减少服务器资源消耗，单节点可支撑 10 万级并发连接。

这种创新性的双通道设计，在 HTTP 的协议栈上构建出高效的准实时通信系统，为后续升级到 Streamable HTTP 方案奠定了技术基础。其核心价值在于通过标准化协议降低系统耦合度，使 AI 应用能够以统一方式接入异构数据源，这一设计思想深刻影响了后续 AI 通信协议的发展方向。

4. Streamable HTTP 传输

Streamable HTTP 是 MCP 在 2025-03-26 版本中引入的改进传输机制，最终的目标是取代 HTTP+SSE 传输机制，成为 MCP 面向互联网远程服务连接的唯一传输机制。在 MCP 的初版设计中，HTTP+SSE 传输机制通过两个独立通道实现通信：客户端通过 HTTP POST 发送请求，服务器通过 SSE 长连接推送事件。这种架构在早期验证阶段表现出简单易用的特性，但随着生产环境复杂度的提升，其缺陷逐渐暴露：

❑ 连接脆弱性：SSE 长连接对网络抖动极其敏感，断开后无法自动恢复会话状态。例如，在无服务器（Serverless）环境中，Lambda 函数的执行时间限制会导致 SSE 连接频繁中断，用户需要重新初始化整个会话。

❑ 服务器资源瓶颈：每个 SSE 连接都需要占用独立线程 / 进程资源，当并发用户的数量超过 1 万时，服务器内存消耗将激增 300%。这在电商大促等高并发场景下极易引发雪崩效应。

□ 协议单向性缺陷：SSE 仅支持服务器到客户端的单向通信，客户端需通过额外的 HTTP 通道发送数据，导致双通道同步难题。例如，AI 推理进度推送与用户终止指令可能产生时序冲突。

开源社区为此展开了激烈的讨论，在 MCP 官方的 GitHub 仓库的一个名为 Pull Request 的帖子（https://github.com/modelcontextprotocol/specification/pull/206）中，大家的争论集中在以下几个维度：

□ 协议选择之争：激进派主张采用 WebSocket 实现真正的双向通信，但实测显示 WebSocket 的握手耗时比 SSE 多 200ms，且无法在浏览器端附加 Authorization 头。保守派则认为应保持 HTTP 协议栈的纯粹性。

□ 状态管理范式：关于会话 ID 的生成机制，社区产生较大分歧。部分开发者主张客户端生成 UUID（类似 JWT），但安全专家指出这会导致会话劫持风险；最终方案确立为在服务端加密生成会话 ID 并进行签名验证。

□ 无状态化路径：部分人认为强制无状态设计会丧失 MCP 的上下文优势，但 AWS Lambda 团队提供的测试数据显示，通过将会话状态存储在 Redis 集群中，无状态服务器的请求处理吞吐量提升了 4.2 倍。

经过长时间的讨论和 A/B 测试，Anthropic 技术委员会最终选择了 Streamable HTTP 方案，其核心设计考量包括：

□ 渐进式升级策略：保留 SSE 作为流式载体，但解除端点绑定。旧版 /sse 端点迁移为 /message，通过 Content-Type: text/event-stream 头动态升级，实现向后兼容。

□ 资源解耦设计：引入 Mcp-Session-Id 头部，实现会话状态与连接的解耦。服务器可选择将会话状态存储在外部数据库中，从而使单个请求的平均处理时间从 120ms 缩短至 45ms。

□ 混合传输模式：支持 3 种响应类型——即时 JSON 响应、分块 SSE 流、持久 SSE 长连接。例如，在 AI 代码补全场景中，首条补全建议通过 JSON 返回，后续优化建议通过 SSE 流推送。

Streamable HTTP 传输机制与 HTTP + SSE 传输机制的具体差异见表 2-2。

表 2-2　Streamable HTTP 传输机制与 HTTP + SSE 传输机制的具体差异

特性	Streamable HTTP (2025-03-26)	HTTP+SSE (2024-11-05)
协议架构	统一 /message 端点	双端点（POST + SSE）
会话状态	Mcp-Session-Id 头部传递	绑定 TCP 连接
连接恢复	事件 ID 续传	完全重建会话
资源消耗	按需分配，请求完成即释放	每个连接常驻内存
部署复杂度	普通 HTTP 服务器即可	需专用 SSE 服务器
流式控制	支持双向流交互	仅服务器→客户端
基础设施兼容性	标准 HTTP 通过率 99.8%	CDN/ 防火墙阻断率 32%
最大并发连接数	无硬性限制	受限于浏览器同源策略（6 个）
典型延迟	首字节时间（TTFB）80ms	首字节时间（TTFB）150ms

Streamable HTTP 的成功印证了"简单即复杂"的技术哲学。其设计启示在于：优秀协议不是创造新标准，而是在既有生态中寻找最优解。据 Anthropic 的技术路线图披露，2026年团队将实现对 HTTP/3 QUIC 协议的支持，届时流式传输延迟有望被进一步压缩至 30ms以内。

随着 AI 技术的发展和应用场景的扩展，MCP 通信机制也将继续演进。未来，我们可能会看到更加智能的会话管理、更精细的权限控制，以及更流畅的多模态交互支持。但无论如何变化，标准化、安全性、灵活性和高效性这 4 个核心原则将继续指导 MCP 的发展方向。对于开发者而言，理解 MCP 的通信机制不仅有助于正确实现协议，还能启发更好的AI 应用架构设计。就像理解人类对话的规则有助于我们成为更好的沟通者一样，理解 MCP的通信机制有助于我们创造更自然、更有用的 AI 应用。在 AI Agent 时代，MCP 正逐步成为连接大语言模型与现实世界的标准桥梁。通过这座桥梁，个人领域与社会领域得以连接，本地资源与远程服务得以整合，AI 助手的能力得以充分发挥。

2.3.5　MCP 的安全机制

现代人工智能系统面临着复杂的安全挑战：既要实现跨应用的能力整合，又要防范未授权的访问；既要保持交互的灵活性，又要维护明确的控制边界。MCP 通过创新的安全架构设计，在人类用户、AI Agent 和外部服务之间构建起可信的协作网络。这个系统的最精妙之处在于，它让安全机制像呼吸般自然地融入日常交互中，而非生硬的技术枷锁。

1. 安全架构

MCP 的安全架构设计建立在 3 个核心原则上，如同三足鼎立般支撑整个体系，如图 2-8 所示。

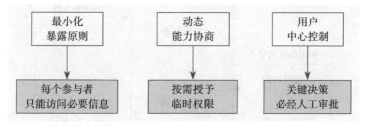

图 2-8　MCP 安全架构的核心原则

这种设计使得安全控制既不会阻碍正常业务流程，又能精准防范越权风险。例如，当代码审查服务器需要访问项目文件时，它不会直接获取整个代码库，而是通过声明式接口申请特定目录的读取权限。

2. 会话生命周期的安全机制

每个 MCP 会话都像精心编排的安全"芭蕾"，在初始化阶段就确立了明确的权限边界。

```
1  // 会话初始化示例
2  interface CapabilityDeclaration {
```

```
 3        prompts?: { listChanged: boolean };
 4        resources?: { subscribe: boolean };
 5        sampling?: {};
 6    }
 7
 8    function initializeSession(serverCapabilities: CapabilityDeclaration) {
 9        const clientCapabilities = {
10            resources: { listChanged: true },
11            sampling: {}
12        };
13
14        // 动态协商公共能力集
15        return negotiateCapabilities(serverCapabilities, clientCapabilities);
16    }
```

这个过程类似餐厅点餐时的需求沟通——服务员（客户端）告知厨房（服务器）所需的菜品（服务），厨房回应实际能完成的菜品，最终达成双方都确认的菜单。

3. 数据流动的安全机制

资源访问控制是 MCP 最值得称道的设计之一，它通过多层级过滤机制确保数据安全，如图 2-9 所示。

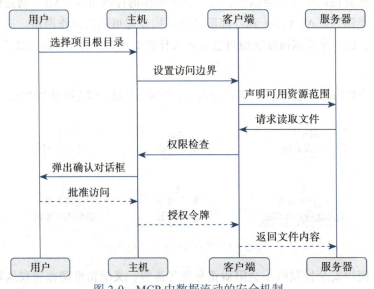

图 2-9　MCP 中数据流动的安全机制

上述流程中蕴含 3 个关键控制点：用户显式设置根目录、运行时动态权限审批、服务端最小化数据请求。这就像银行金库的三重门禁，每道门都只对必要人员临时开放。

MCP 安全机制的设计灵感来源于其设计者对现实世界协作模式的深刻理解。传统安全模型往往建立在对参与方的静态信任基础上，而 MCP 采用了动态的、上下文感知的信任建立机制。

❑ 渐进式暴露：如同陌生人之间间逐步建立信任一样，服务能力按需逐步开放。

❑ 环境感知：根据当前对话的上下文动态调整权限范围。

❑ 沙盒化运行：每个服务实例都在隔离环境中运行，如同科研实验室的独立操作间。

这种设计使系统既能保持扩展性（支持不断接入新服务），又能维持安全基线。就像现代城市既需要四通八达的交通网络，又需要消防隔离带防止火灾蔓延。

在数字技术日新月异的今天，MCP 展现了一种全新的安全范式——它不追求绝对的控制，而是通过精巧的机制设计，让安全成为能力进化的助推器而非绊脚石。这或许正是未来智能系统安全架构的演进方向：在开放与管控之间找到动态平衡，让技术创新与安全保障和谐共生。

2.4　MCP 的重点改进方向与发展趋势

MCP 是一个发展势头非常迅猛且有潜力的 AI Agent 连接协议，但它还很年轻，仍存在一些问题。随着时间的推移，相信这些问题都会被解决。虽然在本书完稿时，行业正为 MCP 带来的影响狂欢不已，但正视眼前的问题对于基于 MCP 开发 AI 应用的开发者而言是非常有必要的。

2.4.1　重点改进方向

1. 基础设施与管理机制不完善

❑ 服务器管理功能（注册/发现/生命周期管理）仍处于初级阶段，仅能满足基本需求。

❑ 缺乏标准化身份认证与授权框架，会话级权限管理粒度不足，存在安全隐患。虽然协议新版已支持 Streamable HTTP 通信机制、Session 管理和 OAuth 2.1 身份认证机制，但依然处在早期阶段。

❑ 缺乏多租户支持，难以满足企业级 SaaS 应用的规模化需求。

2. 开发与应用门槛较高

❑ 普通用户和开发者在使用 MCP 主机或者基于 MCP 生态进行开发时，仍需手动配置服务器和各种服务启动参数，这是一个非常技术化的过程。当前的使用体验只能说非常初级，非技术用户几乎无法使用。

❑ 官方文档以技术实现为中心，学习曲线陡峭。

3. 安全架构待完善

❑ 远程通信协议尚不成熟，缺乏端到端加密和安全沙盒机制。

❑ 工具市场存在未审核风险模块（据社区统计，由社区贡献的 MCP 服务器的测试覆盖率不足 40%）。

2.4.2　发展趋势

1. 技术架构升级方向

❑ 网关化部署：借鉴 API Gateway 模式，实现认证 / 路由 / 监控一体化（譬如，Cloudflare 已经开始布局 MCP 服务器的云端托管部署服务）。

❑ 轻量化 SDK：推出无代码配置工具（如 Open MCP Client，尝试简化开发流程）。

2. 生态演进路径

❑ 服务发现市场兴起：社区已经涌现出大量的 MCP Server Market 实践，进一步演化可能会发展成服务市场 / 商店模式，实现工具的动态发现与认证。

❑ 领域垂直化渗透：一方面，从通用场景向医疗 / 金融等专业场景深化，领域专有的 MCP 服务器生态会不断壮大。另一方面，垂直领域的 ISV 也会基于 MCP 逐步将自己的产品服务器化，或者为客户提供构建垂直 MCP 服务器的服务。

当前，MCP 正处于技术成熟度曲线的顶峰期，其最终市场地位取决于未来 12 个月内协议迭代和生态建设的成效。

第 3 章

MCP 的生态系统与发展趋势

MCP 的出现伴随着 MCP 生态的发展，生态规模是决定 MCP 能否成为行业标准协议的关键。目前已有多家模型公司、智能体框架、RAG 框架、SaaS 软件、数据 API、桌面软件等支持 MCP，国内的腾讯、阿里均已支持 MCP 服务器托管和 MCP 市场，国外的 OpenAI Agent SDK、Claude、Zapier、Claudeflare、Elevenlabs 等也已支持 MCP，并深度参与 MCP 生态建设。本章将重点介绍 MCP 生态系统的参与者、合作模式、发展策略、关键组成部分、发展趋势和应用场景，以便更好地参与 MCP 生态的建设。本章提到的 MCP 客户端统一指代与用户进行交互的 MCP 应用。

3.1 MCP 生态系统的构建

3.1.1 MCP 生态系统的参与者

MCP 生态系统的蓬勃发展离不开众多参与者的共同努力。这些参与者各自扮演着独特的角色，相互协作，共同推动 MCP 生态系统的构建和发展。理解这些参与者的角色及其相互关系，对于把握 MCP 生态系统的全貌至关重要。

1. MCP 服务器托管方

MCP 服务器托管方是负责部署、运行和维护 MCP 服务器的实体，包括个人开发者、软件服务提供商，甚至是大型企业。其核心职责在于确保 MCP 服务器的稳定运行，并对外提供其所封装的工具、数据或 API 服务，使得 AI 应用可以通过 MCP 进行访问和利用。

当前，许多 MCP 服务器倾向于本地优先，服务于个人用户，例如与 Postgres 数据库、Upstash 缓存服务的集成。然而，随着生态系统的发展，预计会出现更多远程优先的 MCP 服务器，以支持多租户架构和更广泛的访问需求。这些托管方需要关注 MCP 服务器的性能、安全性以及服务器与其他生态系统组件的兼容性。

MCP 服务器托管方通过 MCP 规范，将其特定的功能或数据暴露给 AI 模型。这使得 AI 助手能够执行诸如查询数据库、检索信息、发送邮件等操作。托管方可能需要处理身份验证和授权，以确保只有得到授权的 AI 应用才能访问其服务。未来，随着标准化认证和授权机制的建立，这一过程将更加规范和安全。

MCP 服务器托管方是 MCP 生态系统的基石，提供了 AI 应用所需的各种能力。服务器的质量、稳定性和安全性直接影响整个生态系统的可靠性。随着更多托管方的加入，MCP 生态系统的功能将更加丰富和强大。

2. MCP 市场

MCP 市场是用于发现、共享和安装 MCP 服务器的平台。这些市场充当着 MCP 服务器提供者和 MCP 客户端（以及最终用户）之间的桥梁，极大地简化了 MCP 服务器的查找和使用过程。

如同应用商店之于移动应用生态系统，MCP 市场对于 MCP 生态系统的繁荣至关重要。开发者可以在市场上发布自己创建的 MCP 服务器，并提供相关的功能介绍、安装指南等信息。用户可以通过市场搜索、浏览不同类别的服务器，并将其一键安装到自己的 MCP 客户端中，从而扩展 AI 应用的功能。

一些已经出现的 MCP 市场包括 Cline 的 MCP Marketplace、Mintlify 的 mcpt、Smither、OpenTools 和 MCPLINK.AI（如图 3-1 所示）。这些平台通常提供搜索、分类、评价等功能，帮助用户快速找到满足其需求的 MCP 服务器。未来，随着 MCP 生态系统的成熟，预计将出现更多功能完善、用户体验更佳的 MCP 市场。

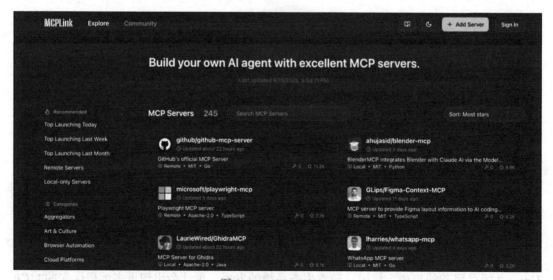

图 3-1　MCPLINK.AI

理解：MCP 市场通过提供便捷的服务器发现和安装渠道，降低了使用 MCP 的门槛，鼓励了更多开发者贡献和使用 MCP 服务器，从而加速了 MCP 生态系统的发展。市场的繁荣程度直接反映了 MCP 生态系统的活力。

3. MCP 应用 AI Agent 创建者

MCP 应用 AI Agent 创建者是指开发和构建利用 MCP 与外部工具及数据源进行交互的 AI 应用程序或 AI Agent 的开发者。开发者使用各种开发工具和框架（如 LangChain、Praison AI 等）来创建智能体，这些智能体能够根据用户指令或预设的工作流程，自主选择并调用相应的 MCP 服务器来完成任务。

这些创建者可以是独立的开发者、初创公司，也可以是大型企业的研发团队。开发者利用 MCP 的标准化特性，能够更容易地将各种 AI 模型与不同的外部服务集成起来，无须为每个集成编写定制化的代码。例如，开发者可以创建一个 AI 编码助手，通过集成代码仓库的 MCP 服务器、数据库的 MCP 服务器以及图像生成的 MCP 服务器，实现代码编写、问题查询和界面设计等多种功能。

为了简化 MCP 客户端的开发，已经出现了一些 SDK 和框架，例如 LangChain 和 Praison AI 提供了对 MCP 服务器工具调用的支持。这些 SDK 和框架降低了技术门槛，使得更多开发者能够轻松创建出功能强大的 MCP 应用 AI Agent。

MCP 应用 AI Agent 创建者是 MCP 生态系统的创新引擎。他们利用 MCP 的便利性，将各种 AI 能力与实际应用场景相结合，创造出能够解决具体问题的智能解决方案，从而推动 MCP 技术的普及和应用。

4. MCP 应用使用者

MCP 应用使用者是最终受益于基于 MCP 构建的 AI 应用的个人或组织。这包括使用集成 MCP 功能的代码编辑器的开发者，使用如 Claude Desktop 等通用应用程序的非技术用户，以及利用 AI Agent 完成各种任务的企业用户。

对于开发者而言，MCP 应用使用者可以直接在熟悉的开发环境中，通过 AI 助手调用各种工具和数据，极大地提高了开发效率。例如，开发者可以在 Cursor 编辑器中使用 Postgres MCP 服务器查询数据库状态，使用 Upstash MCP 服务器管理缓存索引，而无须离开编辑器。对于非技术用户，MCP 应用使他们能够通过更自然的方式（如对话）与各种工具和服务进行交互，降低了复杂技术的使用门槛。例如，用户可以通过 Claude Desktop 连接各种 MCP 服务器，实现文件管理、信息检索等功能。

MCP 应用为使用者带来了诸多价值，包括提高生产力、访问更广泛的工具和数据，以及更流畅的 AI 驱动的工作流程。用户体验的好坏很大程度上取决于 MCP 客户端的设计。因此，提供直观、易用的用户界面对于 MCP 应用的普及至关重要。

MCP 应用使用者是 MCP 生态系统价值的最终体现者。他们的需求和反馈直接影响 MCP 技术的发展方向。只有当足够多的用户认识到 MCP 应用所能带来的便利和价值时，MCP 生态系统才能持续繁荣。

3.1.2　MCP 生态系统的合作模式

MCP 生态系统的构建和发展依赖多种合作模式的有效运作。这些模式涵盖了技术层面、市场层面以及社区层面，共同促进了生态系统的繁荣。

1. 客户端 – 服务器协作模式

这是 MCP 生态系统中最基础的合作模式。在这种模式下，MCP 客户端（如 AI 应用程序）向 MCP 服务器（工具提供者）发送请求，以获取特定的功能或数据。MCP 定义了这种请求 – 响应通信的标准，确保不同的客户端和服务器之间能够无缝互操作。

这种模式与 Web 应用程序和云计算中广泛采用的客户端 – 服务器架构类似，客户端通常是用户直接交互的应用程序，而服务器则提供后台服务和资源。在 MCP 生态系统中，AI 应用充当客户端的角色，而提供特定工具或数据的服务则充当服务器的角色。

标准化的客户端 – 服务器模型是 MCP 生态系统的基石，它使得各种 AI 应用程序能够以统一的方式与不同的外部工具和服务进行交互，避免了复杂的定制化集成工作。这种模式的有效运作依赖 MCP 的清晰定义和双方对协议的严格遵守。

客户端 – 服务器协作模式为 MCP 生态系统奠定了技术基础，使不同参与者能够基于共同的协议高效协作，从而构建出功能丰富的 AI 应用。

2. 市场驱动的合作模式

MCP 市场通过为 MCP 服务器开发者提供一个能向更广泛的 MCP 客户端开发者和用户展示其工具的平台，促进了生态系统内的合作。这创造了一种市场动态：服务器开发者可以获得更高的可见性，并有可能通过其服务器实现商业价值；客户端开发者可以轻松发现并集成新的功能到他们的应用程序中。

这些市场通常由第三方运营，旨在连接 MCP 生态系统中的供需双方。服务器开发者可以在市场上注册并发布他们的 MCP 服务器，详细描述其功能、使用方法和定价策略（如适用）。客户端开发者可以通过市场搜索、筛选和比较不同的服务器，选择最合适的工具进行集成。

MCP 市场的成功取决于能否吸引足够数量的服务器开发者和用户，从而形成一个正向的反馈循环。活跃的市场能够促进竞争，提高工具的质量和多样性，进一步吸引更多的用户，从而推动整个生态系统的繁荣。

市场驱动的合作模式是 MCP 生态系统发展的重要引擎，它通过建立一个高效的交易与发现平台，促进了工具的创新和普及，使得 AI 应用的构建更加便捷、高效。

3. 基础设施与工具提供商的合作模式

提供基础设施（如 Cloudflare 提供的托管服务）和开发工具（如 Mintlify 提供的服务器生成工具）的公司，通过降低构建、部署和管理 MCP 组件的门槛，与 MCP 生态系统进行合作。这使得开发者更容易参与到生态系统中，用户也更容易获取基于 MCP 的解决方案。

例如，Cloudflare 为开发者提供了一种便捷的方式来部署和管理远程 MCP 服务器，解决了本地部署的一些局限性问题。Mintlify 等工具可以帮助开发者快速地将现有的 API 或文档转换为 MCP 服务器，极大地降低了创建服务器的难度。此外，像 Toolbase 这样的平台则致力于简化本地优先的 MCP 密钥管理和代理过程。

这些基础设施与工具提供商的参与，为 MCP 生态系统的扩展和可持续发展提供了必要的支撑。它们通过提供专业化的服务和工具，使开发者能够更专注于创新和应用的开发，而无须过多关注底层的基础设施问题。

基础设施与工具提供商的合作是 MCP 生态系统走向成熟的关键。它们通过提供稳定、高效、易用的基础设施和开发工具，极大地降低了参与生态系统的成本和复杂性，从而吸引了更多的开发者和用户。

4. 标准化与协议合作模式

MCP 是由 Anthropic 开发的开放标准。这种开放性鼓励不同的组织和开发者参与到协议的演进和发展过程中。围绕 MCP 标准的制定和推广，形成了一种广泛的合作模式。

目前，MCP 在身份验证、授权等方面仍存在一些需要完善的地方。解决这些问题需要社区成员和行业利益相关者的共同努力，通过讨论、提案和实践，逐步建立起统一的标准和规范。这种标准化的努力将有助于提高 MCP 生态系统的互操作性和安全性。

此外，围绕 MCP 的 SDK（软件开发工具包）的开发和维护也是一种重要的合作模式。Anthropic 以及其他社区成员已经为多种编程语言（如 Python、TypeScript、Java 等）开发了 MCP SDK，方便开发者更轻松地构建 MCP 客户端和服务器。

标准化与协议合作模式是 MCP 生态系统实现互操作性和长期发展的关键保障。通过开放的标准与合作开发，能够确保 MCP 被广泛采纳和持续改进，从而惠及整个生态系统。

5. 社区驱动的合作模式

MCP 生态系统受益于一个活跃的开发者社区，他们积极创建和分享 MCP 服务器、客户端和工具。开源代码仓库和社区论坛为这种协作与知识共享提供了便利的平台。

例如，Awesome MCP Clients 仓库汇集了各种可用的 MCP 客户端，方便开发者选择和使用。开发者社区还积极参与 MCP 的讨论和改进，提出了许多有价值的建议。这种社区驱动的合作模式能够促进技术的快速发展和创新。

社区成员之间还会自发地组织各种活动，如线上研讨会、教程分享等，帮助新手快速入门 MCP 开发，进一步扩大生态系统的参与者群体。这种互助互利的社区氛围是 MCP 生态系统持续健康发展的宝贵财富。

社区驱动的合作模式为 MCP 生态系统注入了强大的活力和创新能力。通过开放的协作与知识共享，社区成员共同推动着 MCP 技术的进步，并构建了一个充满活力的技术生态。

3.1.3　MCP 生态系统的发展策略

为了确保 MCP 生态系统的持续健康发展，需要采取一系列有效的发展策略，涵盖协议层、基础设施层、应用层以及战略性考量。

1. 协议层面的演进与完善

❏ 路径：持续改进和完善 MCP，以解决当前存在的问题，并为未来的发展奠定基础。

❑ 细节：包括标准化身份验证和授权机制、正式化多步骤执行和工作流管理，以及优化协议以更好地支持远程服务器通信。采纳 Streamable HTTP 传输是协议演进的一个重要方向。目前，许多 MCP 服务器是本地优先的，这在一定程度上限制了其可扩展性和在多用户场景下的应用。未来，为远程 MCP 服务器优先提供支持，使其更易于访问和部署，是至关重要的。

协议是生态系统的基础。只有协议足够健壮、灵活和安全，才能支撑起一个繁荣的生态系统。协议的持续演进能够确保 MCP 技术始终保持领先地位，并满足不断变化的应用需求。

2. 基础设施与工具链的构建

❑ 路径：大力投资开发健壮的基础设施组件和全面的开发者工具链，以简化 MCP 组件的创建、部署和管理流程。

❑ 细节：包括构建简单易用的 MCP 服务器市场、高效的服务器生成工具、可扩展的托管解决方案，以及有效的连接管理平台。例如，像 Mintlify 这样的服务器生成工具能够显著降低创建 MCP 服务器的门槛，而像 Cloudflare 这样的托管平台则解决了 MCP 服务器的部署和扩展难题。完善的基础设施和工具链能够降低开发者的学习成本，吸引更多人参与到生态系统的建设中。

完善的基础设施与工具链是生态系统快速发展的关键保障。它们能够降低开发者的参与门槛，提高开发效率，并为用户提供更稳定、可靠的服务。

3. 应用场景的拓展与用户采纳

❑ 路径：专注于识别和推广 MCP 在不同领域中广泛且引人注目的应用场景，同时积极推动其被开发者和最终用户采用。

❑ 细节：包括强调 MCP 在 AI 辅助编码、业务自动化、内容创作等方面的优势。为非技术用户创建简单易用的 MCP 客户端也至关重要。目前，MCP 在开发者社区中已经获得了一定的关注，但在更广泛的用户群体中，其认知度和应用程度仍有待提高。通过展示 MCP 的实际价值和成功案例，能够吸引更多用户尝试和使用基于 MCP 的解决方案。

应用场景的拓展与用户采纳是生态系统生命力的体现。只有当 MCP 技术能够解决实际问题，并被广大用户所接受时，生态系统才能实现可持续发展。

4. 未来发展的战略性考量

❑ 路径：积极应对 AI 领域未来可能出现的挑战并抓住发展机遇，确保 MCP 生态系统的长期成功。

❑ 细节：包括考虑新的工具定价模式、机器可读文档的重要性、从以 API 为中心的设计转向以场景用例为中心的设计，以及 MCP 客户端对专业托管解决方案的需求。随着 AI 技术的不断发展，AI Agent 将变得更加智能和自主，能够根据速度、成本和相关性等因素动态选择工具。这可能会对现有的 API 和工具定价模式带来冲击，需要生态系统参与者提前进行思考和布局。此外，清晰的机器可读文档将变得越来越重要，以便 AI Agent 能够自动发现和使用各种工具。

战略性考量和灵活的适应能力是生态系统在快速变化的技术环境中保持竞争力的关键。通过提前布局以应对未来的挑战，能确保 MCP 生态系统始终处于领先地位。

3.1.4　MCP 生态系统的关键组成部分

MCP 生态系统包含几个关键组成部分，它们相互依赖，共同支撑着整个生态系统的运作。MCP 生态系统中的关键参与者及其角色如表 3-1 和图 3-2 所示。

表 3-1　MCP 生态系统中的关键参与者及其角色

参与者类型	描述	主要功能 / 职责	示例
MCP 服务器托管方	负责部署、运行和维护 MCP 服务器的实体	确保服务器稳定运行，提供工具、数据或 API 服务	个人开发者、软件服务提供商、大型企业
MCP 市场	用于发现、共享和安装 MCP 服务器的平台	提供服务器搜索、浏览、安装等功能，连接服务器开发者和用户	Cline MCP Marketplace、Mintlify mcpt、Smithery、OpenTools
MCP 应用 AI Agent 创建者	开发和构建利用 MCP 与外部工具及数据源交互的 AI 应用程序的开发者	使用开发工具和框架创建 AI Agent，集成各种 AI 模型与外部服务	独立开发者、初创公司、企业研发团队
MCP 应用使用者	最终受益于基于 MCP 构建的 AI 应用程序的个人或组织	使用集成 MCP 功能的应用程序，提高生产力，访问更广泛的工具和数据	开发者、非技术用户、企业用户

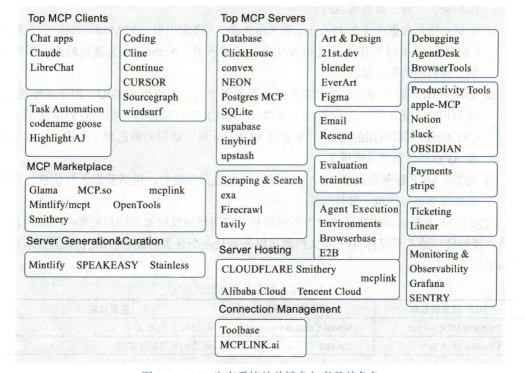

图 3-2　MCP 生态系统的关键参与者及其角色

1. MCP 客户端

❑ 定义：MCP 客户端是应用程序或平台，它们发起与 MCP 服务器的连接，并允许用户或 AI Agent 利用服务器暴露的工具和数据。

❑ 示例：IDE（集成开发环境）如 Cursor、Windsurf，通用应用程序如 Claude Desktop、Claudemind、Cherry Studio，以及使用 LangChain 等框架构建的自定义 AI Agent。Awesome MCP Clients 等代码仓库中列出了更全面的 MCP 客户端。此外，微软的 Copilot Studio 也扮演着 MCP 客户端的角色。

❑ 架构：MCP 客户端通常与一个 MCP 服务器保持一对一的连接，处理协议版本协商、能力发现、消息传输（主要使用 STDIO 或 SSE）、工具执行、资源访问和提示系统交互。

❑ 功能：MCP 客户端提供用户界面，用于与 AI Agent 和连接工具进行交互。具体功能取决于客户端的设计及其连接的服务器类型。例如，代码编辑器客户端可能提供代码补全和重构工具，而面向业务的客户端可能提供 CRM 或邮件管理工具。

MCP 客户端的种类正在不断扩展，从最初以开发者为中心的工具，发展到包含更广泛的用户和用例的应用程序。客户端的设计和用户体验对于推动 MCP 的普及至关重要。

2. MCP 服务器

❑ 定义：MCP 服务器是轻量级应用程序，它们用于实现 MCP，并向 AI Agent 暴露特定功能、工具、数据或 API。

❑ 示例：能与数据库（如 Postgres 和 Supabase）、搜索引擎（如 Meilisearch）、云服务（如 Upstash）以及其他工具和 API 交互的服务器。Anthropic 为流行的企业系统提供了预构建的服务器。

❑ 架构：MCP 服务器通常遵循客户端－服务器架构，并使用 STDIO（用于本地通信）或 HTTP+SSE（用于远程通信）等协议与 MCP 客户端进行通信。它们定义了工具（AI Agent 可以调用的函数）、资源（AI Agent 可以访问的数据源）和提示（用于指导 AI 模型的预定义模板）。

❑ 功能：MCP 服务器提供 AI Agent 可以利用的实际能力，包括获取天气信息、管理数据库表或发送电子邮件等。

可用的 MCP 服务器的数量和种类不断增长，表明该协议的被采纳程度和多功能性正在提高。能够轻松地基于现有 API 和文档创建服务器是一个显著的优势。MCP 服务器示例及其功能见表 3-2。

表 3-2　MCP 服务器示例及其功能

MCP 服务器名称	提供者 / 来源	主要功能
Postgres MCP Server	Model Context Protocol	执行只读 SQL 命令
Upstash MCP Server	Upstash	创建和管理缓存索引

（续）

MCP 服务器名称	提供者 / 来源	主要功能
Slack MCP Server	Model Context Protocol	在 MCP 客户端中使用 Slack 功能
Resend MCP Server	Resend	发送电子邮件
Replicate MCP Server	deepfates	生成图像
Meilisearch MCP Server	Meilisearch	与 Meilisearch 搜索引擎交互
Supabase MCP Server	Supabase	连接 Supabase 数据库，执行数据库管理任务

3. MCP 市场

❑ 定义：用于发现、共享和安装 MCP 服务器的平台。

❑ 示例：包括 Cline 的 MCP Marketplace，Mintlify 的 mcpt、Smithery 和 OpenTools。微软的 Copilot Studio 也提供了一个市场平台。

❑ 功能：市场允许用户浏览、搜索和安装 MCP 服务器。它们通常提供关于服务器功能和安装的说明，以及潜在的用户评论或评级等信息。一键安装等功能简化了向 MCP 客户端添加新工具的过程。

❑ 价值主张：市场简化了查找和利用 MCP 服务器的过程，使用户更容易扩展其 AI 应用程序的功能。它们还为服务器开发者提供了一个接触更广泛用户的渠道。

MCP 市场解决了可发现性问题，将服务器开发者与用户连接起来，这对于促进充满活力的生态系统的发展至关重要。MCP 市场的功能性和易用性将显著影响 MCP 的采纳率。

4. MCP 基础设施解决方案

❑ 定义：支持 MCP 组件开发、部署和管理的基础设施与工具。

❑ 示例：包括像 Cloudflare 这样的 MCP 云托管平台，像 Mintlify、Stainless 和 Speakeasy 这样的服务器生成工具，以及像 Toolbase 这样的连接管理平台。微软的 AI Gateway 也提供了凭据管理和实时实验等基础设施级功能。

❑ 功能：这些解决方案为构建可扩展且可靠的 MCP 生态系统提供了必要的构建块。托管解决方案解决了在云端部署和管理 MCP 服务器的挑战。服务器生成工具减少了创建 MCP 服务所需的工作量。连接管理平台简化了将 MCP 客户端连接到 MCP 服务器的过程。

❑ 重要性：强大的基础设施解决方案对于 MCP 生态系统的长期增长和稳定至关重要。它们确保 MCP 组件可以轻松地开发、部署和扩展，以满足不断增长的用户群需求。

开发强大且简单易用的基础设施解决方案，能使 MCP 生态系统更易于访问和扩展，从而为更广泛的采用和创新铺平道路。

3.1.5　MCP 生态系统的发展趋势

MCP 生态系统正处于快速发展和演进的阶段，其未来发展趋势见表 3-3。

表 3-3   MCP 生态系统的未来发展趋势

趋势类别	具体趋势	描述	潜在影响
技术发展趋势	远程 MCP 服务器成为主流	从本地优先转向远程优先架构，支持可扩展和多租户	扩大应用范围，增强云端 AI 应用的能力
	标准化认证与授权机制的建立	开发统一的客户端、工具和多用户身份验证与授权方法	提高安全性，增强企业用户的信心
	多步骤执行与工作流的集成	在协议中内置工作流概念，管理工具调用的顺序和依赖关系	使 AI Agent 能够执行更复杂的任务
	统一且友好的客户端体验	实现不同 MCP 客户端用户界面和交互模式的标准化	提高用户体验和采纳率
市场与应用发展趋势	以开发者为中心的应用场景深化	进一步集成到 IDE 和其他开发环境中，提高开发者的生产力	加速开发者社区的创新和应用
	面向非技术用户的创新体验涌现	出现更多面向客户支持、营销、设计等领域的客户端和服务器	将 AI 的能力带给更广泛的用户群体
	"Everything App" 概念的普及	将更多 MCP 客户端集成为多种服务器，提供统一的用户体验	提高使用的便利性和用户的工作效率
基础设施发展趋势	MCP 服务器注册与发现机制的完善	开发标准的服务器注册表和发现协议	使 AI Agent 能够自主发现和利用相关工具
	中心化网关的部署与应用	部署网关管理认证、授权、流量和工具选择	增强安全性、提高性能、简化客户端–服务器交互
	多样化的服务器托管方案	提供更多托管选项，满足不同用户对安全性、合规性等方面的需求	降低生态系统的参与门槛，吸引更多用户

1. 技术发展趋势

（1）远程 MCP 服务器成为主流

目前，许多 MCP 服务器主要以本地优先的方式运行，这在一定程度上限制了它们的可扩展性和在多用户场景下的应用。未来的发展趋势将是远程 MCP 服务器逐渐成为主流。这种转变将使得 MCP 服务器能够部署在云端或其他远程基础设施上，从而支持更多的用户并发访问，并提供更强大的计算能力。为了实现这一目标，MCP 需要进一步优化，例如应用 Streamable HTTP 传输机制，以提升远程通信的效率和可靠性。这种趋势将极大地拓展 MCP 的应用范围，使其能够更好地服务于企业级应用和需要大规模部署的场景。

（2）标准化认证与授权机制的建立

当前 MCP 缺乏内置的权限模型，访问控制通常在会话级别进行，这意味着一个工具要么完全可访问，要么完全受限。这对于企业级应用和需要细粒度权限控制的场景来说是一个明显的不足。因此，未来 MCP 生态系统的一个重要发展趋势是建立标准化的认证和授权机制。这将包括客户端的身份验证（例如使用 OAuth 或 API 令牌）、工具的身份验证（为第三方 API 提供辅助函数或封装器），以及面向企业部署的多用户身份验证。借鉴 OAuth 2.1 等成熟的授权框架，将有助于为 MCP 生态系统带来更安全、更灵活的权限管理能力。

（3）多步骤执行与工作流的集成

大多数 AI 工作流程需要按顺序执行多个工具调用，但 MCP 目前缺乏管理这些步骤的内置工作流概念。这意味着每个客户端都需要自行实现可恢复性和重试机制，这显然不是理想的解决方案。因此，未来 MCP 的一个关键发展趋势是将多步骤执行和工作流的概念集成到协议中。这将使得 AI Agent 能够更方便地执行涉及多个工具的复杂任务，并统一处理诸如状态管理、错误处理和流程控制等问题。一些外部解决方案（如 Inngest），虽然可以提供类似的功能，但将其内置到协议中将更加高效和便捷。

（4）统一且友好的客户端体验

虽然目前已经出现了一些高质量的 MCP 客户端，但不同客户端在工具发现、执行和用户交互方面可能存在差异。为了进一步推动 MCP 的普及和应用，未来一个重要的技术发展趋势是致力于创造更统一且简单易用的客户端体验。这可能涉及标准化工具发现、排序和执行的 UI/UX 模式，为开发者和最终用户提供更一致和可预测的使用体验。例如，可以定义一套通用的界面元素和交互流程，使得用户无论使用哪个 MCP 客户端，都能够以熟悉的方式找到和使用所需的工具。

2. 市场与应用发展趋势

（1）以开发者为中心的应用场景深化

MCP 最初因其对技术用户的强大吸引力而备受关注，尤其是在 AI 辅助编码领域。未来，以开发者为中心的应用场景将继续深化。我们可以预见，MCP 将更深入地集成到各种 IDE 和其他开发环境中，为开发者提供更智能的代码补全、重构、调试和测试等功能，从而显著提高开发效率和代码质量。例如，通过与代码仓库、数据库和 API 文档的 MCP 服务器集成，开发者可以直接在 IDE 中完成许多原本需要在不同工具之间切换才能完成的任务。

（2）面向非技术用户的创新体验不断涌现

虽然 MCP 最初主要面向技术用户，但其潜力远不止于此。未来，我们可以期待看到更多面向非技术用户的创新体验涌现。这些应用将利用 AI 在模式识别和创造性任务方面的优势，为客户支持、市场营销、设计和图像编辑等领域带来革命性的变化。例如，可能会出现专门的 MCP 客户端，允许营销人员通过自然语言指令生成营销文案，设计师通过描述快速创建设计原型，图像编辑人员通过文本描述控制图像编辑工具。Claude Desktop 作为一个优秀的入门级 MCP 客户端，已经展示了这种潜力。

（3）"Everything App" 概念的普及

MCP 支持一个 AI Agent 与多个工具之间的一对多关系。未来，我们可以预见，"Everything App" 的概念将更加普及。这指的是 MCP 客户端能够集成多个不同的 MCP 服务器，从而在一个应用程序内提供丰富的功能。例如，一个代码编辑器不仅可以用于编写代码，还可以通过集成 Slack MCP 服务器进行团队沟通，通过 Resend MCP 服务器发送邮件，通过 Replicate MCP 服务器生成图像。这种集成化的体验将极大地提高用户的工作效率和便利性，减少在不同应用程序之间切换的需求。Highlight 实现的 "@ 命令" 就是一个很好的例子，它允许用户在其客户端上调用任何 MCP 服务器。

3. 基础设施发展趋势

（1）MCP 服务器注册与发现机制的完善

目前，开发者可以通过各种渠道（如 GitHub）分享自己创建的 MCP 服务器，但缺乏一个统一的、官方的注册和发现机制。Anthropic 的 Yoko Li 在一次演讲中也提到了对 MCP 服务器注册表和发现协议的完善需求。未来，完善的 MCP 服务器注册与发现机制将成为 MCP 基础设施的重要发展趋势。这将使得 AI Agent 能够更智能地根据用户的需求和上下文，动态地发现和选择合适的 MCP 服务器来完成任务，用户无须手动配置和集成。类似编程语言的包管理器或 API 目录，一个标准的 MCP 服务器注册表将极大地提升生态系统的易用性和可扩展性。

（2）中心化网关的部署与应用

随着 MCP 生态系统的规模不断扩大，客户端和服务器的数量将急剧增加。为了更好地管理和控制生态系统内的交互，部署和应用中心化的网关将成为重要的基础设施发展趋势。这个网关可以作为认证、授权、流量管理和工具选择的中心化层，类似于 API 网关。它可以强制执行访问控制，将请求路由到正确的 MCP 服务器上，处理负载均衡，并缓存响应以提高效率。这对于多租户环境尤其重要，因为不同的用户和 AI Agent 需要不同的权限。标准化的网关将简化客户端 – 服务器之间的交互，提高安全性，并提供更好的可观察性，使得 MCP 部署更具可扩展性和可管理性。

（3）多样化的服务器托管方案

目前，许多开发者选择在本地运行 MCP 服务器进行开发和测试。然而，对于实际生产环境和需要更高可用性的场景而言，开发者需要更加可靠和可扩展的托管方案。因此，未来 MCP 基础设施的一个发展趋势是出现更多样化的服务器托管方案。这可能包括由云服务提供商提供的完全托管的服务，允许开发者轻松部署和管理 MCP 服务器，而无须关心底层的基础设施。此外，还可能出现针对特定需求（如更高的安全性、合规性要求等）的专业托管解决方案。Cloudflare 已经开始支持在其基础设施上部署远程 MCP 服务器，这预示着未来将有更多类似的服务涌现。

MCP 生态系统正处于一个激动人心的发展阶段。通过对参与者、合作模式和发展策略的分析，我们可以看到，MCP 作为一种新兴的 AI 工具协议，具有巨大的潜力。开放性、标准化以及对自主 AI 工作流的支持，使 MCP 能够在未来的 AI 工具领域发挥关键作用。随着技术的不断成熟、基础设施的逐步完善以及应用场景的持续拓展，我们有理由相信，MCP 将成为连接 AI 模型与现实世界的桥梁，开启 AI 应用的新时代。然而，我们也需要关注标准化、安全性以及用户体验等方面的挑战，通过持续的创新和协作，共同推动 MCP 生态系统的健康发展。

3.2 AI Agent 和 MCP 的关联

3.2.1 MCP 对 AI Agent 关键组件的赋能

让我们再次回顾 Lilian Weng 总结的由大模型驱动的自动 Agent 系统全貌图（如图 3-3

所示），并探讨 MCP 能够为这个全貌图中描述的自动 Agent 系统提供哪些能力支撑。同时，在这个全貌图的基础之上，MCP 又提供了哪些额外的能力。

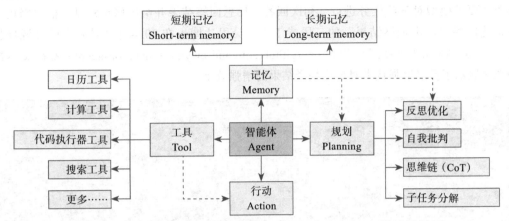

图 3-3　Lilian Weng 总结的由大模型驱动的自动 Agent 系统全貌图

1. 任务输入

任务输入（Task Input）并没有出现在这个全貌图中，但我们可以将任务输入视作 AI Agent 开始调用全貌图中各个组件执行工作的起点。

在日常使用中，我们希望 AI Agent 能够在仅有简单输入的情况下完成复杂的工作，并交付高质量的结果。在实际处理时，我们可以在 AI Agent 开始工作前，先对任务输入内容进行扩充，为 AI Agent 提供更多任务信息和指导。MCP 服务器中的 Prompt 能力就能够为这一场景提供支持。通过调用 MCP 服务器的 Prompt 能力，我们可以传递用户的简单输入，结合用户的身份信息、系统信息、鉴权信息等参数，获得由 MCP 服务器返回的、符合服务器定义场景的 Prompt 优化结果。

如图 3-4 所示，我们可能会在某些应用中看到，用户可以划取一段文本，然后在弹出菜单中选择对应指令，这是一个典型的应用场景。用户只需要划取想要与 AI Agent 交互的文本段，并在弹出菜单中选择交互指令，就可以看到 AI Agent 开始给出对应的工作结果。

这项功能的实际执行过程如图 3-5 所示。

同样地，类似的方案也可以用在如图 3-6 所示的某些对话界面中，通过输入 "\" 或 "#" 唤出操作指令菜单。

在上述功能中，通过 MCP 服务器提供的 Prompt 能力，能够灵活地根据 MCP 服务器面向的主题、场景，为 MCP 服务器的消费端提供针对性的提示词优化服务，从而在任务输入阶段为 AI Agent 提供信息更完备、指令更清晰的任务信息。

2. 规划

在 AI Agent 处理任务的过程中，虽然看上去规划（Planning）能力主要来自模型的基础智能，但在一些具体的行动和场景中，也需要通过模型提示控制来增强规划行动的指向性，以获得更好的结果。

以反思（Reflection）增强为例，AI Agent 可以在处理过程中多次构造模型请求的衔接链条，要求模型对某项任务进行"初次回答－反思回答结果并给出修正意见－根据修正意见优化回答并给出最终结果"的三段式工作。吴恩达博士在 2024 年 3 月发布的开源项目 Translation Agent（项目网址为 https://github.com/andrewyng/translation-agent）就在文本翻译领域展示了反思增强技术对最终翻译结果的增强效果。

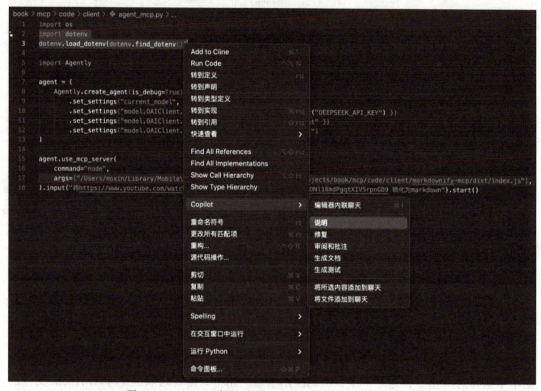

图 3-4　VS Code 中 GitHub Copilot 的代码划取操作菜单

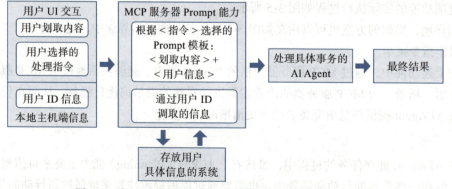

图 3-5　有 MCP 服务器参与的屏幕划词功能执行过程示意

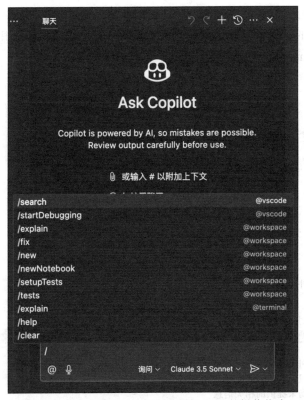

图 3-6　Github Copilot 对话界面中 "/" 的操作指令

根据全貌图，思维链构造、反思、任务拆解都属于规划模块应该关注的范畴，而在实操中，我们往往还会在任务拆解的基础上，加入工具选择。可以这么说，规划的能力通常是 AI Agent 开发者综合模型能力和模型控制编排方案给出的，并内化在 AI Agent 工程实现内部的多套处理逻辑中，可以视作 AI Agent 的核心智能处理逻辑。这些处理逻辑真正决定了 AI Agent 是如何逐步拆解提交过来的复杂任务，并给出行动指令的。

在 MCP 出现之前，工具侧和 Agent 侧有非常明确的边界隔阂。工具侧主要通过 Function Calling 的方式为 Agent 侧提供能力，只能通过工具描述、参数描述的方式告知 Agent 自己所提供的能力信息，并期待 Agent 侧能够正确理解这些信息并给出正确的调用决策。工具侧无法主动参与到 Agent 侧的工具选择决策过程中，更没有任何办法参与到工具选择之外的其他决策过程中。

但在 MCP 出现之后，同样通过 MCP 服务器提供的 Prompt 能力，MCP 服务器提供方拥有了更多参与到 Agent 侧工作过程中的机会。与直接提供工具信息和工具调用不同，MCP 服务器的 Prompt 能力能够根据输入的信息动态返回 Prompt 结果，这使得 MCP 服务侧能够为 Agent 侧的规划动作提供更丰富的信息，或是根据规划结果提供更准确的后续处理建议。

例如，经常会有开发者朋友问笔者：一个拥有超大量可用工具的 AI Agent 应该如何正确面对自己要处理的任务，以及选择合适的工具？我们就可以尝试使用下面的方式，利用 MCP 服务器的 Prompt 能力增强规划的过程，如图 3-7 所示。

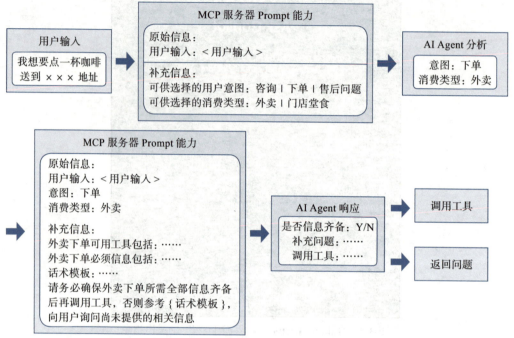

图 3-7　使用 MCP 服务器的 Prompt 能力增强规划过程的示意图

在这个方案中，我们通过 MCP 服务器的 Prompt 能力实现了以下增强：

❑ 在 AI Agent 针对用户的输入进行意图和消费类型分析前，通过 Prompt 能力对分析结果的选项进行了限定，以收敛模型分析结果，为针对不同意图和消费类型提供更聚焦的工具信息与信息检查清单做好准备。

❑ 根据 AI Agent 的分析结果，查询 MCP 服务器内部已做好分类的工具清单及对应资源，为处理具体场景问题提供更明细的工具清单、信息检查单、处理流程说明和相关模板。

与只有 Function Calling 能力的 AI Agent 相比，二者的主要差异有：

❑ 在工具选择判断环节中，可以让更熟悉工具能力以应用场景的 MCP 服务器提供方参与到判断决策逻辑中来。相比 AI Agent 单方面撰写工具判断决策提示词，MCP 服务器提供方提供的判断决策信息将有助于提升决策的准确性和可执行性。

❑ 由 MCP 服务器提供方根据场景参数信息提供的工具清单、场景信息校验清单、话术模板，能够降低 AI Agent 统管工具的难度和复杂度，将部分工具管理的责任转移给 MCP 服务器提供方，同时也能极大地降低 AI Agent 在单方面管理工具时因提交过多工具信息而造成模型注意力失焦的可能性。

经过对这个案例的讨论可以看到，只要 AI Agent 开发者在设计规划流程时为 MCP 服务器提供足够的接入点，MCP 服务器就能有更多机会参与到 AI Agent 的规划行为中去，使确保规划的质量和可执行性不再只是 AI Agent 单方面的责任与负担。

3. 工具使用

在 Lilian Weng 的博客原文中，她将工具（Tool）和执行（Action）统称为工具使用（Tool Use），整个工具使用的运作过程包括工具调用决策、工具调用内容生成、工具实际调用和结果回收消费。但在上面的讨论中，我们已经将工具决策部分纳入了规划范畴。因为在实际落地的过程中，我们发现很难将工具调用决策、工具结果回收后的下一步行动规划和其他规划部分定义的动作进行明确区分。

所以，在关于 MCP 对 AI Agent 在工具使用方面的赋能中，我们将着重讨论 MCP 在工具信息供应和工具实际调用两个角度所提供的价值。

（1）工具信息供应

前文我们讨论过 MCP 的一个重要设计出发点是 Function Calling。因此，在进行 MCP 服务器封装时，MCP 官方为 MCP 服务器开发者提供了大量的便利方法，以便于 MCP 服务器开发者能够快速将工具执行函数封装为 MCP 服务器的工具能力，并为这些工具能力提供详细的说明信息。这样的设计极大地降低了 MCP 服务器开发者的理解门槛和改造门槛，他们只需要假设 MCP 服务器使用者会使用类似 Function Calling 的逻辑对工具能力进行调用即可。

下面是 MCP 官方 Python SDK 提供的一段 MCP 服务器示例代码：

```
1  # server.py
2  from mcp.server.fastmcp import FastMCP
3
4  # Create an MCP server
5  mcp = FastMCP("Demo")
6
7
8  # Add an addition tool
9  @mcp.tool()
10 def add(a: int, b: int) -> int:
11     """Add two numbers"""
12     return a + b
13
14
15 # Add a dynamic greeting resource
16 @mcp.resource("greeting://{name}")
17 def get_greeting(name: str) -> str:
18     """Get a personalized greeting"""
19     return f"Hello, {name}!"
```

如果我们使用 MCP 客户端读取这段 MCP 服务器样例的工具列表，可以得到如下结果：

```
1   [
2       {
3           "name": "add",
4           "description": "Add two numbers",
5           "inputSchema": {
6               "properties": {
7                   "a": {
8                       "title": "A",
9                       "type": "integer"
10                  },
11                  "b": {
12                      "title": "B",
13                      "type": "integer"
14                  }
15              },
16              "required": [
17                  "a",
18                  "b"
19              ],
20              "title": "addArguments",
21              "type": "object"
22          }
23      }
24  ]
```

可以看到，在这段样例代码中，MCP 服务器开发者并不需要在现有工具执行函数的基础上，为 MCP 服务器做太多额外的事情，MCP SDK 会利用函数装饰器检索函数的参数定义信息、函数说明（Docstring），并快速将现有工具执行函数的信息转化为模型进行 Function Calling 或类似操作时所需要的工具信息结构。

这样的设计对于 AI Agent 而言是非常便利的，因为工具使用对于 AI Agent 而言是决策规划之外的另一项核心基础能力。在 MCP 出现之前，各类 AI Agent 也已经针对工具使用做了各自的实现方案，而在发展过程中，OpenAI 官方提出的 Function Calling 数据表达格式也已经成为提供工具信息的事实性标准。

MCP 遵循这个标准提供工具能力的相关信息，既能够让 AI Agent 开发者们以接近零成本的方式快速接入并使用 MCP 服务器提供的工具能力，迅速扩大 AI Agent 的行动范围，又能够让 MCP 融入 AI Agent 已经广泛建立的场景和客户生态中，同时还进一步巩固了 OpenAI Function Calling 格式的标准地位，是一个多方共赢的举措。

同时，如我们之前的讨论，由 MCP 服务器对自己提供的工具集进行信息管理，也分担了 AI Agent 开发者对工具信息管理的负担和压力。由更熟悉特定工具的开发者对工具集信息进行维护，可以提高 AI Agent 在工具使用时的决策的准确度。

（2）工具实际调用

MCP 为 AI Agent 带来的另一个关键价值，是解决了工具实际调用中的众多难点问题。熟悉 Function Calling 的读者应该了解，在 Function Calling 的设计中，工具的实际调用并不是由模型服务侧完成的，模型服务侧只会根据提交给模型的任务和工具信息清单做出工具选择决策，并将选择的工具名称和调用参数返回给调用方（如 AI Agent 的开发者），由调用方自行完成工具的调用，最后再将结果提交给模型服务，以进行后续工作。

但对于调用方而言，这样的设计又会带来新的困扰：

❑ 如果需要使用的工具并不在调用方的本地环境中，该怎么办？（可能由其他系统模块提供，或是需要调用外部 API）。

❑ 如果需要使用的工具并没有使用调用时的语言进行开发，该怎么办？（算法模块使用 Python 开发，但工具模块使用 Go 语言开发）。

❑ 如果工具调用还需要用户配合提供信息怎么办？（想要调用第三方收费 API，需要请用户提供 API Key）

这些问题在 Function Calling 的设计中，都只能交给调用方自行解决。那么对于调用方而言，除了向模型提交工具信息之外，在本地开发对应的工具调用方法、处理跨语种和跨域通信问题、获取和安全保存用户隐私信息都成了自己要解决的问题。

从另一个角度想，在这样的设计中，对于希望使用 AI Agent 为用户提供具有强大行动能力的智能解决方案的开发者而言，"智能"和"强大行动能力"两个关键责任都需要自己负责。

而 MCP 和配套 SDK 在工具实际调用方面，解开了对 AI Agent 开发者的束缚。通过 MCP 通信机制中的 command 和 args 参数，AI Agent 开发者能够方便地将模型生成的工具调用参数转发给由其他语种编写的本地工具能力执行脚本；而使用 env 参数，则可以轻松管理和提交与用户相关的隐私信息。通过使用 MCP 的 HTTP+SSE 模式或近期升级的 Streamable HTTP 模式，开发者能够更方便地调用云端 MCP 服务器。可以说，MCP 的出现，让"智能"和"行动力"分工成为可能，让各方都能够专注于各自领域的持续发展。

4. 记忆

记忆（Memory）模块一直是 AI Agent 最具挑战性的模块之一，因为记忆具有极高的复杂性和管理难度。虽然一度有"随着模型上下文长度的扩展，记忆将不再是需要解决的问题"的观点，但真正参与过实战落地的人都知道，这不过是一种浅薄认知。且不论完全不对记忆进行管理，仅将持续交互的完整记录简单粗暴地提交给模型所导致的单次请求成本无限增加的问题，超长上下文引发的模型注意力失焦同样是一个极难解决的难题。

另外，并不是所有的 AI Agent 都想要做成通用问题的解决方案（类似的方案就像在软件工程中寻找能解决一切问题的"银弹"一样，最终通常都会由于成功率问题沦为玩具）。在面向特定场景的 AI Agent 中，需要基于场景特性做出自己的记忆管理方案。例如，一些客服 Agent 就尝试使用用户画像系统、基于向量数据库的 RAG 系统来作为更长时间会话记忆的补充。

但无论如何，在 MCP 出现之前，解决 AI Agent "记忆"问题的责任，和"行动力"一样，只能由 AI Agent 的开发者承担。

如果我们仔细观察目前主流的 AI Agent，会发现它们大致采用了以下几种方式进行记忆召回：

- ❑ 根据用户输入信息，直接进行记忆检索，找到相关的记忆片段并置入模型请求信息。
- ❑ 采用 RAG 召回的方式，对用户输入信息进行前置处理（比如转换为索引问题），然后到向量数据库中进行检索。
- ❑ 根据用户输入的信息，判断是否需要进行记忆检索；如果需要，则调用记忆检索工具进行检索，否则不进行检索。

其中前两种方案，都由 AI Agent 开发者自行管理记忆检索的触发时机，AI Agent 每次响应用户输入时都必然会进行一次记忆相关操作，而第三种方案更像是一类特殊的工具使用方式。

而如果我们再进一步思考，把"记忆"看作一种 AI Agent 的特殊"行动力"，是不是也可以呢？在这样的前提下，AI Agent 的"记忆"和"智能"的分工，是不是也变得可能了？

事实上，在 MCP 市场中，已经出现了面向记忆管理的 MCP 服务器。打开 Cline 的 MCP 服务器市场，搜索"Memory"就可以看到它们，如图 3-8 所示。

这些面向记忆管理的 MCP 服务器可能还比较早期，但无疑它们将是未来影响和推进 AI Agent 记忆模块探索进程的重要参与者。

3.2.2　MCP 对 AI Agent 未来发展的影响

在从 AI Agent 关键模块的视角探讨完 MCP 对 AI Agent 的赋能支持之后，让我们进一步从行业发展角度出发，看看 MCP 对 AI Agent 未来发展的影响。

图 3-8　在 Cline 的 MCP 服务器市场中可以搜索到的记忆服务

在前文中，笔者不止一次地使用了"分工"这个词来说明 MCP 对 AI Agent 的价值和意义。事实上，笔者认为"分工"正是 MCP 为 AI Agent 行业带来的最大影响。

如图 3-9 所示，随着 MCP 的出现，在模型能力落地到业务场景的生态链条中，出现了新的玩家。在原有生态中，用户/客户若想获得面向自身使用场景的智能解决方案，只能依赖模型服务商将模型做得更强，或依赖 AI Agent 开发者将高度封装的 AI Agent 或智能解决方案做得更智能。尤其是在专用场景用户（一般是专业型客户或企业客户）的服务方面，解决方案的供应与 AI Agent 的开发团队是强绑定关系。虽然从商业角度来看，这种强绑定关系能够为 AI Agent 开发团队带来更稳定的收益，但同时也意味着这些团队需要全面负责从智能解决方案到深入业务场景的行动力的整体建设，对开发团队的整体素质要求更高，服务客户所需投入的精力也更多，从而使得可同时服务的客户范围相对更窄。

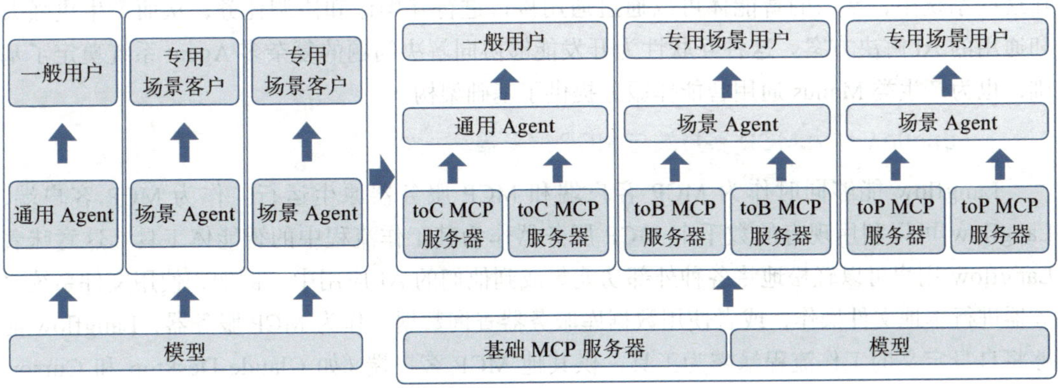

图 3-9　MCP 的出现将推动 AI Agent 供应生态的变化

而 MCP 的出现，让 MCP 服务器的供应和采购成为可能。一方面，AI Agent 开发团队可以更聚焦于面向客户场景的"智能"能力的设计、编排和管理，通过对模型控制能力、业务场景的深入理解，构建面向场景的"智能"方案护城河，而将在方案运行过程中所需要的面向场景的"行动力"交由 MCP 服务器提供方来提供。通过分工协作，提升解决方案的供应效率。

另一方面，分工的出现可以让各方团队的责任负担减轻、多客户服务能力增强，进而对强绑定关系进行解绑。AI Agent 开发团队可以服务更多下游客户，而 MCP 服务器提供方也可以被更多的 AI Agent 开发团队集成，形成自由市场格局。而从技术发展创新的角度而言，自由市场是激发创造力的最佳环境。

3.3　MCP 的应用场景

MCP 为人工智能领域带来了诸多显著的优势，解决了每个 LLM 应用、AI Agent 应用、SaaS 软件、工具 /API、数据资源等都需要独立构建资源连接方法的难题，使得开发者能够一次构建、轻松部署到多个 AI 平台，使各种 LLM 应用、AI Agent 应用、SaaS 软件、工具 /API 和数据资源能够像插入 USB 设备一样即插即用。这种通用性不仅降低了开发和集成的复杂性，也极大地拓展了 AI 应用的应用范围，使开发者能够更加专注于创新和构建更强大的 AI 场景解决方案。

3.3.1　基于 MCP 的智能体互联构建：Langflow 生态系统

MCP 通过提供一个标准的工具发现和调用协议，促进了不同智能体之间的无缝通信和协作。Langflow 作为 MCP 客户端和 MCP 服务器的能力正是这种互联性的典范，它允许在 Langflow 中构建的智能体与外部 MCP 服务器进行交互，同时也允许其他 MCP 客户端利用

Langflow 工作流程作为智能体或工具。MCP 使得构建更复杂和分布式的 AI 系统成为可能，在这些系统中，专门的智能体可以通过通用接口进行互操作和协调任务，从而产生更强大和通用的 AI 解决方案。这种互联性为开发能够协同解决问题的复杂多 Agent 系统奠定了基础，也为产生类 Manus 通用智能体服务提供了基础架构。

1. Langflow 作为 MCP 客户端与 MCP 服务器

Langflow 能够同时作为 MCP 客户端和 MCP 服务器原生运行。作为 MCP 客户端，Langflow 可以利用现有的数千个 MCP 服务器作为其工作流程中的智能体工具。这意味着 Langflow 用户可以轻松地将各种外部功能集成到他们的 AI 应用中，例如，使用文件系统服务器进行本地文件操作，或者使用数据库服务器查询数据。作为 MCP 服务器，Langflow 能够将自身定义的工作流程暴露为工具，供其他 MCP 客户端（如 Claude Desktop 和 Cursor）访问和编排。这一功能通过 /api/v1/mcp/sse 端点实现，其他兼容 MCP 的平台能够像调用外部 API 一样执行 Langflow 中预设的复杂任务流程。

Langflow 的双重身份使其在构建和消费基于 MCP 的功能方面占据了核心地位，从而孕育了一个由相互连接的 AI Agent 和工具组成的丰富生态系统。这种设计理念极大地提升了 AI 组件的可组合性和可重用性。开发者不仅可以利用 Langflow 便捷地接入外部 MCP 服务器，还可以将自己构建的 Langflow 工作流程转化为可供其他平台调用的工具，从而促进 AI 功能的共享和协作。

2. 在 Langflow 中构建基于 MCP 的智能体

Langflow 提供了一个名为"MCP Server"的组件，用户可以将其添加到工作流程中，以实现与外部 MCP 服务器的交互，如图 3-10 所示。这个组件既可以作为独立的功能模块使用，也可以通过启用"Tool Mode"将其转化为智能体工具。在"Tool Mode"下，"MCP Server"组件的"Toolset"端口可以连接到"Agent"组件的"Tools"端口，从而允许智能体利用 MCP 服务器提供的各种工具。此外，Langflow 还支持 MCP 服务器发送事件（SSE）模式。在这种模式下，Langflow 实例中的所有工作流程都会被列为可用的工具。用户只须在"MCP Server"组件中选择 SSE 模式，并指定 Langflow 服务器的 SSE URL，即可轻松地将 Langflow 自身的工作流程暴露给其他 MCP 客户端。

Langflow 的可视化拖拽界面极大地简化了将 MCP 服务器集成到智能体工作流程中的过程，使得更多非专业开发者也能够轻松上手。这种低代码的开发方式降低了构建复杂 AI 应用的门槛，让用户能够通过简单的操作实现强大的功能。同时，"Tool Mode"的引入使得任何 Langflow 组件（包括"MCP Server"组件）都可以被灵活地集成到智能体工作流程中，增强了 AI 构建模块的可扩展性和可重用性。开发者可以将不同的组件视为智能体可以调用的工具，从而构建出功能完善、逻辑清晰的 AI 系统。

3. Langflow 作为 MCP 服务器：暴露工作流程为工具

Langflow 能够自动充当 MCP 服务器的角色，通过 /api/v1/mcp/sse 端点将其所有已定

义的工作流程暴露为工具。用户无须在 Langflow 中进行任何额外的配置即可启用此服务器
功能。其他 MCP 客户端，如 Cursor 和 Claude Desktop，只需连接到这个端点，即可发现并
使用 Langflow 的工作流程作为工具。Langflow 工作流程的名称和描述将用于告知 MCP 客
户端这些工具的功能。例如，如果一个 Langflow 的工作流程被命名为"文档问答"，并描
述为"使用 OpenAI LLM 对 Alex 的简历进行问答"，那么连接到 Langflow 的 MCP 客户端
就会知道这个工具可以用于对简历进行提问和获取答案。

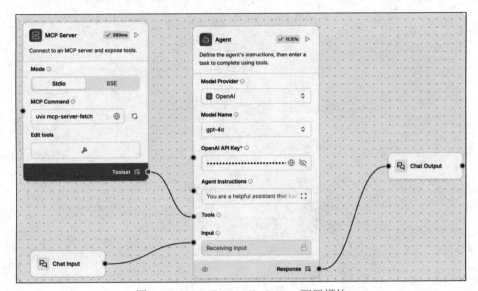

图 3-10　Langflow MCP Server 配置模块

Langflow 将自身工作流程无缝暴露为 MCP 工具的能力，为跨平台、跨应用共享和重
用复杂 AI 功能提供了一个强大的机制，消除了在不同环境中重复实现类似功能的需要，从
而提高了 AI 开发的效率和协作性。其他 MCP 客户端连接到 Langflow 的过程也十分简单，
只需要指向其 SSE 端点即可，这体现了 Langflow 在 MCP 服务器实现中的易用性。这种低
门槛的集成方式鼓励了更多开发者利用 Langflow 工作流程作为外部工具，进一步壮大了
Langflow 的生态系统。

4. 基于 MCP 的智能体工作流程示例

Langflow 中存在多个利用 MCP 的智能体工作流程示例。其中一个例子展示了
Langflow 中的智能体如何使用 MCP 服务器（Fetch 服务器）来总结最近的科技新闻。在这
个工作流程中，"MCP Server"组件被配置为连接到 Fetch 服务器，并将其提供的"fetch"
工具暴露给智能体。当用户向智能体询问科技新闻时，智能体会识别出"fetch"工具的相
关性，并调用它来获取新闻内容，然后进行总结并返回给用户。

另一个例子展示了如何在 Langflow 智能体中使用自定义的图像生成 MCP 工具。通
过配置"MCP Server"组件连接到图像生成服务器，智能体可以根据用户的指令生成图

像。更令人兴奋的是，Langflow 自身也可以作为 MCP 服务器使用，允许像 Cursor 这样的 MCP 客户端调用在 Langflow 中定义的旅行规划智能体工作流程，如图 3-11 所示。用户在 Cursor 中输入旅行需求，Cursor 就会通过 MCP 调用 Langflow 中的旅行规划工作流程，获取详细的旅行方案。此外，Claude Desktop 也可以通过配置连接到 Langflow 实例，并将其中的工作流程（如计算器和 URL 抓取器）作为工具使用。

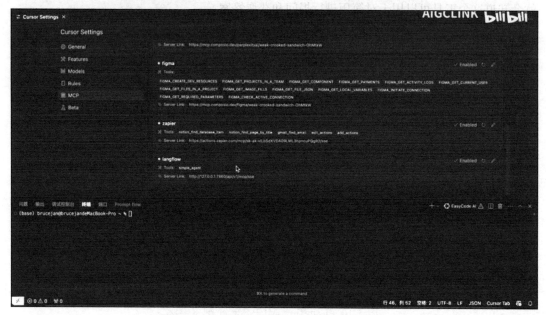

图 3-11　Cursor 接入 Langflow MCP 服务器

这些示例清晰地展示了 MCP 在扩展 Langflow 智能体功能方面的强大能力，它能使智能体访问各种外部服务器和数据，从而完成更加复杂和多样化的任务。

这些示例充分说明了 MCP 在 Langflow 生态系统中的重要性。通过 MCP，Langflow 智能体可以轻松地集成各种外部工具和服务器，从而极大地扩展应用范围。无论是获取实时信息、生成特定内容，还是执行复杂的规划任务，MCP 都为 Langflow 智能体提供了强大的支持。这种灵活的集成能力使得 Langflow 成为构建功能强大、高度可定制的 AI 应用的理想平台。

3.3.2　基于 MCP 的 SaaS 集成：Blender-MCP 和 QGIS-MCP 案例研究

MCP 使 AI 能够直接与 Blender 和 QGIS 等 SaaS 应用程序进行交互和控制，开启了自动化和自然语言交互的新阶段。用户通过简单的自然语言即可命令应用程序执行复杂任务，这显著增强了用户体验和生产力。MCP 有潜力改变用户与复杂软件交互的方式，通过提供由 AI 驱动的直观的自然语言界面，使这些工具更易于访问和使用。这种向自然语言交互的转变可以使更多人能够使用强大的软件，并简化现有用户的工作流程。

1. Blender-MCP

（1）架构

Blender-MCP 通过 MCP 将 Blender（一款专业的开源 3D 图形渲染软件）与 Claude AI 连接起来。该集成方案的核心架构包含两个主要组件：Blender 插件（addon）和 MCP 服务器。Blender 插件在 Blender 内部创建一个基于套接字的服务器，用于接收和执行来自 MCP 服务器的命令。MCP 服务器是一个 Python 服务器，它实现了模型上下文协议，并负责建立和维护与 Blender 插件的连接。两者之间的通信通过 TCP 套接字进行，并采用简单的基于 JSON 的协议进行数据交换。Blender-MCP 还支持以无头模式（headless）运行 Blender，这对于通过脚本进行自动化操作非常有用。

Blender 插件作为 Blender 软件的扩展，直接运行在 Blender 环境中，负责接收来自 MCP 服务器的指令，并在 Blender 内部执行相应的操作，例如创建、修改或删除 3D 对象，控制材质和场景属性等。MCP 服务器充当 Claude AI 和 Blender 之间的桥梁，它将 Claude AI 的自然语言指令转化为 Blender 能够理解和执行的命令，并通过套接字连接发送给 Blender 插件。这种清晰的架构划分使得系统的各个组件都能够独立开发和维护，也为未来集成其他 AI 模型提供了便利。

（2）主要特性和功能

Blender-MCP 的主要特性在于它能够使用户通过简单的自然语言指令，借助 Claude AI 在 Blender 中进行 3D 建模、场景创建和编辑。更强大的是，它还允许通过简单的文本提示在 Blender 中运行任意 Python 代码，从而实现高级的自定义功能。此外，Blender-MCP 还支持材质管理、场景控制（包括相机位置和灯光调整）以及与 Polyhaven 的集成，用户可以直接通过 AI 命令访问和使用 Polyhaven 的丰富 3D 资源。Blender-MCP 提供了一系列工具，例如获取场景和对象信息，创建、修改和删除几何形状，以及应用材质等。值得一提的是，它还支持通过 Hyper3D Rodin 生成 AI 驱动的 3D 模型。对于复杂的建模任务，Blender-MCP 还可以利用 MCP 服务器的顺序思考能力，将任务分解为一系列逻辑步骤，从而提高建模的效率和组织性。

Blender-MCP 的出现极大地降低了 3D 建模的技术门槛。以往需要专业技能和复杂操作才能完成的 3D 创作，现在可以通过简单的自然语言描述来实现。这对于那些没有深厚 3D 建模基础的用户来说，无疑是一个巨大的福音。同时，对于高级用户，通过 AI 指令执行任意 Python 代码的功能，为他们提供了无限的自定义和自动化的可能性。与 Polyhaven 的集成更是极大地丰富了用户的资源库，使得创建高质量的 3D 场景变得更加便捷。

（3）示例用例

Blender-MCP 的强大功能可以通过一系列示例用例来体现。例如，用户可以要求 Claude AI "创建一个低多边形的地下城场景，里面有一条龙守护着一罐金币"，如图 3-12 所示。或者，"使用来自 Poly Haven 的 HDRIs、纹理和岩石、植被等模型创建一个海滩氛围"。更令人印象深刻的是，用户甚至可以提供一张参考图像，让 AI 根据这张图像在

Blender 中创建一个 3D 场景。简单的修改也可以通过自然语言完成，例如"把这辆车变成红色和金属质感"。一个更高级的例子是，用户只需要提供一个简单的提示，AI 就能自动设计出一个房间。这些示例充分展示了 Blender-MCP 在处理各种 3D 建模任务时的灵活性和强大能力，无论是简单的对象修改还是复杂的场景生成，用户都可以通过自然语言交互轻松实现。

图 3-12　在 Claude Desktop 中用对话操作 Blender 完成指定任务

　　这些示例生动地展示了 Blender-MCP 的实际应用价值。用户不再需要记忆复杂的 Blender 操作步骤，而是可以通过直观的自然语言来表达自己的创作意图。AI 在后台负责将这些意图转化为 Blender 可以执行的命令，极大地提高了 3D 创作的效率和趣味性。无论是游戏开发、视觉设计还是建筑可视化等领域，Blender-MCP 都有望为用户带来全新的创作体验。

2. QGISMCP

（1）架构

　　QGISMCP 与 Blender-MCP 类似，旨在通过 MCP 将 QGIS（一款开源的地理信息系统软件）与 Claude AI 连接起来。其架构同样包含两个核心组件：QGIS 插件和 MCP 服务器。QGIS 插件在 QGIS 内部创建一个套接字服务器，用于接收和执行来自 MCP 服务器的命令。MCP 服务器是一个 Python 服务器，它实现了 MCP，并负责与 QGIS 插件建立通信。值得注意的是，QGISMCP 项目在很大程度上借鉴了 Blender-MCP 的设计思路。

　　QGIS 插件作为 QGIS 软件的扩展，直接运行在 QGIS 环境中，负责监听来自 MCP 服务器的指令，并在 QGIS 内部执行相应的 GIS 操作，例如加载和操作图层、执行地理处理算法、创建和管理地图项目等。MCP 服务器负责将 Claude AI 的自然语言指令转化为 QGIS 能够理解和执行的命令，并通过套接字连接发送给 QGIS 插件。与 Blender-MCP 相似的架构模式表明，这种设计方法对于集成 AI 与复杂的桌面应用程序是有效的，并可能推广到其他类似的软件集成场景中。

（2）主要特性和功能

QGISMCP 的主要功能包括通过自然语言提示辅助创建 QGIS 项目、加载地理数据图层以及执行 Python 代码。用户可以通过 Claude AI 的指令来操作 QGIS 项目，例如创建、加载和保存项目，以及管理项目中的图层，包括添加和移除矢量或栅格图层，如图 3-13 所示。此外，QGISMCP 还支持执行 QGIS 地理处理工具箱中的各种算法。更强大的是，它允许用户通过 Claude AI 在 QGIS 中运行任意的 Python 代码（PyQGIS），这为高级用户提供了极大的灵活性和自定义能力。QGISMCP 还提供了一系列实用工具，例如用于检查服务器连接的 ping 命令、获取 QGIS 安装信息的命令、加载和创建项目、获取项目信息、添加和移除图层、缩放至图层范围、检索图层要素、渲染地图以及保存项目等。

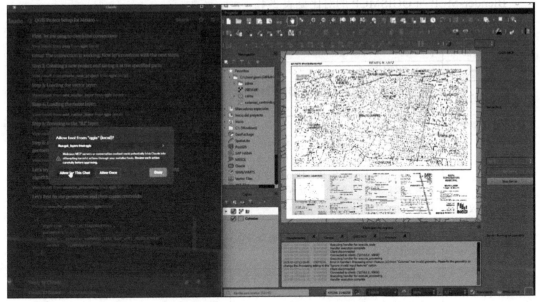

图 3-13　通过 Claude AI 的指令操作 QGIS 项目

QGISMCP 的出现有望彻底改变地理空间分析的工作流程。用户无须熟练掌握 QGIS 的各种操作，通过简单的自然语言指令即可让 AI 辅助完成从基本的数据加载、可视化到复杂的空间处理和分析等各种任务。这极大地降低了 QGIS 的使用门槛，使得更多非 GIS 专业人士也能够利用其强大的地理空间分析能力。同时，通过 AI 执行任意 PyQGIS 代码的功能，为开发高度定制化和自动化的地理空间工作流程提供了无限的可能性。

（3）示例用例

QGISMCP 在实际应用中展现出强大的潜力。例如，用户可以要求 Claude AI 创建一个新的 QGIS 项目并保存它。然后，加载一个矢量图层和一个栅格图层。用户还可以指示 AI 缩放至特定的图层范围。更进一步地，用户可以要求 AI 对某个矢量图层执行质心算法，甚至可以要求 AI 创建一个专题地图（Choropleth Map），最终渲染并保存生成的地图。在一个演示案例中，Claude AI 被要求创建一个新项目并保存，加载矢量图层和栅格图层，缩放至特定图层，执行质心算法（在执行过程中，Claude 发现几何图形无效并自动修复，然后创建了一个新文件），执行代码创建专题地图，渲染地图并保存最终项目。这些示例清晰地展示了 QGISMCP 如何自动完成常见的 GIS 任务，并实现 AI 驱动的地理空间分析，从而提高 GIS 专业人士的工作效率，并使地理空间工具更加易于使用。

通过自然语言交互，用户可以轻松地完成以往需要复杂操作和专业知识才能完成的 GIS 任务。AI 在后台负责将用户的指令转化为 QGIS 可以执行的操作，从而极大地提高了地理空间分析的效率和便捷性。无论是在城市规划、环境保护，还是在资源管理等领域，QGISMCP 都有望为用户带来革命性的变化。

Blender-MCP 与 QGISMCP 的对比见表 3-4。

表 3-4   Blender-MCP 与 QGISMCP 的对比

特性 / 功能	Blender-MCP	QGISMCP
应用领域	3D 建模与渲染	地理信息系统（GIS）分析
核心组件	Blender 插件（套接字服务器）+ MCP 服务器（Python）	QGIS 插件（套接字服务器）+ MCP 服务器（Python）
主要 AI 模型集成	Claude AI	Claude AI
关键特性	自然语言控制 3D 建模、场景创建与编辑；执行任意 Python 代码；材质管理；场景控制；Polyhaven 集成；Hyper3D Rodin 模型生成；顺序思考与任务分解	自然语言控制 QGIS 项目创建、图层加载与操作；执行 QGIS 地理处理算法；执行任意 PyQGIS 代码；项目和图层管理；空间分析；地图渲染
通信协议	基于 JSON 的 TCP 套接字	基于 JSON 的 TCP 套接字
示例用例	创建地下城场景、海滩场景，根据参考图像创建场景、修改对象属性等	创建和保存项目、加载矢量图层和栅格图层、缩放图层、执行质心算法、创建专题地图、渲染和保存地图等
核心架构相似性	Blender 插件和 MCP 服务器的清晰分离，通过套接字和 JSON 进行通信，为集成 AI 与复杂桌面应用提供了一种有效的模式	与 Blender-MCP 架构高度相似，表明这种架构模式在集成 AI 与不同类型的桌面应用方面具有通用性
领域特定功能	专注于 3D 图形的创建、编辑和渲染，集成了丰富的 3D 资源和高级建模功能	专注于地理空间数据的管理、分析和可视化，提供了丰富的 GIS 工具和算法
潜在影响	通过自然语言交互降低 3D 建模门槛，提高创作效率，为专业人士和非专业人士带来便利	通过自然语言交互简化 GIS 操作，使得地理空间分析工具更加易于使用，有望提高 GIS 专业人士的工作效率，并使 GIS 技术更广泛地应用于各个领域

3.3.3　利用 MCP 增强 LLM 的能力

通过为 LLM 提供一种访问外部工具和数据的标准化方式，MCP 显著扩展了它们的能力，使其超越了训练数据的限制。Claude 和 OpenAI Agent SDK 等平台对 MCP 的支持，使开发人员能更容易地构建功能更强大的 AI 应用程序。MCP 解决了 LLM 的一个基本限制，即为它们提供了一种与现实世界交互并访问最新信息的机制，从而使它们在更广泛的任务中更加可靠和有用。这种将 LLM 与外部知识和操作联系起来的能力，对于构建实用且值得信赖的 AI 应用程序至关重要。

1. Claude 对 MCP 的支持

Anthropic 的 Claude 桌面应用程序提供了对 MCP 的全面支持。其关键特性包括完全支持资源，允许用户附加本地文件和数据作为上下文；支持提示模板，方便用户构建结构化的 AI 交互；集成工具执行功能，使得 Claude 能够通过 MCP 调用和执行外部命令与脚本；支持本地服务器连接，增强隐私保护和安全性。此外，Anthropic 推出了 Claude Code，这是一个交互式的智能体编码工具，它不仅支持 MCP 的提示和工具集成，还能够作为 MCP 服务器，与其他 MCP 客户端进行交互。Anthropic 还提供了丰富的文档和教程，指导开发者为 Claude 开发基于 SSE 的 MCP 服务器和客户端。

Anthropic 在 Claude 桌面应用程序和 Claude Code 中对 MCP 的强力支持，标志着该公司将 MCP 视为扩展其 LLM 能力的关键技术。通过 MCP，Claude 能够与外部工具和数据源进行深度集成，从而突破其自身训练数据的限制，实现更广泛的应用。Anthropic 提供全面的文档和教程，旨在降低开发者为 Claude 构建 MCP 集成方案的门槛，并鼓励更多开发者参与 MCP 生态系统的建设。

2. OpenAI Agent SDK 与 MCP

OpenAI 的 Agents SDK 也内置了对 MCP 的支持，使用该 SDK 创建的智能体能够直接连接 MCP 服务器。这些智能体可以无缝访问来自 MCP 服务器的外部工具、数据和提示词模板，无须进行额外的自定义集成。SDK 会自动管理 MCP 服务器的发现、工具执行和响应路由。它同时支持本地运行的 STDIO 服务器和远程运行的 SSE 服务器。为了进一步简化 MCP 服务器与 OpenAI Agents SDK 的集成，社区还开发了一个名为 openai-agents-mcp 的扩展库。OpenAI 对 MCP 的支持被认为是提高 AI Agent 之间的互操作性，以及将 MCP 打造成 AI Agent 标准协议的关键一步。

OpenAI 与 Anthropic 对 MCP 的支持，强烈预示着行业内对 MCP 作为使 AI Agent 能够与现实世界交互并访问外部资源的关键协议的共识正在形成。openai-agents-mcp 扩展库的出现，体现了社区为进一步简化和增强 MCP 与 OpenAI 生态系统的集成所做的努力，也为了使更多开发者能够更容易地利用 MCP 的强大功能。

3.3.4 基于 MCP 的工具互操作性：Zapier

Zapier MCP 展示了 MCP 在实现超过 8000 种工具和软件的庞大生态系统之间无缝互操作方面的强大功能。这使得 AI Agent 无须自定义集成各种功能，从而显著加速了 AI 驱动的自动化解决方案的开发。MCP 通过像 Zapier 这样的平台，普及了 AI 应用程序对大量工具的访问，使得开发人员可以轻松地将各种功能集成到他们的 AI Agent 中。这种广泛的互操作性通过允许开发人员以新颖的方式组合不同的工具和服务来促进创新。

1. Zapier MCP：连接数千个应用程序

Zapier MCP 允许 AI 助手与超过 8000 个应用程序进行交互，并执行超过 30 000 个操作，而且不需要复杂的 API 集成。它本质上充当了 AI 工具和应用程序之间的"翻译器"，使 AI 能够代表用户执行操作。用户可以生成一个独特的 MCP 服务器 URL，该 URL 能够安全地将用户的 AI 连接到 Zapier 的集成网络中。用户可以轻松地选择和限定他们的 AI 在连接的应用程序中可以执行的具体操作。Zapier MCP 支持包括 Cursor、Claude Desktop 和 OpenAI 在内的流行 AI 平台。

Zapier MCP 的出现标志着 AI 在执行实际任务的能力方面取得了重大突破。通过提供一种简单且安全的方式将 AI Agent 连接到现有的庞大应用程序生态系统中，无须进行单独的 API 集成，Zapier MCP 使得 AI 助手能够超越简单的对话，真正地在用户的数字生活中发挥作用。Zapier 作为领先的集成平台，现在通过 MCP 扩展其能力，成为推动 MCP 在工具互操作领域应用的关键力量。Zapier 庞大的应用程序集成网络为 MCP 兼容的 AI Agent 提供了丰富的工具集，使开发者能够轻松构建出功能强大的自动化解决方案。

2. Zapier 作为领先的 MCP 服务提供商

Zapier MCP 简化了将 AI 连接到数千个应用程序的过程，用户无须进行自定义 API 编码。它在其支持的应用程序中提供了超过 30 000 个预设操作。Zapier MCP 还提供了内置的身份验证、速率限制和端点安全机制。此外，它还提供了诸如操作命名、AI 值猜测和开关切换等功能，用于管理 MCP 操作。Zapier MCP 在一定的速率限制内可以免费使用。

Zapier MCP 专注于易用性、安全性，拥有庞大的预构建操作库，这使其成为主要的 MCP 服务提供商。它极大地降低了开发者将真实世界的功能集成到 AI 应用程序中的门槛。通过降低 API 集成的复杂度并提供简单易用的界面来配置操作，Zapier MCP 使 AI 开发者能够轻松地利用其的强大功能。

3. 基于 Zapier MCP 的 AI 操作示例

通过 Zapier MCP，AI Agent 可以执行各种各样的任务，例如在 Google Calendar 中创建会议、发送电子邮件、管理 Google Sheets 中的数据、在 Slack 中发送消息、更新 PostgreSQL 数据库、管理 Circle 社区消息等。实现上述这些功能只需要 3 步：

第一步：进入 https://actions.zapier.com/settings/mcp/，获得 Remote MCP 服务器的 MCP server endpoint，如图 3-14 所示。

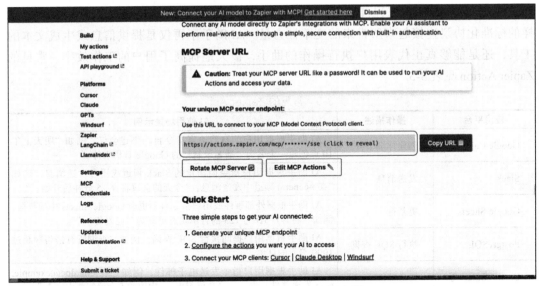

图 3-14 获取 Remote MCP 服务器

第二步：配置 action，比如 Google Calendar 的创建、Google Sheets 的管理、Slack 的发送消息等。单击 Edit MCP Actions 按钮开始配置。

第三步：连接 MCP 客户端（Cursor、Claude Desktop）即可使用，如图 3-15 所示。

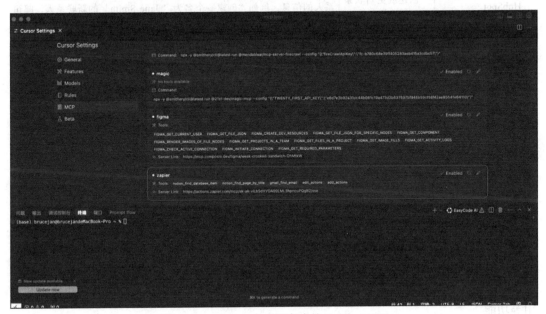

图 3-15 Cursor 中配置完成的 Zapier MCP

这些示例展示了 AI Agent 使用 Zapier MCP 可以完成的任务范围之广，突显了其在实现各种个人和专业工作流程自动化方面的潜力，以及将 AI 与现有应用程序通过像 MCP 这样的标准化协议连接起来所带来的变革性力量。AI 助手不再仅是提供信息或生成文本的工具，还是能够真正代表用户执行操作的助手，极大地提高了用户的工作效率。常见的 Zapier Action 见表 3-5。

表 3-5   常见的 Zapier Action

应用平台	操作描述	AI 使用场景示例
Google Calendar	创建详细事件	AI 助手根据用户的自然语言指令自动创建会议，例如"明天上午 10 点创建一个名为'播客录制'的 Google 日历事件。"
Slack	发送消息	AI 助手根据用户指令向指定的 Slack 频道或用户发送消息，例如"在 #general 频道中发送消息：'今天的会议将在 15 分钟后开始。'"
Google Sheets	更新行	AI 助手根据外部事件或用户指令自动更新 Google Sheets 中的数据，例如"将客户 ID 为 123 的订单状态更新为'已发货'。"
PostgreSQL	执行 SQL 查询	AI 助手根据用户提问执行 SQL 查询，例如"查询所有销售额超过 1000 美元的订单。"
Email（Gmail 等）	发送邮件	AI 助手根据用户指令发送电子邮件，例如"给 john.doe@example.com 发送邮件，主题为'会议纪要'，内容为 [会议纪要内容]。"
Circle	发送社区消息	AI 助手向 Circle 社区的所有成员发送通知，例如"提醒所有成员参加今天的线上研讨会。"
Web Parser	从 URL 提取页面内容	AI 助手根据用户提供的 URL 提取网页内容，例如"总结一下这个网页的内容。"
HubSpot	创建或更新联系人、创建任务等	AI 助手根据用户指令在 HubSpot 中创建新的联系人或更新现有联系人的信息，例如"创建一个名为'Jane Smith'的新联系人，邮箱是 jane.smith@example.com。"

3.3.5   基于 MCP 的数据集成与共享：Supabase

Supabase MCP 展示了如何通过 MCP 简单且安全地实现 AI 模型的数据访问，使 AI 模型能够直接与数据库进行各种交互。这消除了复杂数据管道的需求，并允许 AI Agent 实时访问和操作数据。MCP 为 AI 应用程序提供了一种标准化且安全的方式来与数据源进行交互，简化了数据集成的过程，并实现了更复杂的 AI 驱动的数据分析和管理。这种对数据的直接访问使得 AI Agent 能够执行需要最新信息和修改数据能力的任务。

1. Supabase MCP：连接 AI 与数据库

Supabase 推出了官方的 MCP 服务器，旨在将 AI 工具连接到其平台上。这使得 AI Agent 能够执行诸如启动数据库、管理数据表、获取配置，以及在 Supabase 中查询数据等任务。Supabase MCP 暴露了超过 20 种不同的工具或功能，用于与数据库进行交互。它充当 MCP 客户端和 Supabase 服务之间的桥梁，提供了数据库操作、存储管理、边缘函数调用等功能。

Supabase MCP 直接满足了 AI Agent 与数据进行交互和管理的需求，催生了新一代的全栈 AI 应用，这些应用能够无缝地访问和操作后端数据。通过为 AI 提供一种与数据库进行交互的标准化方式，Supabase 简化了数据驱动型 AI 应用的开发过程。

2. Supabase MCP 的架构与功能

Supabase MCP 使用 TypeScript 构建，并采用了模块化架构。其关键组件包括用于处理客户端请求的服务器类以及所有操作的类型定义。它支持通过环境变量和 config.json 文件进行广泛的配置，并提供了用于创建、读取、更新和删除数据库记录、执行 SQL 查询、调用边缘函数以及管理项目和组织的工具。此外，它还具备用于更安全开发工作流程的数据库分支功能。

Supabase MCP 提供的全面工具集体现了官方对 AI Agent 可能需要执行的常见数据库操作的深刻理解，从而使 Supabase MCP 成为 AI 驱动后端开发的一个强大工具。通过提供广泛的功能，Supabase MCP 使得 AI Agent 能够以非常精细的方式管理和交互数据库。

3. 与 Supabase MCP 的交互示例

开发者可以利用 Supabase MCP 将各种数据库管理任务委托给 AI Agent，从而简化开发过程并减少手动交互数据库的需求，例如获取项目 URL 或匿名密钥；基于数据库模式生成 TypeScript 类型；拉取最近的日志进行调试；创建、列出和合并数据库分支；执行任意 SQL 查询；使用迁移创建或更改数据库表。Supabase MCP 的强大功能使得开发者能够更加专注于构建应用程序的核心逻辑，而将许多常规的数据库管理任务交给 AI 处理。Supabase MCP 的工具列表见表 3-6。

表 3-6　Supabase MCP 的工具列表

工具 / 功能名称	功能描述	AI 使用场景示例
get_project_url	获取 Supabase 项目的 URL	AI 助手在部署前端应用时，自动获取 Supabase 项目的 URL
get_anon_key	获取 Supabase 项目的匿名密钥	AI 助手在需要进行匿名认证时，自动获取项目的匿名密钥
generate_typescript_types	基于数据库模式生成 TypeScript 类型定义	AI 助手在数据库结构发生变化时，自动更新前端应用的类型定义，保持数据结构的一致性
get_logs	拉取最近的 Supabase 项目日志	AI 助手在应用出现错误时，自动拉取日志进行分析和诊断
create_branch	创建一个新的数据库分支	AI 助手在进行新功能开发或进行实验性更改时，自动创建一个新的数据库分支，避免影响主数据库
list_branches	列出当前项目的所有数据库分支	AI 助手列出当前项目的所有数据库分支，方便开发者进行管理和切换
merge_branch	将一个数据库分支合并到主分支	AI 助手在完成功能开发和测试后，自动将开发分支合并到主分支
execute_sql	执行任意 SQL 查询	AI 助手根据用户的自然语言指令，执行 SQL 查询，例如"查询所有用户中年龄大于 30 岁的用户的邮箱地址。"
create_record	在指定表中创建新记录	AI 助手根据用户提供的数据，在指定的数据库表中创建新的记录，例如"创建一个新的用户，用户名为'test[移除了电子邮件地址]'。"

（续）

工具 / 功能名称	功能描述	AI 使用场景示例
read_records	从指定表中读取记录，支持过滤和选择字段	AI 助手根据用户提供的条件，从指定的数据库表中读取记录，例如"读取所有状态为'active'的用户信息，只返回用户名和邮箱。"
update_record	更新指定表中符合条件的记录	AI 助手根据用户提供的条件和数据，更新指定表中符合条件的记录，例如"将用户名为'test_user'的用户的状态更新为'inactive'。"
delete_record	删除指定表中符合条件的记录	AI 助手根据用户提供的条件，删除指定表中符合条件的记录，例如"删除用户名为'test_user'的用户。"
invoke_function	调用 Supabase 边缘函数	AI 助手调用预先部署在 Supabase 上的边缘函数，并执行特定的后端逻辑，例如"调用名为'send_welcome_email'的边缘函数，向新注册的用户发送欢迎邮件。"

3.3.6　基于场景的多 MCP 互联应用展望

1. 物联网（IoT）：智能家居场景

在一个智能家居场景中，用户希望通过自然语言控制家中的各种设备并获取环境信息。这可以通过组合使用多种 MCP 来实现。

❑ Agent+MCP（Langflow）：用户可以通过一个由 Langflow 构建的智能家居控制中心 Agent 与系统进行交互。该 Agent 充当 MCP 客户端。

❑ IoT 设备 + MCP（假设存在）：假设智能灯泡、温控器和安全摄像头都实现了 MCP 服务器接口，可以暴露各自的功能（例如控制亮度、调节温度、获取视频流）。Langflow Agent 可以通过 MCP 发现并控制这些设备。

❑ 数据 + MCP（Supabase MCP）：如果有一个 Supabase 数据库，用于存储用户的偏好设置（例如喜欢的温度、灯光场景）以及历史数据（例如能源消耗）。Langflow Agent 可以使用 Supabase MCP 读取和写入这些数据。

❑ Tool+MCP（Zapier MCP）：为了实现更高级的功能，例如在检测到入侵时发送短信通知，Langflow Agent 可以利用 Zapier MCP 连接 Twilio 服务。

场景任务流程：用户对 Langflow Agent 说："晚上好，我回来了。"

1）Langflow Agent 首先使用 Supabase MCP 从数据库中检索用户的回家偏好设置。

2）然后，它通过 MCP 调用智能灯泡和温控器的 MCP 服务器，将灯光调至预设的亮度，并将温度设置为用户偏好的数值。

3）同时，Langflow Agent 可能会查询安全摄像头的 MCP 服务器，获取最新的视频流并进行分析，以确认家中是否一切正常。

4）如果用户说"我有点冷"，Langflow Agent 会再次调用温控器的 MCP 服务器，提高室内温度。

5）如果安全摄像头检测到异常活动，Langflow Agent 可以使用 Zapier MCP 连接 Twilio 服务，向用户发送警报短信。

2. 医疗健康：远程患者监护

MCP 可以构建一个远程患者监护系统，连接患者、医疗设备和医疗服务提供商。

- ❑ Agent+MCP（OpenAI Agent SDK）：一个使用 OpenAI Agent SDK 构建的虚拟护士 Agent，作为患者的主要交互界面。
- ❑ 医疗设备 +MCP（假设存在）：假设血糖仪、血压计和心率监测器等可穿戴医疗设备都实现了 MCP 服务器接口，可以实时暴露患者的生理数据。
- ❑ 数据 +MCP（Supabase MCP）：患者的电子健康记录存储在 Supabase 数据库中，包括病史、用药信息和监测数据。
- ❑ LLM+MCP（Claude）：当虚拟护士 Agent 需要更深入的医学知识或进行初步诊断时，可以利用 Claude 的 MCP 接口，将患者数据作为上下文传递给 Claude 进行分析。
- ❑ Tool+MCP（Zapier MCP）：在紧急情况下，虚拟护士 Agent 可以使用 Zapier MCP 连接紧急呼叫服务，或向指定的医疗专业人员发送通知。

场景任务流程：患者的血糖仪通过 MCP 服务器定期向系统报告血糖水平。

1）由 OpenAI Agent SDK 构建的虚拟护士 Agent 通过 MCP 接收到血糖数据。

2）虚拟护士 Agent 使用 Supabase MCP 查询患者的电子健康记录，获取其血糖历史数据和目标范围。

3）如果血糖水平超出正常范围，虚拟护士 Agent 可能会首先使用 Claude 的 MCP 接口，将患者的近期数据和病史发送给 Claude 进行初步评估，并获取可能的建议。

4）根据 Claude 的分析结果，虚拟护士 Agent 可能会通过 MCP 向患者发送提醒消息或建议。

5）如果情况严重，虚拟护士 Agent 可以使用 Zapier MCP 连接紧急呼叫服务，自动发送警报并提供患者的地理位置和基本生理信息。

3. 教育：个性化学习平台

利用 MCP 可以构建一个高度个性化的学习平台，满足每个学生的独特需求。

- ❑ Agent+MCP（Langflow）：一个由 Langflow 构建的智能学习助手 Agent，为学生提供个性化的学习路径和辅导。
- ❑ 学习资源 + MCP（假设存在）：假设各种在线学习平台、数字图书馆和教育应用程序都实现了 MCP 服务器接口，可以暴露其课程内容、练习题和评估工具。
- ❑ 数据 +MCP（Supabase MCP）：学生的学习记录、偏好和学习进度存储在 Supabase 数据库中。
- ❑ LLM+MCP（OpenAI）：智能学习助手 Agent 可以使用 OpenAI 的 MCP 接口，根据学生的学习情况动态生成个性化的学习材料和练习题。
- ❑ SaaS+MCP（QGISMCP– 地理学习）：对于地理或环境科学等科目，平台可以集成 QGISMCP，允许学生通过自然语言指令操作 QGIS，进行地理空间数据的分析和可视化。

场景任务流程：学生正在学习地理课程，并希望了解特定地区的气候信息。

1）学生通过 Langflow 构建的智能学习助手 Agent 提出问题："请告诉我亚马孙雨林的气候特点。"

2）智能学习助手 Agent 使用 Supabase MCP 查询学生的学习记录，了解其当前的知识水平和学习偏好。

3）智能学习助手 Agent 可能会通过 MCP 连接多个在线学习平台和数字图书馆的 MCP 服务器，搜索相关的学习资源。

4）智能学习助手 Agent 可以使用 OpenAI 的 MCP 接口，基于找到的资源和学生的学习情况，生成一份个性化的气候特点总结。

5）为了更直观地展示气候数据，智能学习助手 Agent 可以调用 QGISMCP，要求 QGIS 生成亚马孙雨林地区的气候数据可视化图表。

6）智能学习助手 Agent 将总结报告和可视化图表呈现给学生。

4. 金融：智能投资助手

MCP 可以构建一个智能投资顾问，帮助用户管理投资并做出明智的决策。

- ❑ Agent+MCP（OpenAI Agent SDK）：一个使用 OpenAI Agent SDK 构建的智能投资顾问 Agent。
- ❑ 金融数据源 + MCP（假设存在）：假设股票交易平台、财经新闻网站和市场分析工具都实现了 MCP 服务器接口，可以实时提供股票价格、新闻报道和分析报告。
- ❑ 数据 + MCP（Supabase MCP）：用户的投资组合、交易历史和风险偏好存储在 Supabase 数据库中。
- ❑ Tool+MCP（Zapier MCP）：智能投资顾问 Agent 可以使用 Zapier MCP 连接用户的银行账户或券商账户，以执行交易或发送投资报告。
- ❑ LLM+MCP（Claude）：对于复杂的市场分析和趋势预测，智能投资顾问 Agent 可以利用 Claude 的 MCP 接口，将最新的市场数据和用户投资组合信息作为上下文传递给 Claude 进行分析。

场景任务流程：用户询问智能投资顾问："我应该买入科技股吗？"

1）智能投资顾问 Agent 使用 Supabase MCP 查询用户的投资组合和风险偏好。

2）智能投资顾问 Agent 通过 MCP 连接多个金融数据源的 MCP 服务器，获取最新的科技股价格、相关新闻和市场分析报告。

3）智能投资顾问 Agent 使用 Claude 的 MCP 接口，对收集到的信息进行分析，并结合用户的风险偏好，评估投资科技股的潜在风险和回报。

4）根据分析结果，智能投资顾问 Agent 可能会通过 Zapier MCP 连接用户的券商账户，建议买入一定数量的特定科技股，并请求用户确认。

5）用户确认后，智能投资顾问 Agent 将再次使用 Zapier MCP 执行交易，并在 Supabase 数据库中更新用户的投资组合。

　　MCP 作为一种新兴的开放标准，在智能体互联、SaaS 集成、LLM 能力增强、工具互操作以及数据共享等多个应用场景中展现出巨大的潜力。通过提供标准化的通信和交互方式，MCP 极大地简化了 AI 应用与外部资源和工具的集成过程，降低了开发门槛，并为构建更加强大和灵活的 AI 解决方案奠定了坚实的基础。

　　在智能体互联方面，Langflow 能作为 MCP 客户端和服务器的独特能力，及其简便易用的可视化界面，使开发者能够轻松构建和编排复杂的 AI 工作流程。在 SaaS 集成领域，Blender-MCP 和 QGISMCP 等案例表明，MCP 能够有效地将 AI 能力融入专业的桌面应用程序中，通过自然语言交互极大地提升用户体验和工作效率。对于大型语言模型而言，Claude 和 OpenAI Agent SDK 对 MCP 的原生支持，使得开发者能够更容易地扩展 LLM 的功能，使 LLM 能够访问外部知识源和执行实际操作。Zapier MCP 通过连接数千个应用程序，将 AI 的自动化能力提升到一个新的水平，使得 AI Agent 能够代表用户执行各种各样的任务。最后，Supabase MCP 展示了 MCP 在数据集成和共享方面的潜力，它使 AI 应用能够安全、便捷地与数据库进行交互。

　　展望未来，MCP 的应用前景十分广阔。在物联网、医疗健康、教育和金融等领域，MCP 都有望发挥重要作用，通过提供统一的交互标准，促进 AI 技术在更广泛的领域中落地生根，并带来深刻的变革。总而言之，MCP 代表了下一代 AI 应用的关键基础，其标准化、开放性和灵活性将持续推动人工智能领域的技术进步与创新应用。

3.4　MCP 生态系统中的创业机会

　　MCP 的出现不仅改变了 AI 应用的技术架构，也孕育出全新的产业生态。在 MCP 生态系统下，创业者有机会从多种细分方向切入，构建新的平台级产品或服务。当前业界普遍认为，围绕 MCP 有三大主要创业方向：Agent OS、MCP Infra 和 MCP Marketplace。下面我们分别介绍每个方向的内涵和机会。

3.4.1　Agent OS

1. 市场现状与趋势

　　在"AI Agent 时代"，为 AI Agent 构建操作系统级的平台正成为创业热门。业界普遍认为，操作系统将成为大模型厂商构建护城河的关键。Anthropic 率先开源了 MCP，希望将其打造为 AI 应用的"USB-C 标准接口"。该协议能为 AI Agent 提供统一的外部工具和数据调用方式，极大地提升了功能集成的便利性。

　　基于 MCP，Agent OS（Agent 操作系统）的理念应运而生。其核心目标是将繁杂的 MCP Server 的能力抽象为统一平台，并像操作系统管理硬件那样管理 AI Agent 所需的工具与上下文，使 AI Agent 能更自然地调用功能、分发信息。当前，Anthropic、OpenAI、Google 等巨头均在探索 Agent OS 的发展路径，例如 OpenAI 通过插件和函数调用构建自身生态，Google 则推出了 A2A 通信协议。

总体来看，Agent OS 正在从概念走向现实。产业界方面，PwC 推出企业级 Agent OS 以集成业务流程；开源社区中，AIOS、OpenManus 等项目快速发展；开发工具领域，Cursor、Devin 等 AI 编程助手也逐步具备了完整的 Agent 能力，成为 MCP Host 的操作系统雏形。这一趋势彰显出业界的共识：谁掌握了 Agent OS，谁就掌握了 AI Agent 生态的入口。

2. 代表性产品与参与者

当前，Agent OS 领域正呈现"大厂领跑、初创突围、开源百花齐放"的格局。Anthropic 凭借率先推出 MCP，在技术标准上占据先机。其桌面版 Claude 已成为早期 MCP 主机的代表产品，为开发 Agent OS 的系统能力积累了宝贵经验。OpenAI 虽未直接采用 MCP，但通过 ChatGPT 插件生态构建出一个封闭但功能丰富的 Agent 平台雏形，其路径与目标和 Agent OS 高度趋同。

在技术深度方面，AIOS（AI Agent Operating System）由具有学术背景的团队主导开发，聚焦构建嵌入式 LLM 的操作系统内核。AIOS 从调度机制、上下文切换、内存管理到工具调用管理，均提供系统级支持，并分为内核与 SDK 两个层次，目标是打造真正完整的 Agent 运行时环境。

初创项目方面，Manus 的问世成为行业拐点。该产品由 Monica.im 团队推出，是首个具备自主任务拆解与工具调用能力的通用 AI Agent，标志着 AI 从"对话助手"迈向可自主执行复杂任务的智能体。一经发布，Manus 便在开发者社区引发热潮，迅速获得腾讯云等巨头的关注，推动国内厂商加速布局 Agent OS 平台。

开源生态也展现出惊人的创新与响应速度。例如，由 MetaGPT 团队开源的 OpenManus 在发布后的短短 3 天内获得了 2.4 万颗 Star，反映出开发者社区对 Agent OS 架构的强烈需求与关注。

同时，Cline（开源 VS Code 插件）和 Cursor 等工具正演化为专注于开发者场景的领域级 Agent OS。工具箱型项目（如 Composio）提供了数百种插件式能力，极大地丰富了 Agent 的工具调用生态。

无论是硅谷创业公司，还是中国互联网巨头，都在围绕 Agent OS 全力出击——这一"智能时代的操作系统"正成为通往平台级红利的必争之地。

3. 当前挑战

尽管前景诱人，但 Agent OS 的发展仍面临多重挑战。

一是技术复杂度：如同计算机操作系统需要管理进程和内存一样，Agent OS 也需要管理 LLM 的上下文、工具调用和长程记忆，并实现稳定调度。这要求解决 Agent 调度、上下文切换、内存管理等难题。

二是标准化难题：各家的 Agent 框架（如 LangChain、OpenAI 函数调用等）不尽相同，要形成统一的 OS 层标准并非易事。目前 MCP 虽已开放，但尚未具备多 Agent 协同、身份认证等功能。

三是安全与可信：让 AI Agent 控制计算机或联网服务，可能带来误操作或滥用风险，需要引入沙盒机制和权限控制（例如 AIOS 引入了类似系统调用的管控）。

四是生态成熟度：Agent OS 需要丰富的"应用"和"驱动"（即 MCP 服务器工具）支撑，目前工具生态虽增长迅速，但质量良莠不齐。

五是用户体验：如何让普通用户直观地使用 Agent OS 也是一项挑战，界面、交互范式都需探索。例如，Manus 采用的对话 + 自动执行模式是否通用，还需要市场检验。

4. 创业机会与战略价值

Agent OS 孕育着成为" AI 时代的 Windows"的机会——创业公司可以打造汇聚多种 MCP 能力的一站式 Agent 平台。在切入点上，可以有多种策略。

其一，聚焦特定场景的 Agent OS，如面向企业办公的智能助理 Agent OS（集成邮件、日程、文档等）、面向开发者的编程 Agent OS（集成代码编辑、测试、部署工具）等，以对垂直领域的深度整合取胜。

其二，构建通用 Agent OS 平台，提供开放的插件接口（兼容 MCP），鼓励第三方扩展功能，走"Android 模式"吸引开发者参与。

其三，跨模型兼容，以支持多种大模型作为内核，引入模型路由，根据任务调度最优模型，实现差异化竞争。创业者还可通过与硬件 / 操作系统结合来形成壁垒，例如开发"桌面 AI 助手 OS"，深入操作系统底层（类似 Windows Copilot 思路）。

Agent OS 在 MCP 生态中的战略地位极其重要，它相当于生态的"入口"和"中枢"，连接着终端用户与背后的海量工具服务。掌握 Agent OS 就意味着掌握用户、工具和数据交互的控制权，这和移动时代操作系统之于 App 生态的意义类似。

随着 AI Agent 越来越多地介入工作和生活，一个优秀的 Agent OS 将大幅降低用户使用 AI Agent 的门槛，契合 AI Agent 从个别应用向普遍助手的演进趋势。可以预见，谁能率先打造出稳定强大的 Agent OS 平台，谁就有望在 Agentic AI 浪潮中取得生态主导权。

3.4.2 MCP Infra

MCP Infra（基础设施服务）泛指 MCP 运行所需的基础设施和工具链服务。MCP 虽然功能强大，但目前仍处于早期阶段，在企业级的场景中落地还存在诸多挑战和完善空间。这正是创业者大展身手的机会所在：通过提供专业的基础设施解决方案，帮助其他团队更高效、更可靠地使用 MCP。

1. 市场现状与痛点

MCP 作为开放协议，虽然在短时间内获得了 2000 个以上的 MCP 服务器，实现了生态繁荣，并成为 LLM 工具集成的事实标准之一，但其底层基础设施仍相对薄弱。目前，大多数 MCP 服务器部署在本地或内网环境中，缺乏对大规模分布式部署的支持。

例如，MCP 服务器多为单用户 / 单会话设计，尚不支持多用户 / 多租户场景。跨网络的远程调用机制也不完善——没有统一的身份认证和服务发现机制，限制了 MCP 在云端的大规模应用。对开发者而言，配置和维护 MCP 服务器仍需要人工：没有简便的托管发布工具链，调试兼容性问题也缺少专门的工具。

此外，MCP 目前不支持多 Agent 直接通信，无法像 ANP 那样进行去中心化的 Agent 网络构建——这虽然不是 MCP 的初衷，但在复杂应用中会成为一大局限。性能与可靠性也是要重点考虑的因素：MCP 引入了额外的请求 / 响应开销，不及模型内置函数那样轻量、实时。因此，要让 MCP 真正达到"生产可用（production-ready）"，在基础设施层面还有诸多问题待解决。

2. 技术趋势与关键参与者

针对以上痛点，新一波 MCP 基础设施解决方案正在涌现。Anthropic 官方和开源社区正努力完善 MCP 规范，比如计划增加无状态交互、远程鉴权等特性，使 MCP 成为无状态协议，以便分布式扩展。

云服务商开始介入，比如腾讯云已演示了结合其云功能的 MCP 平台，包括 MCP 托管和身份认证方案，将 MCP 与微信生态打通，提供一键部署 Manus 式 Agent 的云服务。

初创公司方面，有团队专注提供 MCP 云托管服务。例如，有人将 200 余个常用 API 封装成 MCP 服务器集群，供开发者即取即用。另有创业者关注连接管理和网关：开发能一键连接多个 MCP 服务器、统一身份验证和流量管理的网关工具，正是 a16z 提及的机会之一。

在开源社区，我们看到了 Wasmtime/NodeJS 等技术被引入 MCP 生态：Dylibso 公司发布了 MCPX 可扩展服务器，支持将 WASM 沙盒插件（servlet）动态加载到 MCP 服务器中，实现了将众多工具封装进单一服务器中并安全运行。这种思路类似于容器技术用于 AI 插件，提升了部署的安全性与可移植性。

同时，社区也贡献了各种辅助工具：比如 mcphub.nvim（Neovim 插件）提供了 MCP 服务器管理界面；Anthropic 官方的 MCP Python SDK 简化了开发流程；开发者还分享了自动生成 MCP 服务器的脚手架代码等。在基础设施层，身份与权限也是关注焦点：有方案考虑引入去中心化身份（DID）标准，借鉴 ANP 的加密认证机制来为 MCP 增加信任层。

总体而言，大厂、创业公司和开源社区正共同推动 MCP 基础设施的升级，以解决 MCP 在可扩展性、安全性、易用性等方面的问题，为 MCP 的大规模应用铺平道路。

3. 主要挑战

强化 MCP 基础设施，需要一系列技术突破和工程优化，主要挑战如图 3-16 所示。

❑ 可扩展架构是前提：MCP 需要从当前的一对一、本地优先，升级为多对多、支持云端的架构，即服务器无状态化、支持集群部署。这需要解决状态管理（会话信息如何共享）、消息路由和并发控制等问题。

❑ 统一认证和权限管理亟待建立：目前缺少通用的远程身份认证，企业难以可信地开

放 MCP 服务器。未来需要类似 OAuth 或者 API Key 的体系，确保只有得到授权的
AI Agent 可访问特定的 MCP 服务器，并支持细粒度权限控制（不仅是会话级，还
包括具体功能级别）。

❑ 多租户安全：在一个托管平台上运行多个 MCP 服务器供不同用户使用时，如何隔
离数据和流量、防止相互影响是一项挑战，需要引入网关来统一处理身份认证、流
量限制等。

❑ 开发者体验：目前搭建一个 MCP 服务器涉及编写代码、配置环境、运行服务等，
过程不够顺畅。缺少"一键部署"工具和可视化界面，使很多潜在开发者望而却
步。在调试方面，由于没有成熟的调试器或监控工具，开发者难以及时发现问题。

❑ 标准的不确定性：MCP 虽然势头强劲，但仍在演进中（例如可能增加新模块）。对
基础设施提供商来说，它们需要跟踪协议更新，否则可能出现兼容性问题。

❑ 竞品和替代方案：OpenAI 的插件 /function 调用、LangChain Agent 等在某些场景下
与 MCP 功能重叠，如果 MCP 不能迅速解决上述问题，其优势可能被削弱。因此，
基础设施层面需要快速完善，以巩固 MCP 作为行业标准的地位。

图 3-16　强化 MCP 基础设施的主要挑战

4. 创业机会与定位

在 MCP 基础设施方向，创业公司大有用武之地，可从提升 MCP 可靠性和可用性的方
向切入，多方面打造增值服务：

❑ 托管与云服务：提供 MCP 服务器云托管平台，让开发者无须自建服务器即可上线
MCP 服务器。例如，类似 Heroku 的平台，支持一键部署 GitHub 上的 MCP 服务器
代码，自动处理扩容和运维。这满足了企业"不想自己维护基础设施"的需求，也
是订阅式收入的来源。

❑ 统一网关与管理：开发 MCP 专属网关，整合认证、授权、流控等功能。该网关充
当 MCP 主机和 MCP 服务器之间的中介，企业客户可通过它设定访问策略（如哪些
Agent 能用哪些工具、QPS 限制等）。这类似于 API Gateway 产品，是面向企业的
重要卖点。

❑ 安全与身份服务：推出 MCP 身份认证服务，比如基于 OAuth 2.0 或 DID，为 MCP
生态提供统一的登录凭证；提供签名和验证机制，确保 MCP 通信双方身份可靠，

防止中间人攻击。这填补了当前协议在安全方面的空白，有利于增强企业信心。

❑ 开发者工具链：针对 MCP 开发的痛点，构建 DevOps 工具，如可视化的 MCP 服务器构建器，允许开发者通过 GUI 配置 API，并生成 MCP 服务器代码；又如调试监控仪表板，实时显示 Agent 调用了哪些工具、输入输出如何，便于排错优化。这些工具将大大降低 MCP 的使用门槛，相当于 Web 时代的 IDE 和 APM 在 AI Agent 时代的复现。

❑ 插件与集成支持：MCP 未来可能与其他协议协同，例如结合多 Agent 通信（ANP/A2A 协议）打造更复杂的系统。创业团队可以提供整合解决方案，让开发者方便地将身份认证、长时记忆（如矢量数据库）、多 Agent 协同等模块无缝融入 MCP 框架，形成完整的 Agent 应用开发套件。

上述机会都有相当高的战略意义，因为基础设施是生态繁荣的基石。通过解决 MCP 的性能和安全问题，创业公司扮演的是"赋能者"角色，负责推动更多企业和开发者采用 MCP。这类似于在云计算兴起时涌现出的大量工具 / 服务提供商，帮助新技术落地。

同样，抓住 MCP 基础设施机会的创业公司，有望成为 AI Agent 时代的"水电公司"，在整个生态中居于不可或缺的位置。而且这与 AI Agent 的发展趋势高度契合——AI Agent 要大规模上岗，离不开强健的后台支持。可以预见，随着 MCP 逐渐成为 AI 系统的"通用接口"，围绕它建立的基础设施服务将迎来需求的爆发，这一方向的创业将拥有广阔的成长空间。

3.4.3　MCP Marketplace

1. 市场现状与动向

MCP Marketplace（AI Agent 服务市场）指的是为 AI Agent 的功能插件（即 MCP 服务器）提供发现、分发、交易服务的平台，相当于 AI Agent 世界的"应用商店"。随着 MCP 生态中可用服务器的种类激增，搭建 Marketplace 的需求开始显现。当前已有的 MCP 服务器的数量超过 2000 个，涵盖从文件系统、数据库，到 Slack、浏览器等各种工具。

由于 MCP 服务器的质量参差不齐，如何让 AI Agent 挑选到最合适的工具成为问题。2025 年初，业界出现了首批 MCP Marketplace 尝试：Cline 团队在 2 月发布了 Cline's MCP Marketplace，定位于 MCP 插件集合，提供一站式浏览和一键安装功能。通过 Cline 插件，用户可以像装 App 一样为自己的 AI Agent 添加能力，浏览官方和社区提供的 MCP 服务器，并支持按名称、类别、标签进行搜索，单击即可完成安装和配置。

这一模式大大简化了 AI Agent 插件的使用门槛，被誉为 AI 能力的"App Store"。除了 Cline，独立开发者和公司也在布局 Marketplace：如 mcpx/mcp.run 提供了 MCP 服务器的注册表和控制台，被称为 MCP 的应用商店。社区工具如 mcphub.nvim 也整合了 Marketplace 接口，实现了在编辑器中浏览 / 安装 MCP 插件。

腾讯云更是宣布将推出结合小程序生态的 MCP Marketplace，方便开发者迅速接入各类工具 Agent。可以看到，从开源社区到云厂商，MCP Marketplace 正快速从概念走向产品。其形态既可能是开源的集中仓库（类似 npm、PyPI），也可能是商业的双边平台（类似苹果的 App Store，提供审核、评级和交易功能）。

不论哪种形式，其目的都是解决"到哪里找到可靠的 Agent 插件"这一痛点，并为 MCP 生态的下一步繁荣提供必要的支撑。

2. 关键参与者与项目

Cline MCP Marketplace 是目前最具代表性的产品之一，作为开源项目由社区主导。Cline 通过 VSCode 插件触达大量开发者用户，已收录数百种 MCP 服务器，并开放了 GitHub 仓库让开发者提交自己的 MCP 服务器。

Anthropic 官方暂未推出自有 Marketplace，但其行动值得关注。它可能通过支持社区标准、提供推荐列表等方式参与生态。

ylibso 公司的 mcp.run 实际上扮演着 Marketplace 的角色，它提供 MCP 服务器的托管服务及 WASM 扩展机制，同时上线了公开的 servlet 注册库供用户搜索、安装。

国内的大厂对 Marketplace 同样虎视眈眈：腾讯云将 Marketplace 与其云函数、API 网关结合，形成企业可管控的插件市场。

开发者社区中，还有人在探索跨平台的聚合，比如有人提出 MCP 插件可以借鉴 Cline 的界面和一键安装功能，实现通用 AI 应用商店。

值得一提的是，OpenAI 插件市场与 MCP Marketplace 有一定的竞合关系。OpenAI 已有官方插件目录，但范围局限于其 API 定义。未来不排除有创业者尝试桥接 OpenAI 插件和 MCP，以打造统一的 AI Agent 能力市场。

总的来说，目前 MCP Marketplace 领域的参与者众多但格局未定：社区驱动的 Cline 占得先机，专业团队 mcp.run 紧随其后，大厂方案尚在酝酿。这种群雄逐鹿的局面意味着创业公司仍有机会通过差异化定位脱颖而出。

3. 面临的挑战

建立一个健康的 AI Agent 服务市场并非易事，需要同时平衡供给端和需求端的利益与体验。

供给端（开发者）的挑战：如何吸引足够多的优秀 MCP 服务器开发者入驻，并持续维护更新？目前多数 MCP 服务器由个人开发，功能质量参差不齐，如果缺乏激励机制，优秀工具可能后继无人。因此，Marketplace 需要考虑激励措施，例如设置下载量排名、开发者荣誉榜，甚至未来引入收益分成模式来驱动供给。

需求端（用户 /Agent）的挑战：面对海量插件，用户如何辨别哪个最好用？缺少评级和评测体系，用户体验会很混乱。目前 Cline 等平台还没有完善的评分评论功能，企业用户也缺少可靠性指标（如插件调用成功率、安全性审计等）。因此 Marketplace 需要建立评价体系和可信认证（例如"官方认证""企业版"标识）来帮助用户选择。

安全与信任问题突出：让用户一键安装陌生开发者提供的 MCP 服务器，等于在本地运行第三方代码，存在数据泄露和安全隐患。企业尤其担心未经审核的插件非法调用外网 API。因此，Marketplace 运营方可能需要引入审核机制，对收录的 MCP 服务器进行安全检查，或提供隔离沙盒确保插件不越权。但这又会带来平衡问题：审核过严会减慢迭代速度、打击社区积极性，过松则安全难保。

标准化与兼容：MCP 在持续演进，不同版本的 MCP 服务器在 Marketplace 中如何标识兼容性？不同的 Agent OS/ 客户端能否通用同一个 Marketplace？如果每个客户端都有各自的市场，可能导致碎片化。因此业界需要协调出通用的插件描述标准，确保一次开发的 MCP 服务器可在多个平台上使用，这样 Marketplace 才能真正迎来繁荣。

商业模式支撑：早期以开源免费为主，但长期运营需要资源，未来可能需要探索佣金分成、企业版订阅（提供质量保障）等模式。然而，这些都需要 Marketplace 先达到足够规模，才能实现良性循环。

4. 创业机会与意义

在 MCP Marketplace 方向，创业公司有机会扮演 AI 时代的应用商店管理者，通过构建平台连接工具开发者和 AI Agent 用户，从而实现商业价值。

打造领先的独立 Marketplace 平台：目前 Cline Marketplace 主要服务其 VSCode 用户，尚无一个独立于特定 IDE 或客户端的通用平台。创业者可以开发一个独立的 Web 平台或应用，汇聚所有 MCP 服务器信息，提供跨客户端的一键安装方案。例如做成类似 "NPM 官网"的形式，为用户提供丰富的搜索、筛选和文档展示功能。该平台可以与各大 Agent 客户端合作，通过简单协议让它们都能调用安装接口，成为事实上的通用插件库。

深耕垂直细分市场：类似手机应用商店，创业公司可专注于特定领域的 MCP 市场。例如，专门面向企业 IT 的安全认证插件市场，只收录经过审核的数据库、内部系统 MCP 服务器，满足企业对安全合规的要求；专门面向个人消费者的 "AI 助手能力商店"，其中的插件偏向日常生活应用（如日程管理、娱乐资讯类 Agent）。创业公司通过在某一领域建立口碑和信任，从而形成差异化竞争优势。

提供增值服务：Marketplace 运营方可以在基础功能外提供增值服务来获取收入。一方面，为企业客户提供私有部署的 Marketplace 镜像，附带审核、权限控制等功能，方便企业内部构建自己的 AI Agent 能力中心。另一方面，提供数据分析与匹配服务，利用平台数据为用户智能推荐合适的插件，或为开发者提供用户需求洞察（哪些能力存在缺口，搜索多却供应少）。这些数据驱动的服务可以成为新的商业点。

推动商业变现生态：随着 Marketplace 的成熟，可能诞生插件内购或付费模式。创业者可提前布局，设计安全的支付结算系统，帮助 MCP 服务器开发者变现（例如某些插件调用外部 API 需要收费）。平台可从中抽取佣金，类似 App Store 的三七分成模式。谁率先建立可靠的交易体系，谁就掌握了未来 AI Agent 服务经济的价值中枢。

战略上，MCP Marketplace 是整个生态的催化剂，它降低了 AI Agent 扩展功能的门槛，加速了"工具开发者 – 用户"的循环。这契合 AI Agent "能力外部化、按需组合"的发展趋势——正如手机功能由无数第三方 App 丰富，AI Agent 的智能边界也将由海量插件拓展。一个繁荣的 Marketplace 将吸引更多人参与 MCP 生态，并形成网络效应，从而反过来巩固 MCP 作为标准的地位。

对于创业公司而言，掌控这样的平台意味着占据生态高地：既能连接供需两端，又可以制定规则。移动互联网时代造就了 App Store、Play Store 这样的巨头平台，AI Agent 时代亦需要自己的"应用商店"。因此，把握 MCP Marketplace 机会的团队，有望成为 AI Agent 领域的关键平台型公司。随着 AI 技术的演进，AI Agent 服务市场很可能爆发出前所未有的创造力和商业模式创新，值得创业者重点关注和投入。

Agent OS、MCP 基础设施和 MCP Marketplace 这三大方向分别从应用入口、底层支撑和生态分发 3 个层面奠定了 MCP 生态系统的基础。它们相辅相成：操作系统式的平台提供了统一的 AI Agent 交互界面，基础设施保证了这套体系的可靠性和可扩展性，市场平台则促进了生态繁荣和良性循环。在 AI Agent 浪潮下，这三大方向孕育的创业机会不仅各自价值巨大，而且共同构成了推动 AI Agent 走向成熟的关键动力。

对于创业者来说，选择其中一个方向切入并深耕，就有机会在未来的 AI 版图中占据一席之地。正如业内分析所言：MCP 的出现有望孕育出 AI 领域的"Stripe"或"App Store"级别的公司。随着 AI Agent 技术的迅猛发展和需求的高速增长，顺应这一生态趋势的创业方向将拥有高度的战略契合度和长远价值。各路参与者正汇聚于 MCP 生态，这场革新才刚刚开始。

3.5　MCP 生态的发展演变

MCP 革命性地促进了大模型、Agent、SaaS、工具、数据 API 等的互联互通，并且自身正在快速进化，其未来发展趋势将显著影响 AI 行业的发展。下面将围绕 MCP 对开发语言的支持、MCP 客户端、MCP 开发框架、MCP 远程托管、MCP 生态支持者等几个生态参与者的维度，介绍 MCP 的未来发展演变。

MCP 对开发语言的支持：MCP 自推出以来，一直在快速发展，其最新的动态和技术突破为我们理解其未来走向提供了重要的线索。近期，MCP 在对软件开发工具包（SDK）的支持上取得了显著进展，涵盖了多种编程语言，包括 Kotlin、Java、C#、TypeScript 和 Python。这些 SDK 的发布和持续更新，例如 Kotlin SDK 0.4.0 版本、Java SDK 0.8.1 版本和 Python SDK 1.5.0 版本，表明 MCP 社区正在积极投入资源，以确保开发者能够在各种平台上便捷地使用该协议。值得注意的是，微软也参与到 MCP 的发展中，贡献了 C# SDK，这进一步增强了 MCP 在企业级应用中的潜力。这种广泛的语言支持预示着 MCP 有望成为一个跨平台的标准，能够被不同技术栈的开发者所采用。

除了 SDK 的完善，MCP 的核心 API 也在不断优化。最近的更新包括修复问题、清理 API 接口以及增加二进制兼容性跟踪，这些更新都旨在提升协议的稳定性和易用性。保持二进制兼容性对于一个发展中的协议至关重要，它可以确保新版本的发布不会破坏基于旧版本构建的应用，从而鼓励开发者持续采用最新的功能和改进。此外，为了降低开发门槛，MCP 还降低了对 Java 开发工具包的要求，现在仅需 JDK8 即可运行。这些细节上的改进体现了 MCP 对开发者体验的重视。

MCP 客户端：在实际应用方面，MCP 已经开始与一些具体的 AI 应用集成。同时，MCP 社区也在不断壮大，越来越多的开发者和组织加入这个生态系统中。例如，JetBrains 发布了 Kotlin SDK，进一步丰富了 MCP 的语言支持。同时，也有大量客户端应用开始支持 MCP，例如 Cursor、Windsurf、Claude Desktop。Composio 等公司也开始提供针对数百种集成的预构建 MCP 服务器。这些都表明 MCP 正在吸引广泛的社区参与，共同推动其发展。

MCP 开发框架：为了简化 MCP 服务器的开发，社区还涌现出一些高层框架。EasyMCP 就是一个例子，它是一个基于 TypeScript 的框架，旨在通过提供类似 Express 的 API 和装饰器等特性，使开发者能够更轻松地构建 MCP 服务器。EasyMCP 的目标是隐藏 MCP 的底层复杂性，让开发者能够专注于定义工具、资源和提示等核心概念。虽然 EasyMCP 目前还处于 beta 阶段，并且在一些高级特性（如服务器发送事件 SSE 和采样机制）的支持上有所欠缺，但它的出现表明开发者社区正在积极探索如何提高 MCP 的开发效率。

MCP 远程托管：一个重要的趋势是 MCP 开始支持远程服务器。Cloudflare 近期宣布支持构建和部署远程 MCP 服务器。与之前主要依赖本地运行的 MCP 服务器不同，远程 MCP 服务器可以通过互联网访问，这极大地拓展了 MCP 的应用场景。远程 MCP 服务器的出现，使得基于 Web 的界面和移动应用也可以利用 MCP 的能力，从而覆盖更广泛的用户群体。为了实现安全的远程访问，MCP 采用了 OAuth 协议进行身份验证和授权。此外，MCP 的远程传输规范也在进行改进，未来将使用 Streamable HTTP 替代之前的 HTTP+SSE 方式，以实现更灵活和更高效的通信。

MCP 生态支持者：微软也在积极推动 MCP 的发展和应用。它们已经将 MCP 集成到 Azure OpenAI Services 中，使得 GPT 模型能够通过 MCP 与外部服务进行交互并获取实时数据。微软还提供了一系列工具和资源，例如 Microsoft AI Gateway，用于帮助开发者设置和管理 MCP 与 Azure OpenAI 服务的集成。这些举措表明，主流的云服务提供商也看到了 MCP 的潜力，并致力于将其融入自己的 AI 生态系统。

总而言之，MCP 的最新发展动态呈现出以下几个关键趋势：更广泛的语言支持、持续的 API 优化、与主流 AI 应用和平台的集成、活跃的社区参与和生态系统建设，以及对远程服务器的支持。这些趋势共同表明，MCP 正在朝着更加成熟、易用和普及的方向发展。

3.6　MCP 正在成为 AI Agent 互联网的重要标准

MCP 正在成为 AI Agent 互联网的重要标准，类似于互联网时代的 HTTP 标准，甚至比 HTTP 还要深入。MCP 生态的支持者也越来越多，涵盖了国内外主流大模型公司、软件公司、互联网公司等，这为 MCP 成为行业标准提供了重要的生态支持基础。

（1）关于 MCP 的最新发展动态、技术突破和研究进展

如前文所说，MCP 的最新发展动态体现在更广泛的语言支持、持续的 API 优化、与主流 AI 应用和平台的集成、活跃的社区参与，以及对远程服务器的支持。在技术突破方面，远程服务器的支持和 Streamable HTTP 的引入是重要的进展，它们使得 MCP 能够更好地满足互联网环境下的应用需求。此外，MCP 还在安全性方面进行了增强，例如强制使用 OAuth 2.1 框架进行远程 HTTP 服务器的身份验证。在研究进展方面，社区正在积极探索 MCP 在各种场景下的应用，并开发相应的工具和框架，例如 EasyMCP 和 MCP-Framework。

（2）MCP 提升 AI 模型的交互效率，扩展应用场景

❏ 通过 MCP，AI 系统能够更便捷地访问所需数据，从而产生更相关、更优质的响应。MCP 的标准化将减少开发人员在集成不同 AI 模型和工具时所需的工作量，提高开发效率。

❏ MCP 的远程支持将使 AI 的应用场景从本地扩展到云端和更广泛的互联网领域，例如 Web 应用和移动应用。

（3）MCP 和 AI Agent 之间的互联

当前 AI Agent 之间的互联应用还处于早期阶段，主要面临着数据孤岛、缺乏统一通信协议、安全和信任问题等挑战。不同的 AI Agent 往往基于不同的框架和协议开发，难以进行有效的协作和信息交换。MCP 通过提供一个标准的通信协议，有望打破这些壁垒。MCP 定义了 AI Agent 之间以及 AI Agent 与外部系统之间交互的标准方式，包括工具的发现、调用和资源的获取等。这将使得构建跨平台、跨应用的 AI Agent 协作网络成为可能。市面上也存在与 MCP 类似的协议，例如 ANP 专注于 AI Agent 的互联互通。

（4）MCP 如何解决 AI Agent 之间互联互通的问题

MCP 将从以下几个方面解决 AI Agent 在互联互通中遇到的问题：

❏ 打破 Agent 孤岛：MCP 提供了一个统一的通信协议，使得基于不同框架开发的 AI Agent 能够通过标准的 MCP 接口进行交互，从而消除 AI Agent 之间的隔阂。

❏ 消除数据孤岛：MCP 允许 AI Agent 通过标准的资源接口访问来自各种数据源的信息，无论这些数据存储于何处或采用何种格式。

❏ 缓解信息不对称：MCP 的工具发现机制使得 AI Agent 能够了解彼此的能力和服务，从而更有效地进行协作和任务分配。

❏ 降低交互复杂性：MCP 定义了标准的请求和响应格式，简化了 AI Agent 之间的通

信过程，降低了交互复杂性。

（5）HTTP 和 MCP

HTTP 是互联网的基石，它定义了 Web 浏览器和 Web 服务器之间通信的方式，实现了信息的全球共享。MCP 在 AI Agent 互联网中的作用与之类似，旨在定义 AI Agent 之间以及 AI Agent 与外部系统之间如何进行通信，从而实现 AI 能力和信息的共享。HTTP 与MCP 的详细对比见表 3-7。

表 3-7　HTTP 与 MCP 的详细对比

维度	HTTP	MCP
主要目的	传输 Web 资源（HTML 等）	为 AI 模型提供上下文和能力
适用范围	信息互联网	AI Agent 互联网
架构	客户端 – 服务器（浏览器 –Web 服务器）	客户端 – 主机 – 服务器（AI 应用 –MCP 服务器）
关键方法	GET、POST、PUT、DELETE	tools/call、resources/get 等
状态	通常无状态	有状态（基于会话）
安全性	HTTPS（TLS/SSL）	OAuth 2.1（用于远程），未来可能更多
扩展性	通过头部、内容类型	通过新的工具、资源、提示
发展阶段	成熟，无处不在	早期，快速发展

正如上表所示，HTTP 和 MCP 在其各自的领域都扮演着关键角色，旨在通过标准化通信协议实现不同系统之间的互联互通。HTTP 实现了信息的自由流动，极大地推动了互联网的发展。可以预见，MCP 的普及也将对 AI Agent 互联网产生类似的深远影响，它将使得AI Agent 能够更高效地协作、共享信息和能力，从而催生出更多创新性的 AI 应用和服务。

（6）MCP 作为统一标准的可能性

MCP 具有成为 AI 开发社区统一标准的巨大潜力。它由 Anthropic 这样的领先 AI 研究机构发起并开源，得到了包括微软和 OpenAI 等主要参与者的支持。社区也表现出极大的热情，涌现出各种基于 MCP 的工具和框架。这些都为 MCP 成为行业标准奠定了坚实的基础。

一旦 MCP 成为统一标准，将带来以下变革性影响：

❑ 提高不同 AI 模型和 AI Agent 之间的互操作性：这是 MCP 最核心的价值。通过统一的协议，不同的 AI 模型和 AI Agent 可以无缝地进行通信与协作，打破目前存在的壁垒。

❑ 降低开发成本：开发者无须为不同的 AI 模型和工具编写定制化的集成代码，只需要遵循 MCP 标准即可实现互联互通，从而大大降低开发和维护成本。

❑ 加速创新：标准化的接口将鼓励开发者构建更多创新性的 AI 应用和服务，因为他们可以更容易地利用现有的 AI 模型、工具和数据资源。

❑ 避免供应商锁定：MCP 是一个开放标准，开发者可以自由选择使用不同的 AI 模型和工具，而无须担心被特定供应商锁定。

❑ 构建繁荣的生态系统：统一的标准将吸引更多开发者和组织参与到 MCP 生态系统的建设中，贡献更多的工具、服务和集成，从而形成一个良性循环。

（7）MCP 的影响力将超越 HTTP

MCP 作为 AI 领域的基础协议，其潜在的影响力有可能超越 HTTP 在信息互联网时代的影响力。HTTP 主要解决的是信息资源的传输和展示问题，而 MCP 不仅限于信息的传递，它还涉及 AI 模型的能力、上下文和行为的交互。随着 AI 技术逐渐深入我们生活的各个方面，例如智能设备、物联网和数字经济等领域，MCP 有望发挥更加核心的作用。

在智能设备领域，MCP 可以作为 AI Agent 控制和协调各种设备的标准协议。例如，一个智能家居系统中的不同设备（如音箱、灯具、空调等）可以由一个中央 AI Agent 通过 MCP 进行统一管理和控制。

在物联网领域，大量设备产生了海量数据。MCP 可以作为 AI Agent 与这些设备进行交互，以及获取数据、发送指令的标准方式。这将极大地促进对物联网数据的智能化分析和应用。

在数字经济领域，AI Agent 将在各种商业场景中发挥越来越重要的作用，例如智能客服、个性化推荐、自动化交易等。MCP 可以作为不同 AI Agent 以及 AI Agent 与各种数字服务进行交互的基础协议，支撑数字经济的蓬勃发展。

虽然 HTTP 在信息互联网时代至关重要，但 MCP 的潜力在于它能够连接和协调智能主体（AI Agent）的行为，这在更加智能化和自动化的未来世界中将具有更广泛与更深入的影响。

（8）MCP 的未来发展趋势

- □ 持续的技术完善和标准化：MCP 将继续优化其协议规范，提供更稳定、更高效、更安全的通信机制，并支持更多传输方式。
- □ 更广泛的生态系统建设：越来越多的开发者、组织和平台将加入 MCP 生态系统，贡献更多的 SDK、工具、服务器和应用。
- □ 增强的远程支持和安全性：MCP 将进一步完善对远程服务器的支持，并提供更强大的身份验证、授权和数据保护机制，以满足互联网环境下的应用需求。
- □ 更智能的 AI Agent 协作能力：MCP 将促进 AI Agent 之间的自动发现、能力协商和任务协作，实现更高级别的 AI Agent 互联网。
- □ 更广泛的应用领域拓展：MCP 的应用将从目前的 AI 助手、IDE 插件等扩展到智能设备、物联网、数字经济等更广泛的领域。

这些发展趋势将对 AI Agent 互联网产生深远的影响。首先，MCP 将成为连接不同 AI Agent 和外部系统的通用语言，打破信息孤岛，实现 AI 能力的共享和复用。其次，MCP 将降低 AI 应用的开发门槛和成本，加速 AI 技术的普及和创新。最后，MCP 有望构建一个繁荣的 AI Agent 生态系统，催生出各种智能化、自动化的应用和服务，深刻改变我们的工作和生活方式。可以预见，正如 HTTP 推动了信息互联网的繁荣一样，MCP 也将成为 AI Agent 互联网发展的重要引擎，后者的影响力甚至可能超越前者，渗透到更广泛的智能设备和数字经济领域中。

MCP 正处于快速发展和演进的关键时期。其在多语言 SDK 支持、API 优化、远程服务器支持以及社区生态建设方面取得的进展，预示着它有潜力成为 AI 开发社区的统一标准，如同互联网时代的 HTTP 一样，甚至在连接智能主体和物理世界方面可能产生更深远的影响。

MCP 的未来发展趋势将极大地推动 AI Agent 互联网的形成。通过提供标准化的通信协议和数据接口，MCP 有望解决当前 AI Agent 互联互通面临的诸多挑战，例如 AI Agent 之间的孤岛效应、数据孤岛和交互复杂性。它将使不同的 AI 模型和 AI Agent 更高效地协作，共享信息和能力，从而催生出更多创新性的 AI 应用和服务。

总而言之，MCP 的发展对于构建一个开放、互联、智能的 AI Agent 互联网至关重要。随着 MCP 生态系统的不断壮大和技术的持续完善，我们有理由相信，它将成为未来 AI 领域的基础协议，深刻改变我们与技术互动的方式。

第 4 章

构建基于 MCP 的应用

基于前面章节内容的学习，相信你已经理解了 MCP 的基本逻辑和思路：通过用户在本地环境中构建的 MCP 服务器，来封装在本地环境中才可以访问的其他应用、方法、接口。那么接下来，我们来进行案例实操。

4.1 安装 Cline 作为 MCP 主机端，用来调用 MCP 服务器

首先，我们需要为创建的 MCP 服务器选择一个主机（Host）端，在这里我们选用 VS Code 中的 Cline 扩展作为验证这个 MCP 服务器的主机端。

如图 4-1 所示，打开 VS Code 后，在侧边栏中找到扩展图标（图 4-1 中①标记），并在搜索栏（图 4-1 中②标记）输入 cline，在应用搜索结果中找到的 Cline 扩展（作者为 Cline，带有官方认证标记），单击右侧安装按钮（图 4-1 中③标记位置，安装成功后会变为齿轮）进行安装，就可以在侧边栏看到 Cline 的小机器人图标（图 4-1 中④标记位置）了。

然后，单击 Cline 图标，即可看到如图 4-2 所示的 Cline 默认交互界面。

但是，不要着急，我们还需要为 Cline 设置主要交互模型，才能开始使用。

单击图 4-2 右上角的齿轮图标进入设置页面，在 API Provider 选项栏中选择希望使用的模型，Cline 提供

图 4-1　在 VS Code 中安装 Cline 插件的方法示意图

了非常丰富的模型支持，包括海外知名模型（如 OpenAI、Anthropic Claude、Google Gemini），也包括国内知名模型（如 DeepSeek、Alibaba Qwen 等）。在这里我们以 DeepSeek 为例，选中 DeepSeek 选项，在下方出现的 DeepSeek API Key 文本框中输入我们从 DeepSeek 官方开放平台（https://platform.deepseek.com/）申请的 API Key，并在 Model 选项栏中选择 deepseek-chat 模型作为我们的主要交互模型，配置完成后，可以看到结果如图 4-3 所示。

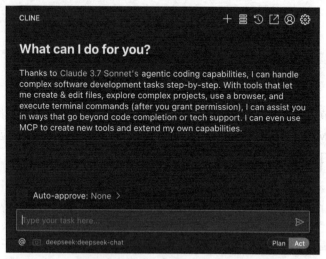

图 4-2　Cline 的默认交互界面

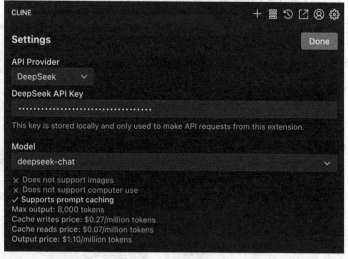

图 4-3　在 Cline 中设置 DeepSeek 为主要交互模型

这样，我们就完成了 Cline 的设置准备，回到最初进入的交互界面，就可以和 DeepSeek 模型进行对话了。

同时，Cline 还内置了一个 MCP 服务器市场（MCP Servers Marketplace），市场内提供

了众多 MCP 服务器供我们探索并安装使用，如图 4-4 所示。

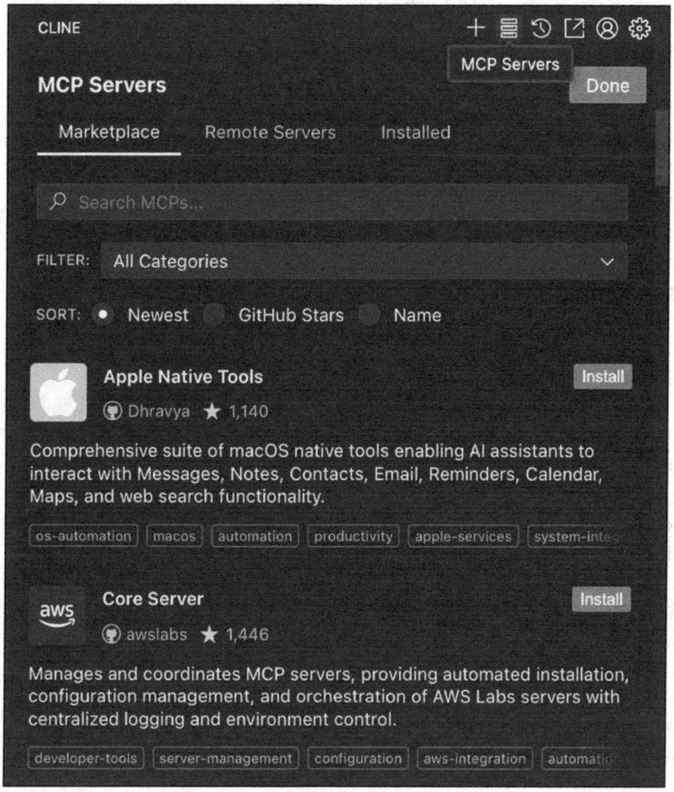

图 4-4　Cline 内置的 MCP 服务市场

到这里，我们的前置准备工作就已经完成了，Cline 将作为我们接下来案例中使用的第三方 MCP 主机端，接入我们自己制作的 MCP 服务器。

注：你也可以选择 Cherry Studio（官方网址：https://cherry-ai.com/）或 Claude 客户端（官方客户端下载网址：https://claude.ai/download，MCP 配置说明网址：https://modelcontextprotocol.io/quickstart/user）作为第三方 MCP 主机端。

4.2　使用 Python 制作代码运行器 MCP 服务器，让模型把数算准

我们都知道，虽然大语言模型的能力很强，但是它仍然在某些任务上表现不佳，数学计算就是其中一个任务。如果我们能在本地提供一个可以运行 Python 代码的工具，让大语言模型能够将特定计算问题转化为 Python 代码并实际运行，这是否就可以帮助大语言模型克服数学计算这个弱项？

那么，就让我们从制作一个最简单的 Python 代码运行工具 MCP 服务开始。

4.2.1 制作 Python 代码运行器 MCP 服务器脚本

首先，我们需要使用 Python 的包管理工具安装 MCP 官方 Python SDK 包。打开你所使用的系统提供的命令行工具（如 Windows 的 PowerShell、MacOS 的终端等），输入安装指令：pip install mcp，看到安装完成的提示后即可进行下一步。

然后，我们打开 IDE，在工作环境中创建一个名为 python_code_runner.py 的文件，并写入如下代码：

```
1   import io
2   import sys
3   from mcp.server.fastmcp import FastMCP
4
5   # 创建 MCP 服务器对象
6   mcp = FastMCP("python_code_runner")
7   # 这里的命名最好使用符合代码命名规范的命名方式，以防止模型调用时出现异常错误
8   # 虽然目前很多模型（尤其是大参数商用模型）本身能够提供非常准确的输出，但规范命名能够降低错误
        概率
9
10  @mcp.tool()
11  def python_code_runner(python_code:str):
12      """运行 Python 代码并获得真实的运行结果 """
13      # 重定向标准输出结果
14      result = io.StringIO()
15      sys.stdout = result
16
17      # 使用 exec() 方法运行给定的 Python 代码
18      exec(python_code)
19
20      # 获取输出结果
21      return result.getvalue()
22
23  # 当脚本被调用时启动 MCP 服务器
24  if__name__ == "__main__":
25      mcp.run()
```

就这样，一个非常简单但又非常实用的 MCP 服务器脚本就搭建完成了。

让我们简单拆解一下里面的关键动作：

❏ 我们使用了 MCP 官方 Python SDK 提供的 FastMCP 类，创建了一个 FastMCP 对象。这个对象本身将被视作一个 MCP 服务器实例，同时提供多种函数装饰器，帮助我们快速创建多个不同的 MCP 资源。

❏ 我们通过在初始化 FastMCP 类时传递参数值 "python_code_runner"，为我们创建的 MCP 服务器命名。

❏ 我们通过函数装饰器 @mcp.tool() 装饰了一个函数 python_coder_runner，在没有在装饰器参数中额外指定 name 和 description 时，装饰器将默认以函数名 python_coder_runner 作为工具名，并使用函数的说明文档（docstring）作为工具的描述信

息。该装饰器会自动将函数所需的参数名 python_code 及对应的参数值类型 str 加入工具 python_coder_runner 的参数描述中。

☐ 在函数 python_coder_runner 中，撰写实际的运行逻辑，将 python_code 提供的代码字符串使用 exec() 执行并获取输出结果，并将输出结果作为返回值返回。

☐ 使用 if__name__=="__main__": 定义脚本运行时的 MCP 服务实例启动指令 mcp.run()。

4.2.2　将 Python 代码运行器 MCP 服务器配置到 Cline 中

有了 MCP 服务器脚本，我们还需要让第三方主机端能够知道这个 MCP 服务器的存在，并在需要的时候启动它，调取相关资源信息并完成实际的资源调用。接下来，我们就需要通过配置的方式，将我们自己制作的 MCP 服务器提交给 Cline。

如图 4-5 所示，我们找到 Cline 的 MCP 服务器管理页面入口图标（图 4-5 中①标记），单击后，将 Tab 切换为 Remote Servers（图 4-5 中②标记）。我们可以通过提供服务器名称、服务器 URL 的方式添加一个远程 MCP 服务器（图 4-5 中③区域），或是通过编辑配置文件的方式（图 4-5 中④标记）提交远程或本地的 MCP 服务器。因为我们需要提交的是本地自主创建的 MCP 服务器，所以我们选用④的方式进行配置。

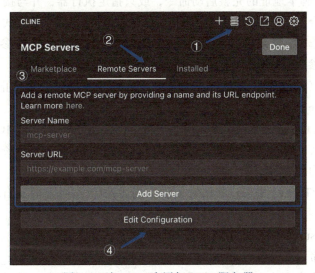

图 4-5　在 Cline 中添加 MCP 服务器

单击 Edit Configuration 按钮，VS Code 会打开 Cline 的 MCP 配置文件 cline_mcp_settings.json 的编辑窗口，在窗口内填入我们的 MCP 服务器信息即可。

下面是 Python 代码运行器 MCP 服务器的配置样例：

```
1  {
2      "mcpServers": {
3          "python_code_runner": {
4              "command": "/opt/homebrew/anaconda3/envs/3.10/bin/python",
```

```
 5              "args": [
 6                  "/path/to/python_code_runner/python_code_runner.py"
 7              ],
 8              "disabled": false,
 9              "timeout": 60,
10              "transportType": "stdio"
11          }
12      }
13  }
```

在这里基于上面的样例，逐项说明一下 MCP 服务器配置的结构和要件：

❑ MCP 服务器配置文件遵循 JSON 表达规范。

❑ 所有的 MCP 服务器配置信息都需要放置在 mcpServers 键中。

❑ mcpServers 键中，每一个子键名都是一个具体的 MCP 服务器名称，子键值为这个具体 MCP 服务器的相关配置项。在本配置中，python_code_runner 即为我们创建的 Python 代码运行器 MCP 服务器名称。

❑ 配置项中：

■ command：（必填）提供启动 MCP 服务器脚本的命令。你可以直接在此处填入包含 MCP 脚本地址的完整启动命令，或只指定执行器，并与接下来的 args 配置项内容组合，形成完整的启动指令。我们更推荐使用后一种方式。

■ args：（选填，数组格式）每一个数组元素为一个附加的指令参数，可以将执行器所需的参数、目标脚本的地址等信息作为参数传入。

■ disable：（可选，默认为 false）描述当前 MCP 服务器是否停止使用，true 表示禁用，false 表示启用。

■ timeout：（可选，不设定则会一直等待，不会超时）描述当 MCP 服务器资源被调用时，等待响应的超时时长，单位为秒。如果 MCP 服务器资源被请求，但在设定时长内未返回结果，就会触发超时错误。

■ transportType：（可选，默认为 stdio）描述 MCP 服务器的输出形式，stdio 为将运行结果一次性输出，sse 为将运行结果以 SSE 方式流式输出。

❑ 和 Python subprocess 方法或是某些 IDE 运行代码的配置相似，command 和 args 组成的运行命令可以视为在命令行终端中直接以 <command> <arg_1> <arg_2> 的形式运行一个命令，这个命令会实质上触发 MCP 服务器脚本，然后在本地启动一个服务器，监听并响应请求。

在完成上述配置输入之后，我们就可以在 Cline 的 MCP 服务器管理页面的 Installed 选项卡下看到我们新添加的 python_code_runner 服务器信息卡片了。卡片中会显示服务器请求的日志信息（图 4-6 中①区域），并提供重试连接（Retry Connection）（图 4-6 中②标记）和删除服务器（Delete Server）（图 4-6 中③标记）操作按钮。当我们尝试单击重试连接（Retry Connection）按钮，看到日志区域显示类似 "[04/09/25 14:47:35] INFO Processing request of type server.py:534

ListToolsRequest"的输出信息时，说明我们的 MCP 服务器已经正常运行了。

　　注意，如图 4-6 中的①区域所示，在 Cline 界面中，日志输出的信息默认使用的是红色文字，但这并不意味着是错误提示。现在看到的这条日志类型为 INFO，只是一条正常的通知类消息。

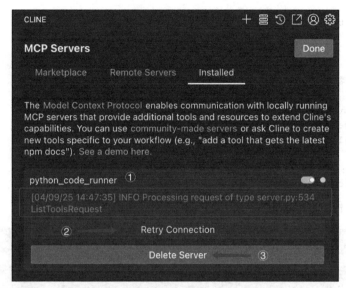

图 4-6　Python 代码执行器在 Cline 中的 MCP 服务器信息卡片

4.2.3　在 Cline 中实际调用 Python 代码运行器 MCP 服务器

　　经过上面两步准备之后，我们的 Python 代码运行器 MCP 服务器已经和 Cline 完成对接，可以在实际使用中被 Cline 调用。

　　接下来，让我们通过实际的提问，看看获得 Python 代码运行器能力增强后的 Cline 会如何应对下面这些问题：

　　计算 38591207+ (25678925 / 2351513) 的整数部分 −(645128 × 42) 的结果

　　运行过程：

```
 1  思考及计划：
 2
 3  1. 任务需要计算一个数学算式：38591207 + (25678925 / 2351513) 的整数部分 −(645128 * 42)
 4  2. 我们可以把任务如下分解：
 5       - 先算除法部分：25678925 / 2351513
 6       - 从除法结果中取出整数部分
 7       - 再计算乘法：645128 * 42
 8       - 最后计算加法 / 减法：38591207 + （除法结果的整数部分）−（乘法结果）
 9  我们能够使用一个 Python 代码运行器 MCP 服务器来运行 Python 代码
10  计算可以在一个简单的 Python 运算表达式中完成
11  不需要进行文件或其他工具操作，只运行计算就可以了
```

```
12
13   调用要求:
14   Cline 希望使用由 python_code_runner MCP 服务器提供的一个工具:
15   python_code_runner
16   运行 Python 代码并获得真实的运行结果
17   Arguments:
18   {
19       "python_code": "result = 38591207 + (25678925 // 2351513) - (645128 *
         42)\nprint(result)"
20   }
21
22   <请求同意>: 同意
23
24   Python 代码运行器回复结果:
25   Response:
26   11495841
27
28   最终回复:
29   The calculation result is: 11495841
```

上述运行过程在 Cline 中的实际运行效果如图 4-7 所示。

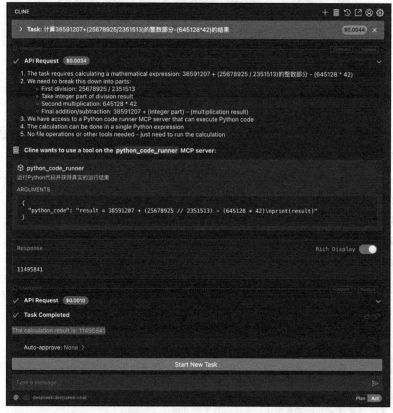

图 4-7 Python 代码运行器被 Cline 用于运行数学算式的实际效果

从上面的例子可以看到，通过 Python 代码运行器的能力增强，Cline 具备了正确运算复杂数学算式的能力，而这个问题由没有 Python 代码运行器能力加持的 OpenAI GPT-4o 回答时，答案如图 4-8 所示。

图 4-8　OpenAI GPT-4o 对相同运算问题的回答

虽然 GPT-4o 进行了分步计算拆解，但是显然，在运算 $645128 \times 42=27095296$ 这一步时，运算结果出现了错误，造成了最终结果的错误。

在运算中涉及位数较大的数字时，无法确保最终运算结果的精确性，这是直接使用大模型进行推理时的通病，即使是相对先进的 OpenAI GPT-4o 也不可避免。而将运算过程转移到代码运行器中运行，则能够帮助我们规避这个问题。在需要精确计算的场合，能够引入这个能力对于应用场景落地具有很高的价值。

代码运行器是一个强大的工具，我们可以通过很简单的方式完成它的开发，并通过 MCP 服务器提供给大模型驱动的智能应用使用。通过这个实践案例，我们同时熟悉了 MCP 服务器的开发基本流程，理解了从创建脚本方法到能够在智能应用端被实际调用所需要经历的全过程。接下来，让我们开发一个更加复杂的 MCP 服务器，并在过程中进一步深入理解 MCP 服务器为智能应用提供了哪些关键支撑价值。

4.3　制作邮件发送 MCP 服务器，让模型通过邮件发送处理结果和日程

电子邮箱是辅助我们日常工作的常用工具，除了日常的邮件收发之外，我们也可以使用邮箱管理自己的日程，或是传递文档文件。试想一下，如果我们能够通过与模型对话，梳理并规划好我们的日程，再让模型将整理好的日程结果以邮件附件的形式发送到我们的邮箱，我们就可以方便地通过邮箱将日程添加到我们的日历中！又或者，如果我们能够请模型帮我们在互联网上搜索相关资料，并将资料整理成 Word 或 PDF 文档直接发送到我们的邮箱，以备后续使用，这该是多么省心的事情！

那么，就让我们自己动手来做一个邮件发送 MCP 服务器，为大模型驱动的智能应用添加能够发送自定义附件邮件的能力吧！

4.3.1　制作基于 Nodemailer 的邮件发送脚本

这一次我们使用 Node.js 作为开发语言，推荐使用 Node.js v18 以上版本。与基本使用 Python 语言原生方法开发的代码运行器不同，我们的邮件发送脚本需要使用到 Nodemailer 这个第三方包。后续在进行 MCP 服务器封装时，我们还需要引入其他包，因此，我们需要准备一个能够进行包管理的 Node.js 项目文件夹环境。

打开我们的工作环境，创建一个名为 mcp_mailer 的文件夹，通过命令行进入该文件夹目录，输入 npm init 指令，将这个文件夹初始化为一个 Node.js 项目文件夹，以方便我们进行包管理。按提示输入相关信息后，如果在文件夹中看到名为 package.json 的文件，即说明初始化完成。然后，我们通过 npm install --save nodemailer 指令安装依赖包，安装成功后，即可在文件夹中看到名为 node_modules 的文件夹，里面存放了依赖包文件，并且可以在 package.json 文件中看到依赖包的相关版本信息。准备完成后，我们就可以在这个项目文件夹中开始开发了。

在项目文件夹中创建一个名为 mailer.js 的文件，并写入如下代码：

```
1   import nodemailer from 'nodemailer'
2   import path from 'path'
3
4   export async function sendEmail(options) {
5       // 创建 SMTP 传输器
6       const transporter = nodemailer.createTransport({
7           // 从环境变量获取邮件发送所需相关信息
8           host: process.env.MAILER_HOST,
9           port: Number(process.env.MAILER_PORT),
10          auth: {
11              user: process.env.MAILER_USER,
12              pass: process.env.MAILER_PASSWORD,
13          },
14      });
15      // 构造邮件内容
```

```
16      const mailOptions = {
17          from: `"Mailer" <${process.env.MAILER_USER}>`,
18          to: Array.isArray(options.to) ? options.to.join(', ') : options.to,
19          subject: options.subject,
20          // 支持纯文本或是 HTML 格式邮件内容
21          text: options.text,
22          html: options.html,
23          // 支持传递文件类型及内容, 或指定本地文件来创建邮件附件
24          attachments: options.attachments?.map(att => ({
25              filename: att.filename,
26              content: att.content || undefined,
27              contentType: att.contentType || undefined,
28              path: att.path ? path.resolve(att.path) : undefined,
29          })),
30      };
31      // 发送邮件
32      await transporter.sendMail(mailOptions);
33  }
```

这样，我们就创建好了一个邮件发送脚本。使用这个脚本，就可以使用存放在系统环境中的邮件服务信息（邮件服务地址、端口、账号及密码），向一个或多个收件人发送可以指定邮件标题、正文（纯文本及 HTML）以及附件的邮件。我们可以通过下面的方法测试邮件发送脚本是否能够正常工作：

在项目文件夹 mailer.js 所在目录中创建一个名为 mailer_testing.js 的文件，写入如下代码：

```
1   import { sendEmail } from './mailer.js'
2
3   // 模拟环境信息写入过程
4   process.env.MAILER_HOST = '<邮箱服务地址>' // 如：smtp.163.com
5   process.env.MAILER_PORT = '<邮箱服务端口>' // 如：465
6   process.env.MAILER_USER = '<使用邮箱服务的账号, 通常需要包含 @ 之后的部分>' // 如：
        你的邮箱账号 @163.com
7   process.env.MAILER_PASSWORD = '<账号对应的密码或是专属认证 token>'
8   // 邮箱密码需要注意：
9   // 目前大部分邮箱服务都需要开通专属的应用认证 token, 而不是直接使用账号密码
10  // 请登录到你的邮箱页面, 在设置页中开通 smtp/pop3/imap 服务, 并按提示申请并获取应用认证
        token
11
12  sendEmail({
13      to: ['<收件人邮箱地址 1>', '<收件人邮箱地址 2>'], // 如：receiver@example.com
14      subject: '测试',
15      text: '这是一封测试邮件',
16  })
```

在填入正确的邮箱服务信息和邮件内容信息后，运行 mailer_testing.js 即可在指定的收件人邮箱中收到测试邮件。

注：使用邮件发送脚本时，你可以向任意收件人发送邮件，请务必自行管理好邮件发送频率，遵守邮件礼仪，避免发送垃圾邮件！

在开发邮件发送脚本的过程中，你可能已经注意到，sendEmail() 方法是一个灵活度很高的方法。对于人类开发者而言，这样的灵活度在不同场景使用起来都会非常方便。但是我们应该如何让 MCP 主机所使用的大模型也能够正确地使用这个方法？它如何能够在不同场景下传入正确的参数来调用 sendEmail()？这些问题将在我们接下来的 MCP 服务器包装实践中得到回答。让我们在接下来的实践过程中，逐步理解 MCP 服务器为智能应用提供了哪些关键支撑。

4.3.2 将邮件发送脚本包装为 MCP 服务器

在完成邮件发送脚本的开发并测试通过之后，接下来我们需要将脚本包装为 MCP 服务器。在这一步中，我们需要使用 MCP 官方的 Node.js SDK 包 @modelcontextprotocol/sdk 以及 zod，它们的作用如下：

❑ @modelcontextprotocol/sdk：MCP 官方提供的 Node.js 开发 SDK，我们将使用它对 MCP 服务器进行封装。

❑ zod：MCP官方SDK需要通过zod对MCP资源参数进行类型、描述及运行时校验管理，通过 zod 完成的参数定义也会作为描述资源的一部分传递给服务消费方。

与 4.3.1 节的依赖包安装管理方式相同，我们在项目文件夹目录下，使用命令行指令 npm install --save @modelcontextprotocol/sdk zod 安装依赖包，然后创建 MCP 服务器文件 mcp_server.js，并写入如下代码：

```
1   import { sendEmail } from './mailer.js'
2   import { McpServer } from '@modelcontextprotocol/sdk/server/mcp.js'
3   import { StdioServerTransport } from '@modelcontextprotocol/sdk/server/stdio.
        js'
4   import { z } from 'zod'
5
6   // 创建 MCP 服务器对象
7   const mcp = new McpServer({
8       name: 'mailer',
9       version: '1.0.0',
10  });
11
12  // 创建第一个工具资源：发送邮件（不附带附件）
13  mcp.tool(
14      // 工具名
15      "sendEmailWithoutAttachment",
16      // 工具说明
17      " 向指定收件人 / 收件人列表发送给定内容的邮件 ",
18      // 使用 zod 语法对工具所需参数进行定义
19      {
20          to: z.union([z.string(), z.array(z.string())]).describe(" 收件人 / 收件
                人列表 "),
21          subject: z.string().describe(" 邮件主题 "),
22          text: z.string().optional().describe(" 邮件正文 "),
23          html: z.string().optional().describe("HTML 风格的邮件正文 "),
24      },
```

```
25          // 工具函数和 zod 定义保持一致
26          async ({ to, subject, text, html }) => {
27              await sendEmail({ to, subject, text, html })
28              return {
29                  content: [{
30                      type: "text",
31                      text: " 邮件成功发送 "
32                  }]
33              }
34          }
35      )
36
37      // 创建第二个工具资源：发送附带本地文件的邮件
38      mcp.tool(
39          "sendEmailWithLocalFileAttachments",
40          " 向指定收件人 / 收件人列表发送包含本地文件作为附件的邮件 ",
41          {
42              to: z.union([z.string(), z.array(z.string())]).describe(" 收件人 / 收件
                    人列表 "),
43              subject: z.string().describe(" 邮件主题 "),
44              text: z.string().optional().describe(" 邮件正文 "),
45              html: z.string().optional().describe("HTML 风格的邮件正文 "),
46              // 通过 zod 对附带本地文件的附件格式进行说明
47              attachments: z.array(z.object({
48                  filename: z.string(),
49                  path: z.string().optional().describe(" 本地文件地址 "),
50              })).optional().describe(" 附件信息 "),
51          },
52          async ({ to, subject, text, html, attachments }) => {
53              await sendEmail({ to, subject, text, html, attachments })
54              return {
55                  content: [{
56                      type: "text",
57                      text: " 邮件成功发送 "
58                  }]
59              }
60          }
61      )
62
63      // 创建第三个工具资源：发送附带通过 content 和 contentType 定义直接生成的附件的邮件
64      mcp.tool(
65          "sendEmailWithAttachmentsGenerating",
66          " 向指定收件人 / 收件人列表发送附带了直接声明附件内容和附件格式的附件的邮件 ",
67          {
68              to: z.union([z.string(), z.array(z.string())]).describe(" 收件人 / 收
                    人列表 "),
69              subject: z.string().describe(" 邮件主题 "),
70              text: z.string().optional().describe(" 邮件正文 "),
71              html: z.string().optional().describe("HTML 风格的邮件正文 "),
72              // 通过 zod 对直接生成附件内容的附件格式进行说明
73              attachments: z.array(z.object({
```

```
74                filename: z.string(),
75                content: z.string().describe(" 附件内容 "),
76                contentType: z.string().describe(" 附件格式声明 "),
77            })),
78        },
79        async ({ to, subject, text, html, attachments }) => {
80            await sendEmail({ to, subject, text, html, attachments })
81            return {
82                content: [{
83                    type: "text",
84                    text: " 邮件成功发送 "
85                }]
86            }
87        }
88    )
89
90    const transport = new StdioServerTransport()
91    await mcp.connect(transport)
```

通过上面的 Node.js 脚本，我们就完成了对邮件发送 MCP 服务器的包装。你可能已经注意到，虽然进行邮件发送这个动作最终都是调用从 mailer.js 文件中引入的 sendEmail() 方法，但我们在进行 MCP 服务器包装时，包装了 3 个不同的工具。仔细观察这 3 个工具资源的执行函数，会发现它们的内部运行逻辑并没有太大区别，主要的差异是传入的参数。而且，如果再仔细观察后两个附带附件的邮件发送执行函数，会发现执行函数体甚至是完全一样的。

实际上，这 3 个工具资源最大的差异，是基于 zod 进行的参数定义。在使用 Node.js 开发的 MCP 服务中，这个参数定义部分具有以下作用：

❏ 以 text: z.string().optional().describe(" 邮件正文 ") 为例，MCP SDK 会基于参数定义，将调用工具的参数格式要求（.string() 部分）、是否可选（.optional() 部分）和参数补充描述（.describe() 部分）作为工具资源描述的信息提供给 MCP 客户端，以方便 MCP 主机按照要求规划工具资源调用的参数生成方案（比如 Function Calling）。

❏ 基于 zod 包提供的能力，在 MCP 服务器运行时，实时校验参数格式是否符合要求、必填参数是否完备，以确保工具资源能够被正确调用，或返回格式校验的错误结果，以方便 MCP 主机进行修正处理。

换句话说，参数定义部分直接决定了在工具调用时实际传入的参数数量和格式，并通过补充描述（.describe()）进一步约定了参数值的可能方向。

在邮件发送 MCP 服务器这个案例中，我们就利用了上述特性，对原始方法 sendEmail() 中非常灵活的输入参数 options 进行了场景化限定：

❏ 当我们不需要附加附件时，输入参数仅约定为 to（必填）、subject（必填）、text（选填）和 html（选填）。

❏ 当我们需要附加附件时，根据添加附件方式的不同，对 attachments 这个结构灵活的参数进行了进一步约定：

- 当使用本地文件作为附件时，attachments 是一个接受 { filename: <String>, path: <String> } 结构元素的数组。
- 而当使用直接生成附件内容的方式创建附件时，attachments 是一个接受 { filename: <String>, content: <String>, contentType: <String> } 结构元素的数组。

通过这样的包装之后，我们一方面在没有引入更多方法、增加实现复杂度的前提下，为 MCP 主机提供了适应不同场景的工具资源，方便 MCP 主机根据实际情况进行场景选择决策；另一方面也通过场景拆分，为不同场景中的工具调用提供了更精确的参数格式约定，从而提升了工具资源最终调用的成功率。

4.3.3 将邮件发送 MCP 服务器配置到 Cline 中

与 4.2.2 节相似，我们同样可以通过修改 Cline 的 MCP 配置文件 cline_mcp_settings.json 的方式，将基于 Node.js 开发的 MCP 服务器脚本配置到 Cline 中。下面是我们制作的邮件发送 MCP 服务器的配置样例：

```
 1  {
 2      "mcpServers": {
 3          // 其他 MCP 服务器的配置信息……
 4          "mailer": {
 5              "command": "node",
 6              "args": [
 7                  "/path/to/mcp_mailer/mcp_server.js"
 8              ],
 9              "env": {
10                  "MAILER_HOST": "< 邮箱服务地址 >",
11                  "MAILER_PORT": "< 邮箱服务端口 >",
12                  "MAILER_USER": "< 使用邮箱服务的账号，通常需要包含 @ 之后的部分 >",
13                  "MAILER_PASSWORD": "< 账号对应的密码或是专属认证 token>"
14              },
15              "disabled": false,
16              "timeout": 60,
17              "transportType": "stdio"
18          }
19      }
20  }
```

在这次的配置中，你可能已经注意到，与 Python 代码运行器 MCP 服务器的配置内容相比，除了启动不同语言脚本所使用的指令（command 和 args）不同之外，这一次的配置中，还多了一个 env 配置项。让我们回想一下，我们在 4.3.1 节制作邮件发送脚本时，mailer.js 的 sendEmail() 方法里，除了使用 options 参数提供的信息构造邮件内容之外，还使用了一些环境参数（来自 process.env）来通过 nodemailer.createTransport() 方法创建邮件发送所需要使用的 SMTP 传输器，这些环境参数明确了我们使用的邮箱服务，并提供了关键的鉴权信息，使得邮件发送能够正常进行。

在测试邮件发送脚本使用的 mailer_testing.js 文件中，也可以看到，我们使用直接向 process.env. 环境变量名赋值的方式，将创建 SMTP 传输器所需的相关信息提供给 sendEmail() 中的 nodemailer.createTransport() 方法。

而在 MCP 服务器的运行环境中，我们则是通过上面的 env 配置项完成这些信息的传递。MCP 主机会将以上配置信息提供给 MCP 客户端，以向 MCP 服务器发起服务请求；而 env 配置项内容则会在请求过程中由 MCP 客户端传递给 MCP 服务器，并允许 MCP 服务器的资源执行函数通过获取环境变量的方式获取相关信息。例如，env 配置项中的 MAILER_HOST 信息，在 Python 语言中可以通过 os.environ["MAILER_HOST"] 读取，而在 Node.js 语言中则可以通过 process.env.MAILER_HOST 读取。

这些环境信息存放在 MCP 主机所在的端侧环境中，仅在 MCP 主机通过 MCP 客户端向 MCP 服务器发起资源请求时才会传递，不会存放在 MCP 服务器侧，并且仅在 MCP 服务器资源的当次执行中生效，从而确保了环境信息中私密信息的安全。

同时，env 的设计也为 MCP 服务器提供了类似 API 接口的参数提交能力。在 MCP 主机端，使用者通过配置 env 内容，一方面可以灵活调整 MCP 服务器的服务方式，例如在邮件发送 MCP 服务器中，通过 MAILER_HOST 和 MAILER_PORT 参数灵活调整目标邮箱服务，实现在如 Gmail、网易等不同邮箱服务商之间的灵活切换；另一方面也可以安全地配置和传递服务器鉴权信息，例如在邮件发送 MCP 服务器中，通过 MAILER_USER 和 MAILER_PASSWORD 传递服务器账号和验证 token 信息。

在完成 Cline 的 MCP 配置文件 cline_mcp_settings.json 的编辑并保存之后，我们就可以在 Cline 的 MCP 服务器界面中看到一张如图 4-9 所示的 MCP 服务器信息卡片。

图 4-9　邮件发送 MCP 服务器在 Cline 中的信息卡片

可以看到我们在 mcp_server.js 文件中定义的 3 个工具资源信息都已经被 Cline 正确读取，我们创建的邮件发送 MCP 服务器与 Cline 连接成功。

4.3.4　在 Cline 中实际调用邮件发送 MCP 服务器

我们可以通过向 Cline 发送一个"请求发送附带 ics 日程附件的邮件"的指令进行测试：

莫欣老师下周三有两个重要日程：上午 10:30，他需要前往中关村与 AIGCLink 负责人占冰强老师开会，讨论 MCP 应用落地相关事宜；晚上 8:00，他需要主讲一节知乎知学堂的 AI 线上直播课。这两个日程都需要提前半小时提醒他。他的邮箱是 moxin@agently.tech，请发送附带日程附件的邮件以帮助他做好事务管理。

处理过程：

```
1   思考及计划：
2   1. 任务需要发送一个包含两个重要事项的附带日历附件的电子邮件给 moxin@agently.tech
3   2. 在 `environment_details` 里我看到存在一个邮件发送 MCP 服务器可以发送带有附件的电子邮件
4   3. 邮件发送 MCP 服务器提供一个工具叫作 `sendEmailWithAttachmentsGenerating`，它能够直
       接发送生成的附件
5   4. 我需要：
6     - 为两个事项（上午 10:30 的会议和晚上 8:00 的讲座）创建日历事件附件
7     - 里面需要包含提醒时间（每个事项提前 30 分钟提醒）
8     - 使用邮件发送 MCP 服务器来发送这些附件
9   5. 附件分别是：
10    - 2025 年 4 月 16 日（下周三）上午 10:30 与占冰强的会议
11    - 2025 年 4 月 16 日（下周三）晚上 8:00 讲座
12  6. 现在的时间是 2025 年 4 月 13 日下午 12:38 分，所以上面的日期是正确的
13
14  调用要求：
15  Cline 希望使用 `mailer`MCP 服务器提供的一个工具
16  工具名：sendEmailWithAttachmentsGenerating
17  调用参数：< 略 >
18
19  调用结果：
20  邮件发送成功
21
22  任务完成：
23  已成功发送包含两个日程提醒的邮件至 moxin@agently.tech。邮件中包含两个日历附件：
24  1. meeting_with_zhanbingqiang.ics - 上午 10:30 与占冰强老师的会议，已设置 10:00 提醒
25  2. zhihu_live_lecture.ics - 晚上 8:00 的知乎直播课，已设置晚上 7:30 的提醒　两个日历文
       件均可直接导入日历应用
```

实际运行效果如图 4-10 所示。

同时我们打开邮箱，可以看到如下包含 ICS 日程附件的邮件已经被正确发送到邮箱内，如图 4-11 所示。

而我们将两个 ICS 日程附件添加到日历应用中的效果如图 4-12 所示。

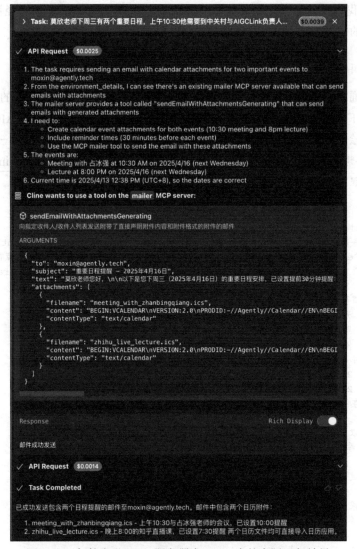

图 4-10 邮件发送 MCP 服务器在 Cline 中的实际运行效果

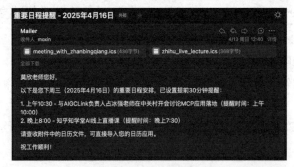

图 4-11 Cline 通过邮件发送 MCP 服务器生成的邮件内容

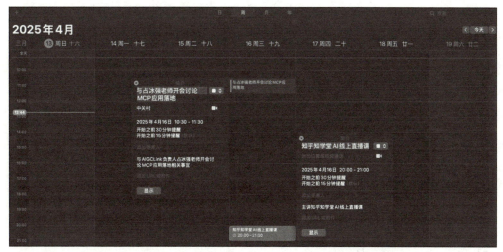

图 4-12　邮件中的 ICS 日程附件导入日历应用后的实际效果

4.4　创建自己的 MCP 客户端，消费 MCP 生态提供的各种 MCP 服务器

经过本章节的前几个实战案例，我们已经能够从零开始，完成具有一定复杂度的 MCP 服务器的开发工作了。但相信大家一定会有这样的疑问：我创建的 MCP 服务器只能被 Cline、Claude 这些高度产品化的客户端调用吗？在 MCP 生态中，正在通过 MCP 服务器的形式持续涌现出丰富而强大的行动能力，我能不能不再只是能力供应方（MCP 服务器开发者），而是成为这些能力的调用集成方（MCP 客户端 / 主机开发者）？

当然可以，接下来的实战案例，我们就从 MCP 客户端开发者的视角，使用 Python 从零开始制作一个 MCP 客户端模块，通过这个 MCP 客户端对各类 MCP 服务器进行调用。

4.4.1　使用 Python 创建 MCP 客户端的基础运行脚本

与 MCP Server 开发相似，我们同样需要准备 Python 3.10 以上的开发环境，并使用 Python 的包管理工具安装 MCP 官方 Python SDK 包。如果环境中之前没有安装过官方的 Python SDK，则输入安装指令：pip install mcp，看到安装完成的提示后即可进行下一步。

然后，我们打开 IDE，在工作环境中创建一个名为 mcp_client.py 的文件，并写入如下代码：

```
1  import asyncio
2
3  from mcp import ClientSession, StdioServerParameters
4  from mcp.client.stdio import stdio_client
5
6  server_params = StdioServerParameters(
7      command="<MCP 脚本启动指令 >",
```

```
8           args=["<MCP 脚本启动参数 >"],
9           env=None,
10      )
11
12  async def run():
13      async with stdio_client(server_params) as (read, write):
14          async with ClientSession(read, write) as session:
15              await session.initialize()
16              # 查看可用的 prompt 能力列表
17              response = await session.list_prompts()
18              print("Prompt 列表 :", response.prompts)
19              # 请求具体的 prompt 返回
20              response = await session.get_prompt(
21                  "<prompt 地址 >",
22                  arguments={
23                      "<prompt 能力参数名 >": "<prompt 能力参数值 >"
24                  },
25              )
26              print("Prompt 处理后的消息列 :", response.messages)  # 返回符合模型请求
                    规范的 Messages 消息列
27
28              # 查看可用的 resource 能力列表
29              response = await session.list_resources()
30              print("Resource 列表 :", response.resources)
31              # 请求具体的 resource
32              response = await session.read_resource("<resource 地址 >")
33              print("Resource 返回结果 :", response.contents[0].text)
34
35              # 查看可用的 tool 能力列表
36              response = await session.list_tools()
37              print("Tool 列表 :", response.tools)
38              # 调用具体的 tool
39              response = await session.call_tool(
40                  "<tool 名 >",
41                  arguments={
42                      "<tool 能力参数名 >": "<tool 能力参数值 >"
43                  },
44              )
45              print("Tool 调用结果 :", response.content[0].text)
46
47  asyncio.run(run())
```

这样，我们就完成了最基本的 MCP 客户端脚本搭建。让我们逐项拆解这段代码中的关键项：

- 我们通过 StdioServerParameters 类实例化的对象 server_params 管理 MCP 客户端将要连接的 MCP 服务器信息。
- 使用 async with stdio_client (server_params) as (read, write): 这样的异步上下文管理器方式，创建以 stdio 方式收发信息的 client 读写通信对。在这里可以看到，每一

组读写通信对都与一个 MCP 服务器绑定，即每一个 MCP 客户端都只和一个指定的 MCP 服务器通信。

❑ 使用 async with ClientSession (read, write) as session：以异步上下文管理器的方式，基于客户端读写通信对创建一个 session 对象，来表达一次 MCP 客户端向 MCP 服务器发起的通信。session 对象将在离开 async with 上下文区域之后自动被销毁。

❑ 在 session 对象存续期间，我们可以进行的主要操作包括：

- session.initialize()：必须放在第一行，用于初始化会话链接，确保 MCP 服务器能够正确响应后续请求。
- session.list_prompts()：获取 MCP 服务器提供的所有 Prompt 能力清单。
- session.get_prompt()：实际调用指定的 Prompt 能力，获取返回的响应消息体。
- session.list_resources()：获取 MCP 服务器提供的所有资源清单。
- session.read_resource()：实际调取指定的 Resource，获取返回的资源信息。
- session.list_tools()：获取 MCP 服务器提供的所有 Tool 清单。
- session.call_tool()：实际调用指定的 Tool，提供工具名和调用参数，获得调用返回结果。

我们可以基于上面的脚本，实际请求在上一个案例中创建的邮件发送 MCP 服务器。在工作环境中创建一个名为 mailer_mcp_client.py 的文件，并将下面的代码写入：

```
 1 import json
 2 import asyncio
 3
 4 from mcp import ClientSession, StdioServerParameters
 5 from mcp.client.stdio import stdio_client
 6
 7 server_params = StdioServerParameters(
 8     command="node",
 9     args=[
10         "/path/to/mcp_mailer/mcp_server.js"
11     ],
12     env={
13         "MAILER_HOST": "< 邮箱服务地址 >",
14         "MAILER_PORT": "< 邮箱服务端口 >",
15         "MAILER_USER": "< 使用邮箱服务的账号，通常需要包含 @ 之后的部分 >",
16         "MAILER_PASSWORD": "< 账号对应的密码或是专属认证 token>"
17     },
18 )
19
20 async def run():
21     async with stdio_client(server_params) as (read, write):
22         async with ClientSession(read, write) as session:
23             await session.initialize()
24             # 因为邮件发送 MCP 服务器只包括 Tool 能力
25             # 所以我们只能使用 .list_tools() 和 call_tool() 方法
26
```

```
27                # 读取 Tool 列表，并美化一下 Tool 列表的输出信息
28                response = await session.list_tools()
29                print(">>>>>Tool 列表：")
30                for tool in response.tools:
31                    print(
32                        json.dumps(
33                            json.loads(tool.model_dump_json()),
34                            ensure_ascii=False,
35                            indent=4,
36                        )
37                    )
38
39                # 实际调用 sendEmailWithoutAttachment 工具，发送一封邮件
40                response = await session.call_tool(
41                    "sendEmailWithoutAttachment",
42                    arguments={
43                        "to": "< 测试邮箱地址 >",
44                        "subject": " 来自 MCP Client 的问候 ",
45                        "text": " 你好！ "
46                    }
47                )
48                print("\n\n>>>>>Tool 调用结果：")
49                print(response.content[0].text)
50
51 asyncio.run(run())
```

写入完成后，可以运行得到如下结果：

```
1   >>>>>Tool 列表：
2   {
3       "name": "sendEmailWithoutAttachment",
4       "description": " 向指定收件人 / 收件人列表发送给定内容的邮件 ",
5       "inputSchema": {
6           "type": "object",
7           "properties": {
8               "to": {
9                   "anyOf": [
10                      {
11                          "type": "string"
12                      },
13                      {
14                          "type": "array",
15                          "items": {
16                              "type": "string"
17                          }
18                      }
19                  ],
20                  "description": " 收件人 / 收件人列表 "
21              },
22              "subject": {
23                  "type": "string",
```

```
24                    "description": " 邮件主题 "
25                },
26                "text": {
27                    "type": "string",
28                    "description": " 邮件正文 ( 纯文本 ) "
29                },
30                "html": {
31                    "type": "string",
32                    "description": " 邮件正文 (HTML 代码 ) "
33                }
34            },
35            "required": [
36                "to",
37                "subject"
38            ],
39            "additionalProperties": false,
40            "$schema": "http://json-schema.org/draft-07/schema#"
41        }
42    }
43    {
44        "name": "sendEmailWithLocalFileAttachments",
45        "description": " 向指定收件人 / 收件人列表发送包含本地文件作为附件的邮件 ",
46        "inputSchema": {
47            "type": "object",
48            "properties": {
49                "to": {
50                    "anyOf": [
51                        {
52                            "type": "string"
53                        },
54                        {
55                            "type": "array",
56                            "items": {
57                                "type": "string"
58                            }
59                        }
60                    ],
61                    "description": " 收件人 / 收件人列表 "
62                },
63                "subject": {
64                    "type": "string",
65                    "description": " 邮件主题 "
66                },
67                "text": {
68                    "type": "string",
69                    "description": " 邮件正文 "
70                },
71                "html": {
72                    "type": "string",
73                    "description": "HTML 风格的邮件正文 "
```

```
 74                },
 75                "attachments": {
 76                    "type": "array",
 77                    "items": {
 78                        "type": "object",
 79                        "properties": {
 80                            "filename": {
 81                                "type": "string"
 82                            },
 83                            "path": {
 84                                "type": "string",
 85                                "description": "本地文件地址"
 86                            }
 87                        },
 88                        "required": [
 89                            "filename"
 90                        ],
 91                        "additionalProperties": false
 92                    },
 93                    "description": "附件信息"
 94                }
 95            },
 96            "required": [
 97                "to",
 98                "subject"
 99            ],
100            "additionalProperties": false,
101            "$schema": "http://json-schema.org/draft-07/schema#"
102        }
103 }
104 {
105     "name": "sendEmailWithAttachmentsGenerating",
106     "description": "向指定收件人 / 收件人列表发送附带直接声明附件内容和附件格式的附件的
                 邮件",
107     "inputSchema": {
108         "type": "object",
109         "properties": {
110             "to": {
111                 "anyOf": [
112                     {
113                         "type": "string"
114                     },
115                     {
116                         "type": "array",
117                         "items": {
118                             "type": "string"
119                         }
120                     }
121                 ],
122                 "description": "收件人 / 收件人列表"
```

```
123                },
124            "subject": {
125                "type": "string",
126                "description": " 邮件主题 "
127            },
128            "text": {
129                "type": "string",
130                "description": " 邮件正文 "
131            },
132            "html": {
133                "type": "string",
134                "description": "HTML 风格的邮件正文 "
135            },
136            "attachments": {
137                "type": "array",
138                "items": {
139                    "type": "object",
140                    "properties": {
141                        "filename": {
142                            "type": "string"
143                        },
144                        "content": {
145                            "type": "string",
146                            "description": " 附件内容 "
147                        },
148                        "contentType": {
149                            "type": "string",
150                            "description": " 附件格式声明 "
151                        }
152                    },
153                    "required": [
154                        "filename",
155                        "content",
156                        "contentType"
157                    ],
158                    "additionalProperties": false
159                },
160                "description": " 附件信息 "
161            }
162        },
163        "required": [
164            "to",
165            "subject",
166            "attachments"
167        ],
168        "additionalProperties": false,
169        "$schema": "http://json-schema.org/draft-07/schema#"
170    }
171 }
172
```

```
173
174 >>>>>Tool 调用结果：
175 邮件成功发送
```

看到上面的结果，熟悉 Function Calling 的读者可能会感觉非常眼熟。鉴于 OpenAI 官方的 Function Calling 请求方法和返回结果目前已经成为事实上的行业规范，让我们先来回顾一下 OpenAI 官方 Function Calling 文档中提供的请求方法和返回结果数据结构样例。

1）Function Calling 请求方法：

```python
1  # OpenAI 官方文档提供的 Function Calling 请求示例
2  from openai import OpenAI
3  import json
4
5  client = OpenAI()
6
7  # Function Calling 所需工具列表信息
8  tools = [{
9      "type": "function",
10     "function": {
11         "name": "get_weather",
12         "description": "Get current temperature for provided coordinates in
               celsius.",
13         "parameters": {
14             "type": "object",
15             "properties": {
16                 "latitude": {"type": "number"},
17                 "longitude": {"type": "number"}
18             },
19             "required": ["latitude", "longitude"],
20             "additionalProperties": False
21         },
22         "strict": True
23     }
24 }]
25
26 messages = [{"role": "user", "content": "What's the weather like in Paris
       today?"}]
27
28 completion = client.chat.completions.create(
29     model="gpt-4o",
30     messages=messages,
31     tools=tools,
32 )
```

2）在 Function Calling 返回结果 completion.choices[0].message.tool_calls 部分的数据结构样例：

```
1  [{
2      "id": "call_12345xyz",
3      "type": "function",
```

```
4        "function": {
5            "name": "get_weather",
6            "arguments": "{\"latitude\":48.8566,\"longitude\":2.3522}"
7        }
8    }]
```

通过对比 MCP 客户端对邮件发送 MCP 服务器的请求结果与 OpenAI 官方 Function Calling 的请求方法和返回结果数据结构样例，可以看到，我们在使用 MCP SDK 定义的 MCP 服务器工具能力的相关信息时，已经将它们整理为适用于 Function Calling 的数据结构。在通过 MCP 客户端访问调用后，这些数据结构可以快速便捷地用于 Function Calling 或其他智能场景的消费。同时，我们也能够便捷地使用 Function Calling 调用返回的工具名 (name) 和调用参数值 (arguments)，对 MCP 服务器提供的工具进行实际调用，并获取最终结果。

注：你也可以通过 Cline 从 MCP Market 中安装其他 MCP 服务器（如 sqlite），在安装完成后，从 cline_mcp_settings.json 文件中获得这些 MCP 服务器的配置信息，再使用上面的脚本尝试对它们进行读取。同时，Cline 从 MCP Market 中安装 MCP 服务的过程也非常有意思，这个安装过程本身也是一个 MCP 服务器，感兴趣的朋友一定要自己动手尝试一下。

如果想要进一步了解 Function Calling 数据结构，可以访问 OpenAI 介绍 Function Calling 的官方文档，地址为：https://platform.openai.com/docs/guides/function-calling。

4.4.2　对 MCP 客户端进行封装，方便在大型项目中使用

虽然通过上面的 MCP 客户端基础运行脚本，我们能够实现对指定 MCP 服务器的访问请求操作，但是在大型项目中，我们不能在每一次需要发起 MCP 请求时都重新实现一次。接下来，让我们对 MCP 客户端进行一下简单的封装，以方便在大型项目中使用。

观察我们刚刚实现的 MCP 客户端基础运行脚本，可以总结如下特点：

❑ MCP 客户端在实际使用时与 MCP 服务器是一对一关系，通过给定 MCP 服务器参数信息（MCP Server Parameters）进行连接，连接会初始化一对消息读写对象，但这些对象无法直接使用，也不能脱离 async with 语法的上下文作用域范围使用。

❑ 在连接完成的上下文作用域范围内，仅可以创建一个客户端会话（Client Session），如果尝试创建多个会话，那么在第二个会话初始化时会看到 anyio.ClosedResourceError 错误。

❑ 客户端会话需要先执行 session.initialize() 操作进行初始化才可以使用，并且同样不能脱离 async with 语法的上下文作用域。

那么，在实际使用时，我们可以进行以下封装以简化操作。

❑ 如果 MCP Server-MCP Client-Client Session 之间都是一对一绑定关系，我们只需要定义一个 MCPClient 类，在它的对象实例化时完成对 MCP 服务器的参数绑定。

❑ 因为类的 __init__ 方法是同步的，但是 MCP 客户端和 MCP 服务器的实际连接，以

及 Client Session 会话的创建、初始化，都是异步动作，所以我们需要提供一个异步的 connect() 方法完成上述连接、会话创建、会话初始化等动作。

❑ 我们可以将初始化完成的 Client Session 会话作为 MCPClient 对象的属性，方便在项目各处调用。

❑ 我们还需要提供一个 close() 方法，在 MCPClient 对象使用完毕之后，清理会话，关闭连接。但和 async with 语法相比，使用这种方式会导致连接、调用、关闭操作分散在项目的不同位置被执行。

❑ 对于一次简单的连接，我们同样可以通过简化后的 async with MCPClient (<StdioServerParameters>) as session: 的方式进行快速连接、会话初始化，并在使用完毕后关闭。

基于上面的设计思路，我们可以在工作目录下创建一个名为 MCPClient.py 的文件，并将如下代码写入该文件：

```
1  from contextlib import AsyncExitStack
2  from mcp import ClientSession, StdioServerParameters
3  from mcp.client.stdio import stdio_client
4
5  class MCPClient:
6      def __init__(self, server_params: StdioServerParameters=None):
7          self._server_params = server_params
8          # 使用 AsyncExitStack 管理异步上下文资源
9          self._exit_stack = AsyncExitStack()
10         self._read = None
11         self._write = None
12         self._session = None
13
14     # 连接
15     async def connect(self, server_params: StdioServerParameters=None):
16         # 可以在 connect 方法中提交 Server 参数（更高优先级），也可以使用初始化时提交的
               Server 参数
17         server_params = server_params or self._server_params
18         # 没有找到 Server 参数抛出运行时错误提示
19         if not server_params:
20             raise RuntimeError("MCP server parameters are required.")
21         # 创建连接
22         self._read, self._write = await self._exit_stack.enter_async_context(
23             stdio_client(server_params)
24         )
25         # 创建会话
26         self._session: ClientSession = await self._exit_stack.enter_async_
               context(ClientSession(self._read, self._write))
27         # 初始化会话
28         await self._session.initialize()
29
30     # 关闭连接
31     async def close(self):
```

```
32              # 等待 AsyncExitStack 完成清理后关闭
33              await self._exit_stack.aclose()
34
35      # 使用 property 装饰器实现对 client.session 的校验
36      @property
37      def session(self):
38          # 当未完成连接时提示先进行连接
39          if not self._session:
40              raise RuntimeError("Use `await client.connect(<server_params>)`
                    to connect a MCP server first.")
41              # 这里不能直接尝试连接的原因是连接需要异步执行
42              # 而 @property 获取属性值只能装饰同步函数
43          return self._session
44
45      # 定义 __aenter__ 和 __aexit__ 以支持 async with 语法
46      async def __aenter__(self):
47          await self.connect()
48          return self.session
49
50      async def __aexit__(self, _, __, ___):
51          await self.close()
```

然后我们可以在与 MCPClient.py 同级的目录下创建一个测试脚本，对 MCPClient 封装类进行测试。创建名为 mcp_client_testing.py 的文件，并将如下代码写入并执行：

```
1   import asyncio
2   from mcp.client.stdio import StdioServerParameters
3   from MCPClient import MCPClient
4
5   server_params = StdioServerParameters(
6       command="node",
7       args=[
8           "/path/to/mcp_mailer/mcp_server.js"
9       ],
10      env={
11          "MAILER_HOST": "<邮箱服务地址>",
12          "MAILER_PORT": "<邮箱服务端口>",
13          "MAILER_USER": "<使用邮箱服务的账号，通常需要包含 @ 之后的部分>",
14          "MAILER_PASSWORD": "<账号对应的密码或是专属认证 token>"
15      },
16  )
17
18  async def test_1():
19      # 创建 MCPClient 实例
20      mcp_client = MCPClient()
21      # 手动连接
22      await mcp_client.connect(server_params)
23      # 通过对 mcp_client.session 提供的方法进行异步调用以使用 MCP Server 能力
24      response = await mcp_client.session.list_tools()
25      print(response.tools)
26      # 手动关闭
```

```
27        await mcp_client.close()
28
29    async def test_2():
30        # 直接使用 async with 上下文管理器, 简化连接过程并在使用完成后自动关闭
31        async with MCPClient(server_params) as session:
32            response = await session.list_tools()
33            print(response.tools)
34
35    asyncio.run(test_1())
36    asyncio.run(test_2())
```

当你看到运行结果是两行相同的邮件发送工具信息列表时，说明测试成功了。并且通过测试可以看到，两种不同使用方式得到的运行结果是相同的。通过这样的封装，我们就得到了一个更易用且能够方便地在大型项目中分发传递的 MCPClient 对象。

4.5 调用 SQLite MCP 服务器，制作可以使用数据库记事的智能应用

通过前面的实战，我们已经自己动手制作了一个 MCP 客户端。同时，我们也明确了，仅仅通过 MCP 服务器和 MCP 客户端并不能完成智能应用的构建。要制作我们自己的智能应用，我们还需要动手制作智能应用的另一个核心部分：智能处理逻辑。

根据 4.4 节的讨论，我们也更清晰地了解到，智能处理逻辑是 MCP 主机的重要组成部分。没有智能处理逻辑，MCP 主机就无法消费通过 MPC 获取的能力供应。但同时，智能处理逻辑看起来又和 MCP 本身没有太多关系，它并不需要遵照协议完成任何操作，只需要规划好面向场景的处理逻辑，以合理的方式消费 MCP 服务器供应的能力信息，在适当的时候通过 MCP 客户端向 MCP 服务器发起实际逻辑调用即可。这听起来很容易，但正是这个智能处理逻辑部分，连接了模型能力和 MCP 服务器的能力，并且这不是简单的连接，而是基于业务场景进行的规划编排。

但仅仅了解这些概念还不够，我们还需要进一步思考：要搭建智能处理逻辑，我们还需要哪些能力的支撑？

让我们以一个使模型能够使用数据库进行记事的智能应用场景为例，进行设计和开发实践，并探讨搭建这样的智能处理逻辑所需的能力支撑。

4.5.1 让模型能够使用数据库记事的业务流程设计

如果你非常熟悉基于模型的输出能力（无论是云端模型接口还是本地模型推理），那么你一定了解，模型本身并不具备记忆和成长的能力。甚至可以这么说，由于模型是"预训练"的，因此我们将带有业务知识的对话输入给模型一千次甚至一万次，都不会导致模型本身参数的变化。但是，如果我们为模型提供了数据读写的能力，情况就会有所不同。因为虽然模型本身的参数不会因为交互次数的增加而发生变化，但模型具备很强的"在上下

文中学习"（In-Context Learning）的能力，只要在输入请求中携带足够的信息，模型就能够利用这些信息来回应当前的请求。

例如，如果我们在询问模型："今天我有什么重要的事情要做？"的同时，向模型提供我们今天的工作事项清单，模型就能准确回答出我们今天的事项清单。"可是这不是自问自答吗？"可能有的读者会这么说。没错，如果从单次模型的输入和输出来看，的确是这样。但是，如果这些事项是模型通过我们之前的对话记录下来，并亲自保存到数据库里，然后再亲自从数据库中查找出来，用于回答我们的问题呢？这样看起来，是不是就有点智能助理的样子了？

这真的能做到吗？让我们来梳理一下，要完成这样的智能处理，我们应该如何设计工作逻辑。

从图 4-13 可以看到，蓝色部分就是我们需要在智能处理逻辑中完成开发的事项：

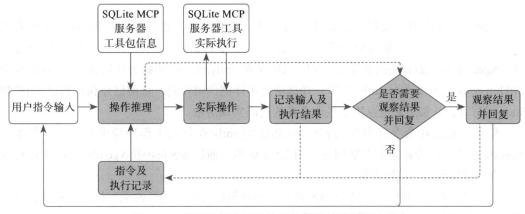

图 4-13　使用数据库记录信息的智能处理逻辑设计

- ❑ 我们需要根据用户输入的信息（一个命令或是一个问题），给出应该如何应对的操作推理结果。在这个阶段，我们需要将通过 SQLite MCP 服务器获得的工具集信息，以及已经完成的指令执行记录同时提供给模型；
- ❑ 根据模型的推理结果，我们需要通过 SQLite MCP 服务器的工具对数据库进行实际操作；
- ❑ 我们需要将操作的指令和结果记入执行记录，以备后续使用；
- ❑ 如果我们认为这一次用户输入的信息需要观察操作结果后再进行回复，那么我们还需要观察执行记录，并尝试对用户输入进行回应；
- ❑ 最后，我们将回到起始状态，等待用户的下一次输入。

这个思路看起来很清晰，但如果要着手开发，你可能就会发现：

- ❑ 蓝色部分的智能逻辑开发，并不会从 MCP 服务器侧得到"智能"方面的帮助，而是需要通过蓝色部分，消费 MCP 服务器提供的信息，并实际调用执行 MCP 服务器的工具。

- 蓝色部分有些执行步骤显然需要大模型能力的参与，但好像有些执行步骤需要同时进行好几个事项的推理，比如在操作推理这个步骤的设计里，它既需要基于用户指令和历史记录判断后续的行动，又需要选择工具并生成实际可调用的指令，还需要判断是否需要等待结果输出后再进行回复，这样复杂的推理任务，应该如何设计模型请求指令。
- 整个处理流程显然已经不是一个简单的模型接口套壳，而是需要有更清晰的代码组织方式，使它在正常工作的前提下更易于维护。

那么接下来就为你介绍一个完全适配上述场景、能够高效开发的 AI 应用开发框架——Agently AI 应用开发框架，希望你通过它能够快速上手，搭建出自己的智能应用。

4.5.2　使用 Agently 框架作为智能逻辑的开发工具

Agently AI 应用开发框架的设计出发点是 "为开发者提供极致顺滑的 AI 应用开发心流体验，让 AI 应用开发简单易学"，目前已经发布到 3.5.1 版本，并仍在持续维护更新中。Agently 框架的官网网址是 Agently.tech 或 Agently.cn，框架相关代码也在 GitHub 仓库 GitHub.com/AgentEra/Agently 开源，并提供更多样例代码资料，目前已经获得超过 1300 颗 Stars 的好评，并被多家企业用于线上业务的代码实现落地。

你可以通过在命令行中输入 pip install-U Agently 在你的工作环境中安装最新版本的 Agently 框架，或者指定本书案例使用的 3.5.1 版本，通过 pip install Agently==3.5.1 进行安装。在动手实践前请记得安装。

Agently 框架是如何为智能应用的核心路基开发提供能力支撑的呢？让我们根据特性介绍和实际代码样例更直观地了解一下吧。

1. 特性：符合代码开发习惯的模型输出控制方式

如果你是有经验的工程师，那么你已经会发现，"把基于大模型的对话机器人放在开发工具的侧边栏，有问题让它回答一下，甚至有些代码撰写工作就让它来代劳" 和 "把大模型能力用在自己写的业务代码运行时中，让它面向业务输入给出想要的输出" 是完全不一样的事情。

当工程师想要把大模型能力用在业务代码中，让它能够在我们的代码运行时和其他业务模块协同工作时，我们需要的不仅仅是大模型的智能、理解力，还需要找到合适的方式将我们的代码中的参数、变量、函数、模块与大模型输入和输出连接起来。为此，我们需要：

- 更符合代码开发习惯的数据传递方式，这种方式可能比 Prompt 模板更方便，最好能够无感兼容各种类型的数据。
- 更强更稳定的结构化数据输出控制能力，因为在代码运行时，只有结构化数据才能被下游（尤其是函数）消费，而一段看起来很有道理的推理思考或是一段让老板喷喷称奇的结构化分析，在代码运行中毫无意义，甚至还会让工程师为如何解析其中的关键信息而揪掉更多头发。

❑ 这些模型输出控制逻辑的表达与实际使用哪个模型最好没有关系，这样一旦业务逻辑代码写好了，我们随时可以切换到更智能或者更经济的模型，而不用重写整段代码。

那么，Agently 框架是如何解决这些问题的呢？请看下面一段代码样例：

```python
37  import Agently
38  agent = (
39      Agently.create_agent()
40          # 声明使用兼容 OpenAI-Like 的请求客户端插件发起模型请求
41          .set_settings("current_model", "OAIClient")
42          # 设置对应模型服务商的请求信息，这里以 DeepSeek 为例
43          .set_settings("model.OAIClient.auth", { "api_key": "<DeepSeek-API-
                Key>" })
44          .set_settings("model.OAIClient.options", { "model": "deepseek-chat" })
45          .set_settings("model.OAIClient.url", "https://api.deepseek.com/v1")
46          # 如果想要使用 Ollama 启动的本地模型服务可以这样设置
47          # .set_settings("model.OAIClient.options", { "model": "qwen2.5:14b" })
48          # .set_settings("model.OAIClient.url", "http://127.0.0.1:11434/v1")
49  )
50
51  user_input = "请给我输出 3 个单词和 2 个句子"
52  topic = ["自然", "海洋", "节庆"]
53
54  result = (
55      agent
56          # 支持复杂数据结构以及变量的输入
57          .input(user_input)
58          .instruct({
59              "输出的单词需要以这些为主题": topic,
60          })
61          # 符合代码开发习惯的结构化输出控制语法
62          .output({
63              # 使用 Tuple 元组 (<类型>, <描述>) 方式定义内容输出节点
64              "output_language": ("str", "必须为与 {input} 输入的自然语言相同的语言"),
65              # 通过有序输出，产生思维链 (CoT) 效果，任何模型都可以做预推理
66              "thinking": (
67                  "str",
68                  "思考并澄清用户输入的意图，他 / 她可能的身份，希望得到的结果，你觉得合理
                        的响应方式"
69              ),
70              "output": {
71                  "words": [("str", )], # 没有 <描述> 信息可以省略
72                  "sentences": ("list", ), # 灵活的类型表达方式
73              },
74          })
75          .start()
76  )
77  # 输出完整的 result 结果
78  print(result)
79  # 根据 output 的数据结构约定，直接使用 result 中的指定字段内容
80  print(result["output"]["sentences"][1])
```

这段代码的运行结果是：

```
81  {
82      'output_language': 'zh',
83      'thinking': ' 用户要求输出 3 个单词和 2 个句子，并指定了单词的主题为自然、海洋和节庆。
            用户可能是需要一些与这些主题相关的词汇和句子，用于学习、创作或其他用途。合理的响应
            方式是提供符合主题的单词和相关的句子。',
84      'output': {
85          'words': [' 森林 ', ' 珊瑚 ', ' 烟花 '],
86          'sentences': [
87              ' 清晨的森林充满了鸟儿的歌声，让人感到宁静与祥和。',
88              ' 节庆的夜晚，烟花在天空中绽放，照亮了每个人的笑脸。'
89          ]
90      }
91  }
92
93  节庆的夜晚，烟花在天空中绽放，照亮了每个人的笑脸。
```

可以看到，在业务代码中使用 Agently 框架发起模型请求，可以完全无缝地将上游的各类数据用类似调用函数的方式传入，并通过 .output() 的输出结构化约定方法，获得高稳定性的结构化数据输出结果。同时，还能用符合代码开发习惯的方式，运用复杂的高级提示词工程技巧，在单次请求中构建思维链、预思考、反思等输出模式。

注：如果想要进一步了解 Agently 如何为你提供模型请求控制能力增强，请访问 Agently 框架官网阅读相关教程：https://agently.tech/guides/agentic_request/guide.html。

2. 特性：清晰易用的代码级工作流开发管理方案

在上面让模型能够使用数据库记事的设计中，你可能已经能够感受到，有大模型参与的业务逻辑流程，似乎和工作流程设计非常相似。事实上，大部分有大模型能力参与的面向场景的解决方案设计，都能够画出类似的工作流程图，并可以基于流程在代码中编排落地。基于这个理解，Agently 框架也为开发者设计了一套清晰易用的代码级工作流开发管理方案，将工作流代码开发拆解为"定义工作块""连接工作块""运行" 3 个关键部分，并为开发者提供了方便的工作流运行时数据传递管理方法。

Agently Workflow 的书写非常直观，不需要过多说明，下面这段样例代码就能够清晰展示它的结构和书写方式：

```
94  import Agently
95
96  # 创建一个 workflow 实例
97  test_workflow = Agently.Workflow()
98
99  # 定义 workflow 中的工作块
100 @test_workflow.chunk()
101 def receive(inputs, storage):
102     # 通过 inputs["default"] 获取输入数据信息
103     print("Received:", inputs["default"])
104     # 可以将数据存入工作流全局数据存储区
```

```
105     storage.set("saved_data", inputs['default'])
106     # 也可以通过 return 的方式，将数据传到下一个块的 inputs["default"] 里
107     return inputs["default"]
108
109 @test_workflow.chunk()
110 def report_not_str(inputs, storage):
111     # 可以在任意下游块从工作流全局数据存储中取出数据
112     print(f"This is not a string: { storage.get('saved_data') }")
113
114 @test_workflow.chunk()
115 def return_value(inputs, storage):
116     # 也可以借助上下游连接通过 inputs 获得数据
117     return f"ECHO: { inputs['default'] }"
118
119 # 表达 workflow 工作块连接方式
120 (
121     test_workflow
122         .connect_to("receive")
123         # 支持条件判断产生处理分支
124         .if_condition(
125             lambda return_value, storage: isinstance(return_value, str)
126         )
127             .connect_to("return_value")
128         .else_condition()
129             .connect_to("report_not_str")
130         .end_condition()
131         # 连接到 END 块的上游工作块的 return 结果会传递到最终输出结果中
132         .connect_to("END")
133 )
134
135 # 启动工作流并获取结果
136 result = test_workflow.start("This is a workflow")
137 print(result["default"])
```

运行这一段代码样例，如果我们的输入是"This is a workflow"，将会得到如下结果：

```
138 Received: This is a workflow
139 ECHO: This is a workflow
```

而如果我们的输入是 123，则会得到如下结果：

```
140 Received: 123
141 This is not a string: 123
142 None
```

注：如果想要进一步了解 Agently Workflow 的相关知识，请访问 Agently 框架官网阅读相关教程：https://agently.tech/guides/workflow/。

4.5.3 安装 SQLite MCP 服务器

找到了称手的开发工具，要完成让模型能够使用数据库记事这个智能应用，我们还需

要找一个模型能够方便调用的数据库工具。SQLite 提供基于本地文件或者内存方式创建的 SQL 操作友好型结构化数据库，非常轻量，在 Python 语言环境下无需安装额外服务即可通过语言自带的 sqlite3 库使用。同时，MCP 官方正好提供了一套 SQLite MCP 服务器，我们可以方便地从官方 GitHub 仓库下载安装，或是通过 Cline 安装。

接下来，我会介绍如何通过 MCP 官方仓库下载并使用 SQL MCP 服务器，但从个人而言，更推荐通过 Cline 安装，感受智能时代的工具安装新体验。

如果你希望通过 MCP 官方仓库进行下载安装，只需要访问 MCP 官方的 GitHub 仓库主页，进入 servers/src/sqlite 目录，即可找到官方的 SQLite MCP 服务器样例，完整地址是 https://github.com/modelcontextprotocol/servers/tree/main/src/sqlite。

我们只需要将这个目录下的所有文件都下载到本地工作环境中即可。

由于 SQLite MCP 服务器建议使用 uv 作为运行管理的工具，如果你的工作环境中没有安装 uv，则可以通过 pip install uv 的方式进行安装。

然后，我们就可以使用如下配置信息在 MCP 客户端中使用 SQLite MCP 服务器了：

```
143 "mcpServers": {
144     "sqlite": {
145         "command": "uv", # 通过 uv 启动服务
146         "args": [
147             "--directory",
148             "path/to/servers/src/sqlite", # 这里是 SQLite MCP 服务器脚本所在目录
149             "run",
150             "mcp-server-sqlite",
151             "--db-path",
152             "~/test.db" # 这个是 SQLite 运行时使用的 DB 文件地址
153         ]
154     }
155 }
```

4.5.4 实战开发：使模型能够使用数据库记事的智能处理逻辑

一切准备就绪，让我们正式开始开发使模型能够使用数据库记事的智能处理逻辑吧！

首先，再次确保你已经按照前面的说明，通过在工作环境中使用命令行指令 pip install Agently==3.5.1 安装了 Agently 框架，并下载了 SQLite MCP 服务器脚本。接下来，让我们在工作环境中创建一个名为 note.py 的文件，并写入如下代码：

```
156 import asyncio
157 import Agently
158 from datetime import datetime
159
160 # 要件准备
161 ## MCP 客户端
162 mcp_client = Agently.utils.MCPClient({
163     "command": "uv",
164     "args": [
```

```
165            "--directory",
166            "path/to/sqlite/src/sqlite",
167            "run",
168            "mcp-server-sqlite",
169            "--db-path",
170            "/Users/moxin/test.db"
171        ],
172        "transportType": "stdio"
173 })
174
175 ## 模型请求代理对象
176 agent = (
177     Agently.create_agent()
178         .set_settings("current_model", "OAIClient")
179         .set_settings("model.OAIClient.auth", { "api_key": "<DeepSeek-API-
                Key>" })
180         .set_settings("model.OAIClient.options", { "model": "deepseek-chat" })
181         .set_settings("model.OAIClient.url", "https://api.deepseek.com/v1")
182 )
183
184 ## 工作流对象
185 workflow = Agently.Workflow()
186
187 # 工作块定义
188 ## 获取用户指令输入
189 @workflow.chunk()
190 def get_user_input(inputs, storage):
191     storage.set("user_input", input("[请输入您的指令]:"))
192
193 ## 分析用户指令，给出应对（涉及 MCP 操作，使用异步函数体）
194 @workflow.chunk()
195 async def analyse_user_input(inputs, storage):
196     analyse_result = (
197         agent
198             .input(storage.get("user_input"))
199             .info({
200                 "工具清单": await mcp_client.get_tools_info(),
201                 "历史记录": storage.get("history"),
202                 "当前时间": datetime.now().strftime("%Y-%m-%d %H:%M:%S"),
203             })
204             .output({
205                 ## 数据库操作指令拆解
206                 "db_operations": ([{
207                     "nl_order": ("str", "从 {input} 中拆解出的 1 项涉及数据库操作的
                        自然语言指令意图", True),
208                     "tool_name": ("str", "根据 {info.工具清单} 提供的可用工具信息，
                        选择对应的工具", True),
209                     "kwargs": ("kwargs dict", "调用 {tool_name} 所需的指令参数",
                        True),
210                 }], "逐项拆解 {input} 中涉及的数据库操作指令，多项操作要按时序先后顺次
```

```
                            输出, 如果没有, 输出 []"),
211                     ## 判断是否需要给出操作后回应
212                     "need_observe_and_reply": (
213                         "bool",
214                         "根据 {input} 判断用户是否进行了询问, 需要观察上述操作结果后给出
                                回应? "
215                     ),
216                 })
217             .start()
218         )
219     return analyse_result
220
221 ## 执行操作获得返回结果 (涉及 MCP 操作, 使用异步函数体)
222 @workflow.chunk()
223 async def call_db_operations(inputs, storage):
224     # 从指令分析块获取操作清单和是否需要观察后回应的判断结果
225     db_operations = inputs["default"]["db_operations"]
226     need_observe_and_reply = inputs["default"]["need_observe_and_reply"]
227
228     # 从全局存储获取操作记录
229     history = storage.get("history", [])
230
231     # 将本次用户指令添加到历史记录中
232     history.append(f"[用户指令]: { storage.get('user_input') }")
233
234     # 逐项进行操作并记录结果
235     for db_operation in db_operations:
236         try:
237             # 通过 MCP 客户端调用工具
238             operation_response = await mcp_client.session.call_tool(
239                 db_operation["tool_name"],
240                 db_operation["kwargs"],
241             )
242             operation_result = operation_response.content[0].text
243             # 记录结果并在控制台输出
244             result = (
245                 f"[操作目标]: { db_operation['nl_order'] }\n" +
246                 f"[调用工具]: { db_operation['tool_name'] }({ db_
                        operation['kwargs'] })\n" +
247                 f"[运行结果]: { operation_result }"
248             )
249             history.append(result)
250             print(result)
251         except Exception as e:
252             # 如果遭遇错误, 记录运行错误并在控制台输出
253             error = (
254                 f"[操作目标]: { db_operation['nl_order'] }\n" +
255                 f"[调用工具]: { db_operation['tool_name'] }({ db_
                        operation['kwargs'] })\n" +
256                 f"[遭遇错误]: { e }"
257             )
```

```
258                history.append(error)
259                print(error)
260
261        # 保存更新后的历史记录
262        storage.set("history", history)
263
264        return need_observe_and_reply
265
266   ## 观察后给出回应
267   @workflow.chunk()
268   def observe_and_reply(inputs, storage):
269        history = storage.get("history", [])
270
271        reply = (
272            agent
273                .input(storage.get("user_input"))
274                .info({
275                    "历史记录": storage.get("history")
276                })
277                .instruct("观察 {历史记录} 并对 {input} 进行回应")
278                # 这次回应只需要文本直接输出即可
279                # 不需要使用 .output() 进行格式规约
280                .start()
281        )
282
283        history.append(f"[指令回应]: {reply}")
284        storage.set("history", history)
285
286        print(f"[指令回应]: {reply}")
287
288   @workflow.chunk()
289   def exit(inputs, storage):
290        # 将历史记录作为工作流结果输出
291        return storage.get("history")
292
293   # 工作流编排
294   (
295        workflow
296            .connect_to("get_user_input")
297            # 通过指令主动停止环状工作流
298            .if_condition(
299                lambda return_value, storage: storage.get("user_input") == "exit"
300            )
301                .connect_to("exit")
302                .connect_to("END")
303            .else_condition()
304                # 没有停止则进入正常工作流程
305                .connect_to("analyse_user_input")
306                # 如果需要进行数据库操作
307                .connect_to("call_db_operations")
308                # 如果操作完需要观察后回复，回复并回到用户输入
```

```
309                    # 这是一个if条件中嵌套的if条件
310                    .if_condition(
311                        lambda return_value, storage: return_value == True
312                    )
313                        .connect_to("observe_and_reply")
314                        .connect_to("get_user_input")
315                    # 否则不需要回复，直接回到用户输入
316                    .else_condition()
317                        .connect_to("get_user_input")
318                    .end_condition()
319            .end_condition()
320 )
321
322 async def main():
323     await mcp_client.connect()
324     await workflow.start_async()
325     await mcp_client.close()
326
327 asyncio.run(main())
```

在这段代码中，我们主要做了以下几件事情：

1）利用 Agently 框架提供的工具，准备了开发智能逻辑所需的 3 个关键要素：

❏ MCP 客户端：和我们在 4.4 节动手封装的 MCP 客户端相似，已经内置到 Agently 框架中，方便开发者连接调用 MCP 服务器。

❏ agent 模型请求代理实例：如 4.6.2 节所述，我们需要使用这个实例对模型请求进行输入输出控制。

❏ workflow 实例：我们需要通过这个实例对工作流程进行定义和编排管理。

2）根据 4.6.1 节的流程设计，进行工作流程的定义和编排，其中：

❏ 在 analyse_user_input 工作块定义中，我们利用 Agently 框架提供的表达能力，将用户输入、工具清单、历史记录等来自不同位置的信息进行了整合，并使用 .output() 方法提供的复杂结构数据输出控制能力，对用户指令进行拆解，转化为操作所需指令、输出判定、输出内容等具有复杂逻辑特征的输出结果；

❏ 在 call_db_operations 工作块定义中，支持多项操作指令的按顺序逐次执行；

❏ 在工作流编排中，通过条件分支，编排了根据用户 exit 指令退出循环以及是否需要在操作完成后观察操作结果并做出回应的分支，构建了较为复杂的工作流程。

3）在启动流程中，通过 await mcp_client.connect() 和 await mcp_client.close() 完成 MCP 客户端对 MCP 服务器的连接和断开，并在连接期间启动 workflow。

运行这段代码，你就可以与具备数据库操作能力的模型进行交互。以下是一段交互结果样例：

```
328 [请输入您的指令]：请帮我记录一下，我需要在明天上午10点半和毕昇负责人覃睿总进行线上会议，
            然后晚上回家前需要去超市购物，买1斤鸡蛋和3盒牛奶
329 [操作目标]：记录明天上午10点半和毕昇负责人覃睿总进行线上会议
```

330 [调用工具]: write_query({'query': "INSERT INTO schedule (date, time, event,
        participant) VALUES ('2025-04-18', '10:30', '线上会议', '毕昇负责人覃睿
        总')"})
331 [运行结果]: Database error: no such table: schedule
332 [操作目标]: 记录晚上回家前需要去超市购物，买 1 斤鸡蛋和 3 盒牛奶
333 [调用工具]: write_query({'query': "INSERT INTO shopping_list (date, item,
        quantity) VALUES ('2025-04-17', '鸡蛋', '1斤'), ('2025-04-17', '牛奶',
        '3盒')"})
334 [运行结果]: Database error: no such table: shopping_list
335 [请输入您的指令]: 好像遇到错误了，处理一下？
336 [操作目标]: 创建 schedule 表用于记录日程安排
337 [调用工具]: create_table({'query': 'CREATE TABLE schedule (id INTEGER PRIMARY
        KEY AUTOINCREMENT, date TEXT, time TEXT, event TEXT, participant
        TEXT)'})
338 [运行结果]: Table created successfully
339 [操作目标]: 记录明天上午 10 点半和毕昇负责人覃睿总进行线上会议
340 [调用工具]: write_query({'query': "INSERT INTO schedule (date, time, event,
        participant) VALUES ('2025-04-18', '10:30', '线上会议', '毕昇负责人覃睿
        总')"})
341 [运行结果]: [{'affected_rows': 1}]
342 [操作目标]: 创建 shopping_list 表用于记录购物清单
343 [调用工具]: create_table({'query': 'CREATE TABLE shopping_list (id INTEGER
        PRIMARY KEY AUTOINCREMENT, date TEXT, item TEXT, quantity TEXT)'})
344 [运行结果]: Table created successfully
345 [操作目标]: 记录晚上回家前需要去超市购物，买 1 斤鸡蛋和 3 盒牛奶
346 [调用工具]: write_query({'query': "INSERT INTO shopping_list (date, item,
        quantity) VALUES ('2025-04-17', '鸡蛋', '1斤'), ('2025-04-17', '牛奶',
        '3盒')"})
347 [运行结果]: [{'affected_rows': 2}]
348 [指令回应]: 已成功处理之前的数据库错误。以下是当前状态:
349
350 1. 已创建 schedule 表并成功记录:
351   - 时间: 2025-04-18 10:30
352   - 事件: 线上会议
353   - 参与人: 毕昇负责人覃睿总
354
355 2. 已创建 shopping_list 表并成功记录购物清单:
356   - 日期: 2025-04-17
357   - 物品: 鸡蛋 (1斤)、牛奶 (3盒)
358
359 所有数据已正确存储，请问还需要其他帮助吗?
360 [请输入您的指令]: 请告诉我明天有什么安排
361 [操作目标]: 查询明天的日程安排
362 [调用工具]: read_query({'query': "SELECT * FROM schedule WHERE date = '2025-
        04-18'"})
363 [运行结果]: [{'id': 1, 'date': '2025-04-18', 'time': '10:30', 'event': '线上
        会议', 'participant': '毕昇负责人覃睿总'}]
364 [操作目标]: 查询明天的购物清单
365 [调用工具]: read_query({'query': "SELECT * FROM shopping_list WHERE date =
        '2025-04-18'"})
366 [运行结果]: []

```
367 [指令回应]：根据您的日程安排，明天（2025 年 4 月 18 日）您有以下事项：
368
369 1. **上午 10:30**
370    线上会议
371    参与人：毕昇负责人覃睿总
372
373 2. **购物清单**
374    明天暂无需要购买的物品（购物清单中未查询到记录）。
375
376 需要调整安排或添加其他事项吗？
377 [请输入您的指令]：exit
```

在上述的操作记录中，我们可以看到，通过这样的智能处理逻辑，我们能够让模型 /AI Agent 具备自主使用数据库操作、完成各项记事指令的能力，并且能够通过观察操作记录结果，规划复杂的行动流程。例如在上面的案例中，刚开始出现了表不存在的问题，在接到错误处理的指令后，AI Agent 就能够规划多段数据库操作行为，完成表创建和数据写入的操作。同时，能够在数据库读写的基础上，整理相关信息，给出符合自然语言交互要求的最终回应。

4.6 接入不同的 MCP 服务器，制作自己的通用智能助理

在制作能够使用数据库记事的智能逻辑时，你是不是有过这样的想法：这个智能处理逻辑的设计看起来有一定的通用性，但是实现的时候有些地方还是和数据库操作能力绑定得有些紧密？如果我们能把这个智能处理逻辑做得再灵活一点，是不是就可以接入更多的 MCP 服务，制作出一个我们自己的类似 Manus 的通用智能助理了？

没错，的确是这样，其实不管是最早期的 Function Calling，还是我们在本章前几节用来作为 MCP 服务器效果测试的主机端 Cline，以及近期爆火的 Manus，它们的一个重要核心，就是一套能够基于任务目标，不断进行"规划 – 工具使用"循环的智能处理逻辑。

那么接下来，我们也来尝试一下，自己动手制作一个通用智能助理。

4.6.1 更通用的"规划 – 工具使用"智能循环的业务流程设计

在制作使用数据库记事的智能处理逻辑时，我们已经知道，通过管理工作流运行过程中的相关信息，能够为模型做出下一步行动判断提供更充分的决策依据。如果要跳出与特定工具的绑定关系，尝试找到更加通用的以"观察 – 规划行动 – 工具使用"为行动循环的智能处理流程，我们应该如何规划整个执行过程？

首先，我们需要考虑工作流运行的关键步骤，尤其是需要反复循环的几个步骤：

1）我们需要对当前信息进行观察，做出下一步行动的规划，如果行动涉及工具使用，还要给出工具调用的指令。

2）如果我们需要进行工具调用，就需要通过工具调用指令实际发起调用。

3）我们需要将工具调用结果记录到执行记录中，以方便下一次规划使用，然后回到步骤 1。

在定义好这样的循环之后，还要进一步思考，在这个循环中，规划部分看起来非常重要，因为它的输出决定了接下来的行动。要确保规划的输出质量，我们需要以下输入信息：

❏ 用户初始指令（来自用户的初始输入）。

❏ 可用工具信息（我们可能会引入多个 MCP 服务器，需要整理汇总这些服务中的全量工具信息，让模型理解并能够准确发出调用指令）。

❏ 调用指令执行记录（来自工作流自动规划运行过程中产生的指令及调用结果）。

于是，我们得到如图 4-14 所示的自动规划智能处理逻辑流程设计图。

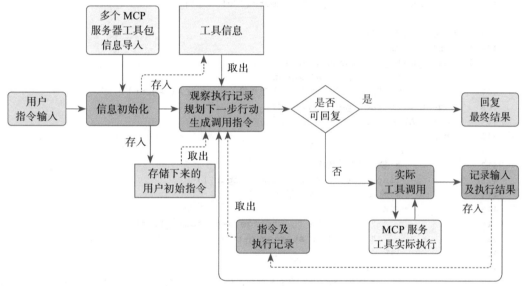

图 4-14 自动规划智能处理逻辑流程设计图

4.6.2 制作自动规划智能处理逻辑

接下来我们仍然使用 Agently 框架进行开发，在工作环境中运行 pip install Agently==3.5.1 确保框架被正确安装，然后在工作目录中创建名为 auto_loop.py 的文件，并写入如下代码：

```
378 import Agently
379
380 workflow = Agently.Workflow()
381
382 # 信息初始化工作块
383 @workflow.chunk()
384 async def initialize(inputs, storage):
385     # 读取 MCP 服务器参数
386     mcp_server_params = storage.get("mcp_server_params", [])
387     mcp_clients = {}
```

```
388        tools_list = []
389        # 生成多个 MCP 服务器的连接客户端，存储它们提供的工具信息，并管理客户端池
390        for index, mcp_server_param in enumerate(mcp_server_params):
391            mcp_client = Agently.utils.MCPClient(mcp_server_param)
392            mcp_clients.update({ index: mcp_client })
393            await mcp_client.connect()
394            tools_info = await mcp_client.get_tools_info()
395            for tool_info in tools_info:
396                tool_info.update({ "client_index": index })
397                tools_list.append(tools_info)
398        # 将处理后的客户端池、工具信息、用户原始输入存入工作流全局信息
399        storage.set("mcp_clients", mcp_clients)
400        storage.set("tools_list", tools_list)
401        storage.set("user_input", inputs["default"])
402
403  # 下一步行动规划工作块
404  @workflow.chunk()
405  def make_next_plan(inputs, storage):
406        # 从工作流全局信息中取出 AI Agent
407        # (通过这样的操作允许我们为工作流动态更换不同的执行 AI Agent)
408        agent = storage.get("$agent")
409        # 控制 AI Agent 进行下一步规划的输出
410        result = (
411            agent
412                # 输入用户原始输入
413                .input(storage.get("user_input"))
414                # 输入工具清单和执行记录
415                .info({
416                    "可用工具清单": storage.get("tools_list", []),
417                    "已经做过": storage.get("done_plans", []),
418                })
419                .instruct([
420                    "根据 {input} 的用户意图，{已经做过} 提供的行动记录以及 {可用工具清单}
                        提供的工具，制定解决问题的下一步计划",
421                    "如果 {已经做过} 提供的行动记录中，某项行动反复出现错误，可将下一步计划
                        定为 '输出结果'，回复内容为对错误的说明",
422                ])
423                .output({
424                    # 前置思考提升输出质量
425                    "next_step_thinking": ("str", ),
426                    # 根据不同行动方向生成不同内容
427                    "next_step_action": {
428                        "type": ("'工具使用' | '输出结果'", "MUST IN values
                            provided."),
429                        # 直接回答
430                        "reply": ("str", "if {next_step_action.type} == '输出结
                            果'，输出你的最终回复结果，else 输出 ''"),
431                        # 或是调用工具
432                        "tool_using": (
433                            {
```

```
434                            # 因为连接了多个MCP服务器，需要额外指定客户端的编号
435                            "client_index": ("int", " 使用 { 可用工具清单 .client_
                                   index} 的实际值 "),
436                            "tool_name": ("str from { 可用工具清单 .tool_name}",
                                   " 必须使用 { 可用工具清单 } 提供的工具 "),
437                            "purpose": ("str", " 描述使用工具希望解决的问题 "),
438                            "kwargs": ("dict, 根据 { 可用工具清单 .kwargs} 要求给出
                                   所需参数 "),
439                        },
440                        "if {next_step_action.type} == ' 工具使用 ', 给出你的工具
                                   使用计划说明, else 输出 null",
441                    ),
442                },
443            })
444        .start()
445    )
446    return result["next_step_action"]
447
448 # 回复工作块
449 @workflow.chunk()
450 async def reply(inputs, storage):
451     if storage.get("print_process"):
452         print("[ ◯ 我觉得可以回复了 ]: ")
453         print(" ☑ 我得到的最终结果是: ", inputs["default"]["reply"])
454     # 退出前批量关闭MCP客户端连接
455     mcp_clients = storage.get("mcp_clients")
456     for mcp_client in mcp_clients.values():
457         await mcp_client.close()
458     return {
459         "reply": inputs["default"]["reply"],
460         "process_results": storage.get("done_plans"),
461     }
462
463 @workflow.chunk()
464 async def use_tool(inputs, storage):
465     mcp_clients = storage.get("mcp_clients")
466     tool_using_info = inputs["default"]["tool_using"]
467     if storage.get("print_process"):
468         print("[ 我觉得需要使用工具 ]: ")
469         print(" 我想要解决的问题是: ", tool_using_info["purpose"])
470         print(" 我想要使用的工具是: ", tool_using_info["tool_name"])
471     # 使用MCP Client池里指定编号的Client调用工具
472     tool_result = await mcp_clients[tool_using_info["client_index"]].call_
            tool(
473         tool_using_info["tool_name"],
474         tool_using_info["kwargs"],
475     )
476     # 得到结果，写入执行记录
477     if storage.get("print_process"):
478         print(" 我得到的结果是: ", tool_result[:100], "...")
```

```
479    done_plans = storage.get("done_plans", [])
480    done_plans.append({
481        "purpose": tool_using_info["purpose"],
482        "tool_name": tool_using_info["tool_name"],
483        "result": tool_result,
484    })
485    storage.set("done_plans", done_plans)
486    return
487
488 # 编排工作流
489 (
490    workflow
491        .connect_to("initialize")
492        .connect_to("make_next_plan")
493        .if_condition(lambda return_value, storage: return_value["type"] ==
               "输出结果")
494            .connect_to("reply")
495            .connect_to("end")
496        .else_condition()
497            .connect_to("use_tool")
498            .connect_to("make_next_plan")
499 )
```

通过上面这段工作流编排代码，我们就完成了自动规划智能处理逻辑的核心流程开发。可以将此脚本视作一个模块，将里面的 workflow 对象分发给需要调用的项目代码，或是将它封装成一个 MCP 服务器。Agently 框架也为开发者提供了对 Agently Workflow 对象的快捷 MCP 服务器化的方法，详细参阅 6.4 节的相关介绍。

4.6.3　注册之前制作的多个 MCP 服务器并运行以查看效果

让我们在上面的工作流脚本最下方再写入以下代码，以测试这段智能处理工作流的运行效果：

```
500 if __name__ == "__main__":
501    agent = (
502        Agently.create_agent()
503            # 可以替换成任意适配模型
504            .set_settings("current_model", "OAIClient")
505            .set_settings("model.OAIClient.auth", { "api_key": "<DeepSeek-
                   API-Key>" })
506            .set_settings("model.OAIClient.options", { "model": "deepseek-
                   chat" })
507            .set_settings("model.OAIClient.url", "https://api.deepseek.com/
                   v1")
508    )
509    workflow.start(
510        # 给出执行任务
511        "请帮我查找数据库中是否存在日程信息，将所有找到的日程信息通过邮件发送到 moxin@
               agently.tech",
```

```
512        storage = {
513            # 可动态更换执行 AI Agent
514            "$agent": agent,
515            # 将执行过程在控制台的输出打开
516            "print_process": True,
517            # 传入 MCP 服务器参数，每一个元素为一个服务器参数
518            "mcp_server_params": [
519                {
520                    "command": "uv", # 通过 uv 启动服务器
521                    "args": [
522                        "--directory",
523                        "path/to/servers/src/sqlite", # 这里是 SQLite MCP 服务器
                              脚本所在目录
524                        "run",
525                        "mcp-server-sqlite",
526                        "--db-path",
527                        "~/test.db" # 这个是 SQLite 运行时使用的 DB 文件地址
528                    ]
529                },
530                {
531                    "command": "node",
532                    "args": [
533                        "/path/to/mailer/mcp_server.js"
534                    ],
535                    "env": {
536                        "MAILER_HOST": "< 邮箱服务地址 >",
537                        "MAILER_PORT": "< 邮箱服务端口 >",
538                        "MAILER_USER": "< 使用邮箱服务的账号，通常需要包含 @ 之后的部
                              分 >",
539                        "MAILER_PASSWORD": "< 账号对应的密码或是专属认证 token>"
540                    },
541                },
542            ]
543        }
544    )
```

运行脚本，即可在控制台看到如下输出结果：

```
545 [ 我觉得需要使用工具 ]:
546 我想要解决的问题是：列出数据库中的所有表，以确定是否存在存储日程信息的表。
547 我想要使用的工具是: list_tables
548 我得到的结果是: [{'name': 'sqlite_sequence'}, {'name': 'schedule'}, {'name':
    'shopping_list'}] ...
549 [ 我觉得需要使用工具 ]:
550 我想要解决的问题是：查询 schedule 表中的所有日程信息
551 我想要使用的工具是: read_query
552 我得到的结果是: [{'id': 1, 'date': '2025-04-18', 'time': '10:30', 'event': ' 线
    上会议 ', 'participant': ' 毕昇负责人覃睿总 '}] ...
553 [ 我觉得需要使用工具 ]:
554 我想要解决的问题是：将查询到的日程信息通过邮件发送到 moxin@agently.tech
555 我想要使用的工具是: sendEmailWithoutAttachment
```

556 我得到的结果是：邮件成功发送 ...
557 [我觉得可以回复了]：
558 我得到的最终结果是：已经成功查询到日程信息并发送到 moxin@agently.tech 邮箱。日程信息如
　　　下：[{'id': 1, 'date': '2025-04-18', 'time': '10:30', 'event': '线上会议',
　　　'participant': '毕昇负责人覃睿总'}]

同时，可以在邮箱中收到如图 4-15 所示的邮件。

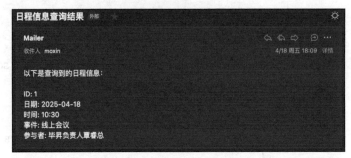

图 4-15　通过自动规划智能处理逻辑发送的邮件内容示例

就这样，我们完成了一段能够自动规划自己后续行动的智能处理逻辑，它的运行流程，是不是已经很接近 Cline 或是 Manus 的效果了？

4.7　MCP 到底在做什么

通过上面的案例，你可能已经发现，MCP 通过 MCP 服务器为智能应用提供了工具（Tool）、提示词（Prompt）、资源（Resource）等能力，并为这些能力（尤其是工具）提供了关键信息的定义和分发方法，这使得 MCP 服务器开发者能够专注于能力本身的开发，而不用过多关注如何将这些能力和说明提供给 MCP 客户端 / 主机，这也是通信协议的核心价值。

但是同时，你可能也会疑惑，看起来通过 MCP 进行传输的能力和信息，似乎只是构成智能应用的一些元素、要件。尤其是当我们自己尝试制作 MCP 服务器后，这些 MCP 服务器似乎只是对现有能力进行了包装，添加了便于大模型理解和调用的各类信息，但服务本身似乎和智能并没有什么关系。

而当我们尝试制作一个最基础的 MCP 客户端脚本时，你也会发现，仅仅从 MCP SDK 提供的 Client/Session 能力而言，主要是对 MCP 服务器相应能力的读取，比如提供一些信息碎片，使用 MCP 服务器提供的提示词能力将这些碎片转化成一段完整的、能进行模型请求的提示词，或是从 MCP 服务器获取可调用的工具信息列表，以便后续将这些工具信息提供给模型进行 Function Calling，对要处理的任务进行工具选择；或是直接向 MCP 服务器发起一个工具调用请求，这和调用普通函数看起来并没有什么区别，仅仅是在格式上，对于通过 Function Calling 返回的结果更加友好。但是，在整个 MCP 客户端脚本的执行过程中，我们并没有实际对模型发起任何请求。也就是说，对于 MCP 而言，无论是 MCP 服务器还

是 MCP 客户端，关注的重心都在于各项能力信息、调用结果的相互传输，对于大模型是否参与（这是智能应用的基础）没有强制要求，这更像是我们在架构设计时的服务模块间通讯机制，而似乎和智能本身并没有什么关系。

而当我们开始引入 Agently 框架，开始使用模型输出控制能力、工作流编排能力来组织我们自己的智能处理逻辑时，似乎才看到基于大模型的应用的雏形。

那么，MCP 到底在做什么呢？它的价值和意义又是什么呢？

让我们再从如图 4-16 所示的角度，重新审视 MCP 的关键组件以及这些关键组件所对应的开发者角色形象。

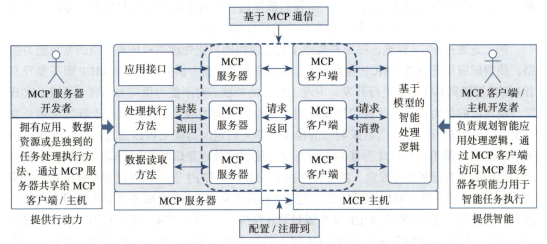

图 4-16 MCP 的关键组件以及对应的开发者角色形象

（1）MCP 服务器开发者

❑ 拥有应用接口（通常是私有的、需要鉴权的）、数据资源（通常是私有的、需要鉴权或仅允许在特定业务场景中部分访问的），或是独到的任务处理执行方法，并有意愿将这些能力共享给智能应用。

❑ 负责将应用接口、数据资源读取方法、处理执行方法遵照 MCP 规范封装成 MCP 服务器，在封装过程中，提供相关能力的描述信息（如能力说明、所需参数类型定义及说明）。

（2）MCP 客户端开发者

负责根据提供的 MCP 服务器访问信息（如 StdioServerParameters）与 MCP 服务器直接通信，调取 MCP 服务器提供的能力信息或请求具体能力获取返回结果，并将这些信息提交给 MCP 主机开发者负责的智能处理逻辑进行消费。

（3）MCP 主机开发者

❑ 负责规划、管理和维护智能应用的智能处理逻辑，以保证智能任务的执行。

❑ 智能处理逻辑执行过程中，会向 MCP 客户端提出对 MCP 服务器能力的信息消费或执行调用的请求，由 MCP 客户端负责完成请求发送和结果回收，并回传给智能处理逻辑使用。

注：在开发实践中，MCP 客户端开发者和 MCP 主机开发者通常为同一人或同一团队，他们通常是智能应用的维护者。

而 MCP 本身，正如官方介绍所说，在整个协作链条中，起到的是类似 Type-C 接口，或是一条 Type-C 连接线的作用，帮助行动力资源的拥有方和智能的拥有方之间高效连接和通信，具体来说其提供的价值包括：

第一，MCP 的工作机制及关键组件供应方式，引导了生态中不同角色的分工定位，明确了生态的供应链关系和价值流向。而我们都知道，脱离小作坊式全包生产，走向社会化大分工，是一个行业生态能够持久存在并持续运行的基础。

第二，通过 MCP 标准，抽象并规范了智能应用的智能处理逻辑所需消费的常见能力类型，使智能应用开发者（MCP 客户端／主机开发者）和能力供应开发者（MCP 服务器开发者）都能够脱离具体场景进行开发，专注于各自的领域。对于能力供应方而言，可以一次开发，使自己的能力被众多智能应用端使用，从而扩大能力的受众范围。对于智能应用开发方而言，可以进行"先生产后采购"的操作，即先假定所需能力可以通过协议标准获得相关信息并进行调用，并以此为基础进行开发，使智能处理逻辑与实际行动力解耦，不受当前实际行动力的限制进行探索。甚至，在拥有 MCP 共识的生态中，可以实现订单式供应采购（即智能应用开发方根据实际场景，先定义并发布所需的 MCP 服务器能力说明，再等待能力资源拥有方进行实际的 MCP 服务器封装和供应）、插件式更换（即面对同一场景，智能应用开发方能够通过约定该场景的 MCP 服务器能力表达规范，或通过垫片转换等方式，快速在类似的 MCP 服务器供应之间进行切换）。

第三，MCP 并不仅限于概念表达层，在配套的 SDK 解决方案中，对于协议约定的常见能力类型，都提供了标准的信息访问和实际调用方法。这是一种面向"能力类型"及背后所对应"应用场景"的访问调用规范，不受编程语言特性的影响，从而可以在不同的编程语言中进行具体实现。这在实质上解决了智能应用开发过程中跨语言通信的问题（当然 API 也可以解决类似问题），对提升能力与智能应用之间的连接效率具有极大促进作用。对于大型生态的建立和运行而言，丰富的能力和智能应用供给必然带来背后实现方式的多样化，通过 MCP 共识，能够让生态参与者屏蔽实现差异，专注于生态内的供需协作。

第 **5** 章

AI Agent 互联网应用实战

AI Agent 互联互通是 AI Agent 大规模应用的关键，MCP 的出现促进了 AI Agent 互联互通，同时促进了 LLM、AI Agent、SaaS、桌面软件、数据资源 API 等的互联互通，从而使得旧的数字世界和新的 AI 世界实现了整合，可以无摩擦地互相调用和访问。本章重点介绍普通人如何使用 Cherry Studio、Clinde 完成 MCP 应用的无门槛调用以完成特定任务，开发者如何使用 Cursor、Cline 完成多 MCP 应用的调用以完成复杂任务，泛开发者如何使用腾讯云开发平台构建完成特定任务的 AI Agent（调用 MCP 应用），并且发布为微信小程序和公众号服务。

5.1 在 Cherry Studio 中使用 MCP 服务器

5.1.1 Cherry Studio 介绍

Cherry Studio 是一款简单易用的 AI 桌面客户端，旨在让初学者也能轻松构建和部署功能强大的 AI Agent。Cherry Studio 具备跨平台兼容性，可在 Windows、macOS 和 Linux 系统上流畅运行。更重要的是，它支持接入多种 LLM 服务提供商，这意味着你可以根据自己的需求和偏好选择最合适的 AI 模型。Cherry Studio 不需要复杂的环境配置，安装后即可使用，这对于零基础用户来说无疑是一个巨大的优势。此外，Cherry Studio 还内置了超过 300 个预配置的 AI 助手，并支持创建自定义助手以及进行多模态对话，充分展示了强大的功能和灵活性。Cherry Studio 致力于降低 AI 开发的门槛，让更多的人能够参与到这场智能革命中来。

在开始使用 MCP 服务之前，我们需要先熟悉 Cherry Studio 的界面（如图 5-1 所示），它将是你开发 AI Agent 的核心平台。Cherry Studio 的界面通常包含几个主要的区域，例如用于进行对话的聊天窗口、用于管理项目和设置的侧边栏或顶部菜单，以及可能包含 AI 助手市场或模型选择器的特定面板。可以在设置或偏好选项中找到模型选择和配置等关键功能。要开始 AI Agent 开发之旅，通常需要创建一个新的项目或启动一个新的对话。熟悉这些基本界面元素将为后续使用 MCP 等高级功能打下基础。Cherry Studio 简洁直观的设计旨在降低学习曲线，让初学者也能够专注于 AI Agent 的构建和创新。

图 5-1　Cherry Studio 的界面

5.1.2　初学者指南

1. 在 Cherry Studio 中访问和启用 MCP 服务

要在 Cherry Studio 中使用 MCP，需要找到并启用相关的服务选项。通常，可以在 Cherry Studio 的设置或偏好设置中找到与 MCP 相关的选项。具体可能包括以下步骤。

1）打开 Cherry Studio 应用程序。

2）导航到"设置"（Settings）或"偏好设置"（Preferences）选项，它们通常位于应用程序的左下角或顶部菜单栏中，如图 5-2 所示。

3）在设置菜单中，查找"模型服务""MCP 服务器"的选项，如图 5-3 所示。

4）选择需要启用的 MCP 服务器，将开关打开，如图 5-4 所示。

MCP 在 Cherry Studio 中得到了官方的支持和集成。启用 MCP 服务器后，你就可以开始配置它以连接到外部数据源、工具等，从而增强你的 AI Agent 的上下文感知能力和执行复杂任务的能力。

2. 配置 Cherry Studio 中的 MCP 服务：连接外部数据

启用 MCP 服务后，下一步是配置它以连接到你希望 AI Agent 访问的外部数据源。在 Cherry Studio 中，这通常涉及添加和配置 MCP 服务器。MCP 服务器充当 Cherry Studio 和外部系统之间的桥梁。配置过程可能如下。

1）在 Cherry Studio 设置菜单中选择"MCP 服务器"启动配置，如图 5-5 所示。

2）单击"添加服务器"以创建一个新的 MCP 服务器连接，如图 5-6 所示。

图 5-2　Cherry Studio 的偏好设置

图 5-3　Cherry Studio 设置菜单中的"模型服务"等选项

图 5-4　MCP 服务开关

图 5-5　在设置菜单中选择"MCP 服务器"启动配置

图 5-6　在右侧配置 MCP 服务器参数

3）你需要输入服务器的详细信息，例如：

❑ 名称：为你的服务器连接指定一个易于识别的名称，例如"我的知识库服务器"或"GitHub 连接"。

❑ 类型：选择服务器的类型。根据你要连接的外部系统选择类型，可能是 STDIO 或 SSE。

❑ 命令或 URL 地址：输入运行服务器所需的命令或服务器的 URL 网络地址。例如，如果你要连接到一个本地运行的MCP服务器，可能需要输入其监听的端口号和地址。

❑ 参数：根据服务器类型的不同，你可能需要提供额外的参数，例如 API 密钥、认证信息等。

❑ 环境变量（ENV）：格式为 KEY1=value1，每行一个。

4）单击"保存"按钮以保存你的 MCP 服务器配置。

根据你要连接的数据源，你可能需要先设置一个符合 MCP 的服务器。Anthropic 等机构提供了针对常见系统的预构建 MCP 服务器，例如 Google Drive、Slack 和 GitHub。你也可以根据自己的需求开发自定义的 MCP 服务器。通过在 Cherry Studio 中配置这些服务器连接，你的 AI Agent 就能够利用 MCP 与外部数据进行通信，获取所需的上下文信息。

5.1.3　Cherry Studio 与 MCP 的应用场景和案例

Cherry Studio 和 MCP 的结合，为解决各种实际应用场景中的问题提供了强大的能力。以下是一些具体案例，展示了它们如何提升 AI Agent 的智能化水平和应用范围，并附带详细的操作步骤。

1. 检索增强型客户服务：连接知识库实现精准问答

（1）场景

某公司拥有庞大的产品知识库，客户经常咨询产品规格、使用方法和故障排除等问题。传统的聊天机器人虽然能回答一些常见问题，但对于更专业或细致的提问往往无法给出满意的答案。

（2）解决方案

通过 Cherry Studio，该公司可以轻松接入产品知识库。利用 MCP，Cherry Studio 可以连接到知识库的服务器。当客户通过 AI 客服提出问题时，Cherry Studio 中的 AI Agent 可以借助 MCP，实时查询知识库中的相关信息，并将这些信息作为上下文提供给语言模型。这样一来，即使是复杂或专业的问题，AI 客服也能根据最新的知识库内容给出准确且详细的回答，从而极大地提升客户服务质量和效率。

（3）操作步骤

1）准备知识库：确保你的产品知识库以 Cherry Studio 支持的格式存储，例如 PDF、DOCX、TXT、MD 等格式。

2）在 Cherry Studio 中创建知识库（如图 5-7 所示）。

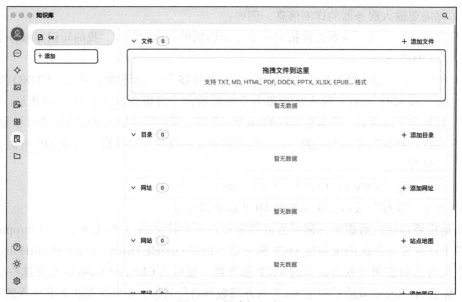

图 5-7　创建知识库

❑ 单击左侧工具栏中的"知识库"图标。

❑ 单击"添加"按钮以创建新的知识库。

❑ 输入知识库名称，例如"产品知识库"，并选择一个嵌入模型，如图 5-8 所示。

图 5-8　设置知识库基本项

❑ 单击"添加文件"按钮，选择知识库文件并上传。Cherry Studio 将自动进行向量化处理。

3）在对话中引用知识库：

❑ 在"对话"工具栏中创建一个新主题。

❑ 展开已创建的知识库列表，选择你刚刚创建的"产品知识库"（如图 5-9 所示）。

图 5-9　选择产品知识库

- 在输入框中输入客户的问题，例如："你们的产品有哪些型号？"
- 发送问题后，Cherry Studio 将从知识库中搜索相关信息，并结合语言模型生成答案，答案下方还会附带引用的数据来源。

注：在 5.1 节中，我们对 Cherry Studio 的功能和操作已经做了详细讲解，在本案例中对 Cherry Studio 做了进一步说明。为了节省篇幅，后续各个案例我们只讲解步骤，不提供操作截图，读者可自行进行尝试。

2. 智能内容创作：结合实时数据生成动态报告

（1）场景

一家金融机构需要定期生成市场分析报告，报告须包含最新的股票价格、经济数据和新闻资讯。手动收集和整合这些信息既耗时又容易出错。

（2）解决方案

借助 Cherry Studio 和 MCP，可以构建一个智能报告生成 AI Agent。通过配置 MCP 服务器连接到金融数据 API 和新闻源，AI Agent 可以在 Cherry Studio 中被指示生成报告。MCP 使 AI Agent 能够实时获取所需的数据，并将这些数据作为上下文提供给语言模型。模型可以根据这些动态信息，自动撰写市场分析报告，从而大幅提高报告的生成效率和时效性。

（3）操作步骤

1）查找或创建 MCP 服务器：搜索是否有现成的 MCP 服务器可以接入金融数据 API 和新闻源。如果没有，那么你可能需要根据 MCP 规范和 SDK，开发自定义的 MCP 服务器。

2）在 Cherry Studio 中配置 MCP 服务器：

- 导航到 Cherry Studio 的设置，找到 MCP 服务器选项。
- 在 MCP 设置中，单击"添加服务器"按钮。
- 输入服务器名称，例如"金融数据服务器"。
- 选择服务器类型，通常为 SSE 或 STDIO，取决于你的服务器实现。
- 输入服务器的命令或地址以及必要的参数（例如 API 密钥）。
- 单击"确认"按钮以保存配置。

3）创建 AI 助手：在 Cherry Studio 中创建一个新的 AI 助手，并选择一个适合生成报告的语言模型。

4）指示 AI 助手生成报告：在与 AI 助手的对话中，使用清晰的指令要求它生成市场分析报告，并告知它需要使用"金融数据服务器"获取实时数据。例如："请使用金融数据服务器获取最新的股票价格和财经新闻，并生成一份今日市场分析报告。"

5）查看报告：AI 助手将通过 MCP 连接至你的金融数据服务器，获取数据并生成报告内容。

3. 个性化学习助手：根据学生历史互动调整教学内容

（1）场景

在线教育平台希望为每位学生提供个性化的学习体验。传统的教学内容是固定的，无法根据学生的学习进度和理解程度进行调整。

（2）解决方案

可以利用 Cherry Studio 开发一个个性化学习助手。通过 MCP，AI 助手可以连接到学生的学习记录数据库，包括他们的学习进度、测验成绩和提出的问题。当学生与 AI 助手互动时，MCP 将学生的历史学习数据作为上下文传递给 AI 模型。AI 模型可以根据学生的具体情况，提供定制化的学习建议、解答疑问，并推荐适合他们水平的学习资源，从而实现真正的个性化教学。

（3）操作步骤

1）开发 MCP 服务器：你需要开发一个 MCP 服务器，该服务器能够连接到存储学生学习记录的数据库，并根据请求提供特定学生的数据。该 MCP 服务可使用 Cline 自动化构建。

2）在 Cherry Studio 中配置 MCP 服务器：按照 4.2 节中的步骤，在 Cherry Studio 中添加并配置学生学习记录 MCP 服务器。

3）创建 AI 助手：在 Cherry Studio 中创建一个专门用于提供个性化学习帮助的 AI 助手，并选择合适的语言模型。

4）与 AI 助手互动：学生通过 Cherry Studio 与 AI 助手进行互动。当学生提出问题或需要帮助时，AI 助手可以使用 MCP 从服务器获取该学生的学习记录作为上下文信息。

5）获取个性化帮助：AI 助手将根据学生的学习记录和当前问题，提供个性化的解答、建议和学习资源推荐。

4. 代码开发助手：集成版本控制与项目管理工具

（1）场景

软件开发团队希望提高开发效率，减少重复性工作。他们需要一个能够理解项目上下文、自动完成代码，并能与版本控制和项目管理工具集成的 AI 助手。

（2）解决方案

Cherry Studio 支持通过 MCP 连接到各种开发工具，例如 GitHub、GitLab 等版本控制系统，以及 Jira 等项目管理平台。开发人员可以在 Cherry Studio 中配置这些连接。当他们编写代码时，AI 助手可以通过 MCP 获取当前项目的代码上下文、提交历史和任务信息。这使 AI 助手能够提供更智能的代码建议、自动生成文档，并协助完成代码审查等任务，从而显著提升开发效率和代码质量。

（3）操作步骤

1）安装或配置 MCP 服务器：查找并安装适用于你使用的版本控制系统（如 GitHub、GitLab）和项目管理工具（如 Jira）的 MCP 服务器。Anthropic 和社区可能提供了相关的开源服务器。

2）在 Cherry Studio 中配置 MCP 服务器：按照 4.2 节中的步骤，在 Cherry Studio 中添加并配置这些 MCP 服务器连接。例如，可以添加一个名为 GitHub Server 的连接，并配置它访问 GitHub 仓库所需的认证信息。

3）创建 AI 助手：在 Cherry Studio 中创建一个代码开发助手，并选择适合处理代码相关任务的语言模型。

4）在对话中使用 AI 助手：

- 当你在 Cherry Studio 中编写代码时，可以与你的代码开发助手进行对话。
- 你可以询问关于项目代码的问题，例如："这个函数的作用是什么？"
- 你可以要求 AI 助手生成代码片段，例如："请生成一个用于用户身份验证的 Python 函数。"
- 助手还可以帮助你进行代码审查，例如："请检查这段代码是否存在潜在错误。"

5）利用 MCP 上下文：AI 助手将通过配置的 MCP 服务器连接到你的版本控制和项目管理工具，获取相关的代码上下文、提交历史和任务信息，从而提供更智能的帮助。例如，当你询问关于某个函数的问题时，助手可能不仅会回答该函数的功能，还会提供该函数的最新提交信息和相关的 Jira 任务。

5. 智能家居控制：基于用户习惯和环境信息进行自动化

（1）场景

智能家居系统需要根据用户的日常习惯、当前时间、天气状况等信息，自动调整家居设备的设置，例如灯光、温度和安防系统。

（2）解决方案

可以使用 Cherry Studio 构建一个智能家居控制中心。通过 MCP，Cherry Studio 可以连接到各种智能家居设备的 API 和环境传感器。AI Agent 可以学习用户的习惯，并结合 MCP 提供的实时环境信息（例如，通过连接天气 API 获取当前天气），自动调整设备设置，例如在用户回家前开启空调，或在夜晚自动调整灯光亮度，实现更加智能便捷的家居体验。

（3）操作步骤

1）开发或查找智能家居 MCP 服务器：你需要开发一个 MCP 服务器，该服务器能够与你的智能家居设备 API 和环境传感器进行通信。或者，搜索是否有社区或厂商提供的相关 MCP 服务器。

2）配置 MCP 服务器：在 Cherry Studio 中添加并配置你的智能家居 MCP 服务器，提供连接智能家居平台所需的认证信息。

3）创建智能家居 AI 助手：在 Cherry Studio 中创建一个专门用于控制智能家居的 AI 助手。

4）与 AI 助手互动：你可以通过自然语言指令与智能家居 AI 助手进行交互，例如："打开客厅的灯""将温度调到 26℃""早上 7 点打开咖啡机"。

5）自动化控制：你还可以配置 AI 助手根据特定条件自动执行操作。例如，你可以设置一个规则，当 AI 助手检测到你快到家时（通过连接地理位置服务），自动打开空调。这需要 AI 助手能够通过 MCP 获取你的地理位置信息并控制智能家居设备。

6. 音乐创作助手：实时控制与互动音乐软件

（1）场景

音乐制作人希望在音乐创作过程中，能够通过 AI 助手实时控制音乐软件并与其互动，例如 Ableton Live，以提高创作效率并探索新的音乐灵感。

（2）解决方案

Cherry Studio 可以通过 MCP 连接到专门为音乐软件开发的 MCP 服务器，例如 ableton-copilot-mcp。音乐制作人可以在 Cherry Studio 中进行配置以连接到这个服务器。通过自然语言指令，制作人可以要求 AI 助手执行各种操作，例如获取歌曲的基本信息（如调性、速度）、列出所有音轨、创建新的 MIDI 或音频轨道、控制音轨属性（如静音、独奏、颜色）、获取和管理 MIDI 片段中的音符、添加或删除音符等。这样，音乐制作人不需要进行烦琐的手动操作即可通过 AI 助手实现对音乐软件的智能控制，从而能够专注于音乐的创意和编排。

（3）操作步骤

1）安装 Ableton Copilot MCP 服务器：按照 ableton-copilot-mcp 项目的说明，安装并运行该 MCP 服务器。这通常涉及安装 Node.js 和相关依赖，并确保 Ableton Live 中启用了 AbletonJS 控制界面。

2）在 Cherry Studio 中配置 MCP 服务器：

❑ 导航到 Cherry Studio 的设置，找到 MCP 服务选项。

❑ 单击"添加服务器"按钮。

❑ 输入服务器名称，例如"Ableton Copilot"。

❑ 选择服务器类型"STDIO"。

❑ 输入运行服务器的命令 uvx mcp-server-ableton-copilot，或根据你的安装路径对其进行调整。

❑ 单击"确定"按钮保存配置。

3）创建音乐创作 AI 助手：在 Cherry Studio 中创建一个专门用于音乐创作的 AI 助手。

4）与 AI 助手互动：确保 Ableton Live 正在运行，并且 AbletonJS 控制界面已启用。在 Cherry Studio 中，你可以向音乐创作 AI 助手发送指令，例如：

❑ "获取当前歌曲的调性。"

❑ "列出所有音轨。"

❑ "创建一个新的 MIDI 音轨。"

❑ "将第三条音轨静音。"

❑ "在第一个音轨的钢琴卷帘中添加一个 C 大调和弦。"

5）观察效果：AI 助手将通过 MCP 与 Ableton Live 进行通信，并执行你的指令，从而实现实时的音乐软件控制。

7. 网页内容抓取与分析：自动化信息收集与洞察提取

（1）场景

研究人员或内容创作者需要从特定网站抓取信息，并对其进行分析或将其整合到其他信息中。手动复制粘贴和分析大量网页内容既耗时又容易出错。

（2）解决方案

借助 Cherry Studio 和 MCP，可以配置一个能够抓取指定网页内容的服务器。例如，可以设置一个名为"Fetch Server"的 MCP 服务器，类型选择"STDIO"，命令设置为运行网页抓取脚本的命令，例如 uvx mcp-server-fetch。在 Cherry Studio 中启用 MCP 服务并配置好该服务器后，用户可以通过与 AI Agent 的交互，指定需要抓取的网页 URL 和所需的信息类型。AI Agent 通过 MCP 调用 Fetch Server，抓取网页内容，并将结果返回给用户。用户可以进一步指示 AI Agent 对抓取的内容进行分析、摘要或与其他信息进行整合，从而实现高效的信息收集和利用。

（3）操作步骤

1）安装 Fetch MCP 服务器：这通常涉及安装 uv 和 bun，然后使用命令 uvx mcp-server-fetch 运行服务器。

2）在 Cherry Studio 中配置 MCP 服务器：

❑ 导航到 Cherry Studio 的设置，找到 MCP 服务选项。

❑ 单击"添加服务器"按钮。

❑ 输入服务器名称，例如"Fetch Server"。

❑ 选择服务器类型"STDIO"。

❑ 输入命令 uvx mcp-server-fetch。

❑ 单击"确认"按钮以保存配置。

3）创建网页抓取 AI 助手：在 Cherry Studio 中创建一个专门用于网页内容抓取和分析的 AI 助手。

4）与 AI 助手互动：在 Cherry Studio 中，你可以向你的网页抓取 AI 助手发送指令，例如：

❑ "使用 Fetch Server 抓取 https://www.example.com 的标题和前三个段落。"

❑ "从 https://www.example.com/news 获取最新的五篇文章的链接。"

❑ "抓取 https://www.example.com/products 并列出所有产品的名称和价格。"

5）分析和整合数据：抓取到网页内容后，你可以进一步指示 AI 助手进行分析和整合，例如："总结抓取到的内容""将抓取到的产品信息整理成表格"。

8. 本地文件系统操作：便捷的文件管理助手

（1）场景

用户希望通过自然语言指令，让 AI 助手帮助他们管理本地计算机上的文件，例如查找、打开、复制、移动或删除文件等。

（2）解决方案

Cherry Studio 可以通过 MCP 连接到本地文件系统。用户可以在 Cherry Studio 中配置一个指向本地文件系统的 MCP 服务器。配置完成后，用户可以直接向 AI 助手发出指令，例如"查找我最近编辑过的所有 PDF 文件""将桌面上的照片复制到我的文档文件夹""打开名为'项目计划'的 Word 文档"等。AI 助手通过 MCP 与本地文件系统进行交互，执行用户的指令，极大地提高了文件管理的便捷性。

（3）操作步骤

1）查找或配置文件系统 MCP 服务器：搜索是否有可用的文件系统 MCP 服务器。你可能需要查找社区贡献的服务器，或根据 MCP 规范自行开发。

2）在 Cherry Studio 中配置 MCP 服务器：

❑ 导航到 Cherry Studio 的设置，找到 MCP 服务选项。

❑ 单击"添加服务器"按钮。

❑ 输入服务器名称，例如"本地文件系统"。

❑ 选择适当的服务器类型（可能是"STDIO"或"SSE"，取决于服务器的实现）。

❑ 输入运行服务器所需的命令或地址，并配置允许访问的文件系统路径等参数。请务必谨慎配置，避免授予 AI 助手不必要的访问权限。

❑ 单击"确认"按钮保存配置。

3）创建文件管理 AI 助手：在 Cherry Studio 中创建一个专门用于文件管理的 AI 助手。

4）与 AI 助手互动：在 Cherry Studio 中，你可以向文件管理 AI 助手发送指令，例如：

❑ "查找我桌面上所有扩展名为 .txt 的文件。"

❑ "将 Downloads 文件夹中的'报告 .pdf'复制到 Documents 文件夹中。"

❑ "打开我的 Documents 文件夹中的'项目计划 .docx'。"

❑ "删除我最近下载的所有临时文件。"

5）执行文件操作：AI 助手将通过 MCP 与本地文件系统的 MCP 服务器进行通信，并执行你请求的文件管理操作。请务必谨慎使用此功能，并仔细检查 AI 助手的操作，以避免意外的文件丢失或损坏。

5.1.4　MCP 在 Cherry Studio 中应用于 AI Agent 的重要性与优势

1. Cherry Studio 简化 MCP 使用

Cherry Studio 极大地简化了 MCP 的集成和使用过程。相比于从零开始构建 AI Agent 并手动管理上下文，Cherry Studio 提供了以下便利：

❑ 内置 MCP 支持：Cherry Studio 将 MCP 作为其核心功能之一进行集成，用户无须进行复杂的配置即可启用和使用，且可以实现类 Manus 的使用体验。

❑ 简化的配置界面：Cherry Studio 通常提供直观的图形界面来配置 MCP 相关的参数，降低了初学者的操作难度。

❏ 与其他功能的良好集成：MCP 在 Cherry Studio 中可以与其他功能（例如模型选择、知识库管理等）无缝协作，使用户构建面向复杂场景的 AI Agent 变得更加简单。

通过这些便利，Cherry Studio 使即使是没有任何编程基础的用户也能够轻松地利用 MCP 的强大功能，构建出具有优秀上下文感知能力的 AI Agent。

2. 潜在的进阶应用与未来展望

掌握了在 Cherry Studio 中使用 MCP 构建情境化 AI Agent 的基础知识后，你可以进一步探索更高级的应用场景和未来的可能性。

❏ 个性化推荐系统：利用 MCP 记录用户的历史行为和偏好，从而提供更精准的个性化产品或内容推荐。

❏ 自动化工作流程：构建能够在多个步骤中保持状态的 AI Agent，例如自动化的客户服务流程或订单处理流程。

❏ 集成更多在线服务：通过 MCP 连接到各种在线 API 和服务，例如天气预报、地图服务、日历应用等，使 AI Agent 能够执行更复杂的任务。

随着 MCP 生态应用的不断丰富，以及 Cherry Studio 等平台功能的持续增强，可以期待未来出现更多创新性、面向复杂应用场景的 AI Agent 互联网应用，它们将以前所未有的方式改变我们的在线体验。MCP 将继续在构建更智能、更人性化的 AI 交互方面发挥关键作用。

5.2   在 Clinde 中使用 MCP 服务器

5.2.1   Clinde 介绍

目前在 Claude Desktop、Cursor、Windsurf 中使用 MCP Server 并不容易，用户需要编辑配置 MCP 的 JSON 文件并添加代码命令，对于不懂技术的普通用户来说，这非常不友好。Clinde 可以让不懂技术的用户也能零门槛使用 MCP，构建复杂的类 Manus 服务。

Clinde 的出现，实际上是为用户提供了一个更加友好和便捷的界面，使用户能够充分利用 Claude 和 OpenRouter 的多个模型的能力，满足不同用户的需求，特别是不懂技术但想使用 MCP 服务的普通用户。Clinde 通过支持 MCP，进一步拓展了大模型的应用场景，使大模型能够与外部数据、工具、智能体、软件 API 等进行交互，从而实现更高级的功能。

对于初学者来说，了解 Clinde 的用户界面（如图 5-10 所示）是开始使用 MCP 服务器的第一步。

在这个工具窗口中，初学者可能会看到几个关键组成部分，如图 5-11 所示。

首先是 Projects（项目管理）区域，用户可以在这里创建、组织和管理不同的 AI 辅助项目。每个项目可以包含特定的上下文信息和聊天记录，有助于针对特定任务或主题保持对话的连贯性。

图 5-10　Clinde 的用户界面

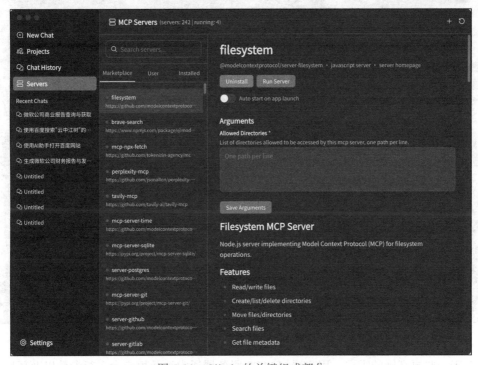

图 5-11　Clinde 的关键组成部分

其次是 Chat History（历史聊天记录）区域，用户可以浏览和搜索过去的对话，方便回顾与参考。

最后是 Servers（服务器）区域，对于使用 MCP 服务而言，这个区域允许用户查看已安装的 MCP 服务器、安装新的服务器、启动或停止服务器，以及配置服务器的相关设置。

5.2.2 初学者指南

1. 在 Clinde 中访问和启用 MCP 服务器

在熟悉了 Clinde 的基本界面之后，下一步是了解如何访问和启用 MCP 服务器。对于初学者而言，这个过程应该尽可能地简单明了。首先，用户需要打开 Clinde 窗口。

如图 5-12 所示，在左侧区域找到与 MCP 服务器相关的 Servers 选项，单击该选项进入 MCP 服务器管理界面后，用户将看到 Marketplace、User、Installed 三个选项。启用 MCP 服务器通常涉及安装一个或多个 MCP 服务器，Clinde 提供了一键安装功能，对于许多常用的 MCP 服务器，用户只需在列表中找到并单击"安装"按钮即可完成安装。这个过程极大地简化了 MCP 服务器的部署，使得初学者无须关心复杂的后台配置。

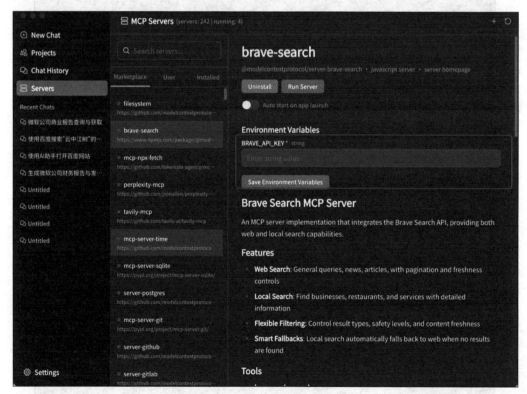

图 5-12　Clinde Servers 界面

对于一些更高级的需求，用户添加 MCP 服务器通常涉及填充命令行参数以及环境变量等信息。Clinde 提供了一个友好的配置界面，引导用户逐步完成这些设置。例如，用户需要输入访问外部服务所需的 API 密钥（如 BRAVE_API_KEY）。

总而言之，Clinde 的设计目标是使得访问和启用 MCP 服务器的过程尽可能简单，特别是对于初学者，通过预设的服务器列表和一键安装功能，可以快速上手并体验 MCP 带来的便利。清晰的界面引导和简单的操作流程是初学者能够顺利启用 MCP 服务器的关键。

2. 配置 Clinde 中的 MCP 服务器：连接外部数据

配置 Clinde 中的 MCP 服务器，核心在于连接外部数据。MCP 的强大之处在于它允许 AI 模型直接与外部数据进行交互，从而扩展了 AI 的能力。在 Clinde 中，这种连接的实现主要依赖于 MCP 服务器，这些服务器充当了 Clinde 和外部数据源之间的桥梁，暴露了数据的访问接口及相关功能。

如图 5-13 所示，初学者在 Clinde 中配置 MCP 服务器连接外部数据，通常会从安装一个合适的 MCP 服务器开始。Clinde 支持安装 Marketplace 的 MCP 服务器，这些服务器可以连接到各种常用的服务和数据源，目前 Marketplace 收录了 268 个 MCP 服务器。

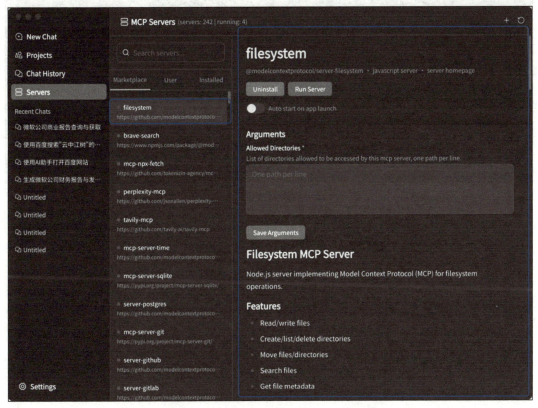

图 5-13 安装本地文件系统 MCP 服务器

例如，用户可以安装一个用于连接本地文件系统的服务器，以使 Clinde 能够读取和分析本地文档。

对于需要实时信息的场景，用户可以配置一个搜索引擎的 MCP 服务器（如 Brave Search 16），使 Clinde 能够通过从互联网上获取最新信息来回答问题或进行研究，如图 5-14 所示。

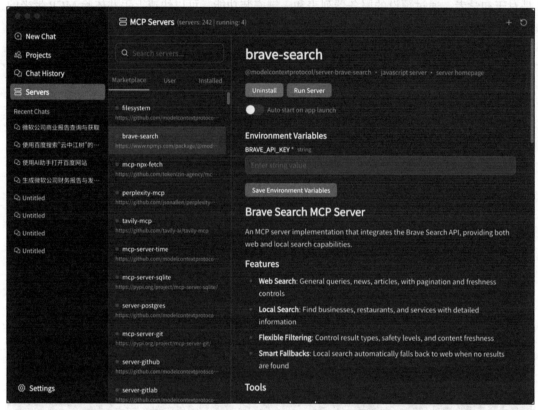

图 5-14　安装配置 Brave Search MCP 服务器

配置这些 MCP 服务器通常涉及提供必要的环境变量或 APIKEY。例如，连接到 brave-search 时，用户需要输入 BRAVE_API_KEY。对于本地数据源，用户可能需要指定文件路径或数据库连接字符串。Clinde 的界面会引导用户完成这些配置步骤，力求简单直观。

值得强调的是，在使用 MCP 连接外部数据时，数据安全和隐私至关重要。用户应该谨慎授予数据访问权限，并了解不同 MCP 服务器所需的权限范围。对于涉及敏感数据的操作，务必确保使用安全的连接方式和身份验证机制。Clinde 本身通过 SOC 2 Type II 认证，并提供 HIPAA 合规选项，这表明平台本身对安全性有较高的要求。

5.2.3　Clinde 与 MCP 的应用场景和案例

为了帮助初学者更好地理解 Clinde 与 MCP 结合应用的实际价值，以下将介绍几个简单易懂的案例，并提供详细的 Clinde 软件配置步骤。

1. 案例：增强的代码辅助

对于开发者而言，最直接的应用场景就是利用 MCP 增强 Clinde 的代码辅助能力。通过配置一个能够访问本地项目代码库的 MCP 服务器，Clinde 不再仅仅基于有限的上下文进行代码建议和审查，而是可以深入理解整个项目的结构和逻辑。这意味着 Clinde 可以提供更精准的代码补全、更智能的错误分析和修复建议，甚至可以根据项目的整体架构提出代码优化的方案。例如，开发者可以要求 Clinde 审查当前文件中的代码，并基于整个项目的上下文提出改进意见，或者要求 Clinde 根据项目已有的代码风格生成新的功能代码片段。这种增强的代码理解和生成能力，可以显著提高开发效率和代码质量。

Clinde 的配置步骤如下：

1）安装 Clinde：确保已安装 Clinde，如未安装，请访问 https://clinde.ai/ 下载安装。

2）打开 Clinde 窗口：打开 Clinde 工具窗口。

3）配置 MCP 服务器，如图 5-15 所示。

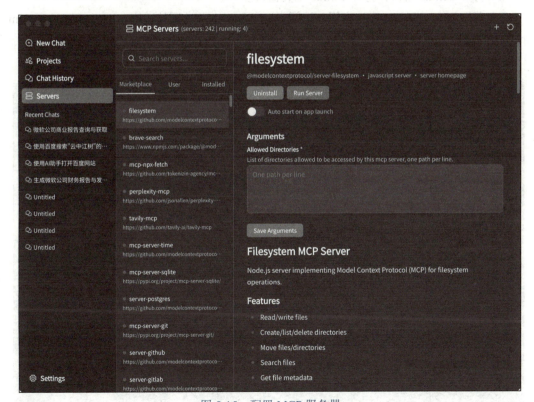

图 5-15　配置 MCP 服务器

❑ 在左侧选择 "Servers"。

❑ 在 Marketplace 中选择 filesystem，单击 Install（安装）按钮。

❑ 配置 Arguments 的 "Allowed Directories" 以授权访问指定的文件目录，确保授予必要的权限。

❑ 安装完成后，单击 Run Server（运行服务器）按钮。

4）完成配置后即可在 Chat 中使用。

2. 案例：实时的信息检索

Claude 作为一个强大的语言模型，它的知识来源于大量的训练数据，但这些数据可能存在一定的时效性。通过集成一个搜索引擎的 MCP 服务器（如 Brave Search），Clinde 可以突破这个局限，从互联网上实时获取最新的信息来回答用户的问题。无论是查询最新的新闻事件、了解某个产品的最新动态，还是进行实时的研究调查，Clinde 都可以通过 MCP 连接到搜索引擎，快速地检索并整合相关信息，为用户提供最新、最全面的答案。

Clinde 的配置步骤如下：

1）安装 Clinde：确保已安装 Clinde。

2）打开 Clinde 窗口：打开 Clinde 工具窗口。

3）获取 Brave Search API 密钥：访问 Brave Search API 网站（https://search.brave.com/api/）并注册获取 API 密钥。

4）配置 Brave Search MCP 服务器，如图 5-16 所示。

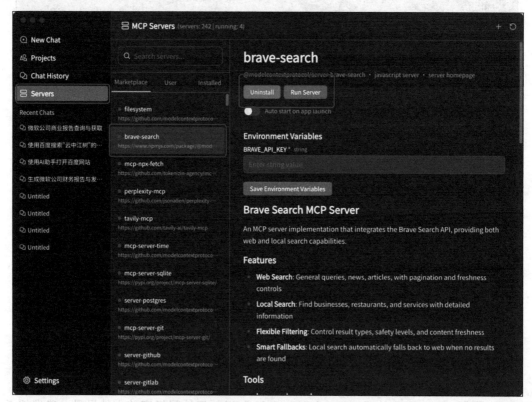

图 5-16　配置 Brave Search MCP 服务器

- 在 Clinde 的 MCP 服务器设置中，找到 Marketplace 的选项。
- 搜索或选择 brave-search，单击 Install 按钮。
- 安装完成后，单击 Run Server 按钮。
- 配置服务器时，需要提供之前获取的 Brave Search API 密钥。Clinde 会提供专门的字段用于输入 API 密钥。

5）完成配置后即可在 Chat 中使用。

3. 案例：3 个 MCP 服务组合实现 AI 自动生成 PDF 报告并发送到指定邮箱

MCP 不局限于信息检索，还可以用于执行特定的操作，实现简单的任务自动化。例如，使用 3 个 MCP 服务器——Explorium、Pandoc 和 Resend 实现 AI 自动生成 PDF 报告并发送到指定邮箱，适合用于替代证券公司分析师的部分工作。例如，用户可以说"帮我查询一下微软公司的报告，转为 PDF，发送到邮箱 bingqiang@aigclink.ai"，Clinde 就可以与 3 个 MCP 服务器（Explorium、Pandoc、Resend）进行交互，自动完成任务，如图 5-17 所示。这种能力可以将 Clinde 从一个被动的助手转变为一个能够主动参与工作流程的智能代理。

Clinde 的配置步骤如下：

1）安装 Clinde：确保已安装 Clinde。

2）打开 Clinde 工具：打开 Clinde 工具。

3）安装 MCP 服务器 Explorium、Pandoc 和 Resend，如图 5-18 所示。

- 依次选择 "Servers" → "Marketplace"，分别搜索 "Explorium" "pandoc" "resend"，并且安装和运行服务器（其中 explorium-mcp-server 和 resend-mcp 需要先完成下述环境变量配置才可运行）。
- 配置 explorium-mcp-server 的环境变量（注册并访问 https://developers.explorium.ai/reference/quick-start 以获取 API KEY）。
- 配置 resend-mcp 的环境变量（注册并访问 https://resend.com/api-keys 以获取 RESEND_API_KEY、SENDER_EMAIL_ADDRESS、REPLY_TO_EMAIL_ADDRESSES），如图 5-19 所示。

4）配置完成后即可使用 Chat 完成多 MCP 服务器协同的复杂任务，即 3 个 MCP 服务组合实现 AI 自动生成 PDF 报告并发送到指定邮箱，实现类 Manus 的简单任务自动化，如图 5-20 所示。

这些案例仅仅是 Clinde 和 MCP 潜在应用的"冰山一角"。随着用户对 MCP 的理解不断深入，他们将能够探索更多高级且定制化的应用场景，从而更有效地利用 AI 来提升工作效率和解决实际问题。

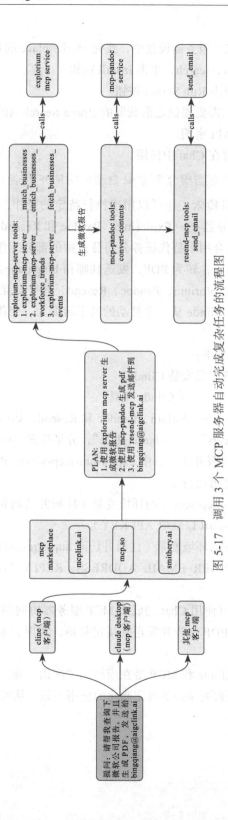

图 5-17 调用 3 个 MCP 服务器自动完成复杂任务的流程图

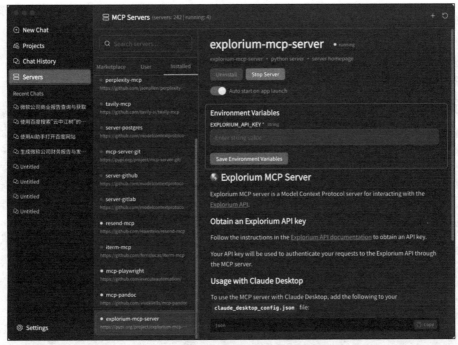

图 5-18　配置 explorium-mcp-server

图 5-19　配置 resend-mcp

图 5-20　Chat 调用 3 个 MCP 服务完成复杂任务

5.2.4　MCP 在 Clinde 中应用于 AI Agent 的重要性与优势

1. Clinde 简化 MCP 使用

在 Clinde 中应用 MCP 对于 AI Agent 的重要性不言而喻，而 Clinde 本身在简化 MCP 的使用方面也发挥了关键作用。对于初学者来说，直接接触和配置底层的 MCP 可能会很复杂和难以理解。Clinde 通过提供简单易用的界面和一系列抽象层，极大地降低了使用 MCP 的门槛。

首先，Clinde 提供了一个集成的 MCP 服务器管理界面。用户无须手动编辑配置文件或运行复杂的命令行指令，即可轻松地安装、启动、停止和配置 MCP 服务器。对于许多流行的服务和数据源，Clinde 甚至提供了一键安装功能，用户只需在列表中选择所需的服务器并单击安装，即可完成部署。这种便捷性大幅降低了初学者的操作难度。

其次，Clinde 大幅降低了 MCP 服务器配置的复杂性。例如，对于需要特定参数或环境变量的服务器，Clinde 可能会提供默认设置或引导用户完成配置过程。在配置连接到 API 的服务器时，Clinde 会以界面友好的方式提示用户输入 API 密钥，并安全地存储这些凭据，而用户无须深入了解底层的身份验证机制。

如果在其他环境中直接使用 MCP，初学者可能需要手动配置服务器进程、处理通信协议、管理身份验证等，这些都可能带来相当大的挑战。Clinde 提供了一个托管和引导式的体验，抽象掉了许多底层的技术细节，使初学者可以更专注于利用 MCP 带来的功能，而不是被复杂的实现细节所困扰。Clinde 提供的 MCP 服务器市场，以及一键安装、便捷的服务器管理等功能，都体现了它在简化 MCP 使用方面的努力。这种简单易用的设计和抽象，使初学者能够更容易地掌握和应用 MCP，从而更有效地利用 AI Agent 的能力。

2. 潜在的进阶应用与未来展望

虽然本章主要面向零基础的初学者，但了解 MCP 在 Clinde 中潜在的进阶应用和未来展望，可以帮助用户更好地理解这项技术的长期价值和发展潜力。随着用户对 MCP 的熟悉程度不断提高，他们可以探索更多高级的应用场景，并期待未来技术的进一步发展。

用户可以尝试组合使用多个 MCP 服务器，创建更复杂的自动化工作流程。例如，可以将一个用于信息检索的服务器与一个用于任务管理的服务器结合起来，实现从信息搜索到任务创建的自动化流程。MCP 还可能被应用于实时数据流处理和交互式 AI 应用，例如构建能够根据实时数据分析结果动态调整策略的 AI Agent。

展望未来，MCP 标准将不断发展和完善，我们可以期待未来 MCP 在安全性、可扩展性和易用性方面取得更大的进步。例如，可能会出现对更多传输协议的支持、更安全的身份验证机制，以及更丰富的预构建 MCP 服务器生态系统。同时，像 Clinde 这样的平台也可能会进一步简化 MCP 服务器的集成和管理，使得这些高级功能更加容易被非专业用户所使用。可以预见，随着 AI 技术的不断发展，MCP 将在构建更智能、更自主的 AI Agent 方面发挥越来越重要的作用，而 Clinde 作为一个简单易用的平台，将帮助更多的人利用这项强大的技术。

5.3　在 Cursor 中使用 MCP 服务器

MCP 旨在将 AI 助手连接到外部数据、LLM、工具、AI Agent 等。MCP 对于增强诸如 Cursor 这样的人工智能驱动的开发环境的能力至关重要，它为数据访问和工具利用提供了一个通用的接口，克服了孤立的 AI 模型的局限性。本节旨在提供一个深入的指南，介绍如何在 Cursor 中有效地使用 MCP 服务器，重点关注实际应用、配置步骤以及为人工智能辅助开发工作流程带来的益处。

5.3.1　Cursor 介绍

1. 什么是 Cursor

Cursor 是一款基于 Visual Studio Code（VS Code）构建的 AI 代码编辑器，它继承了 VS Code 的界面和广泛的扩展生态系统。Cursor 的主要目标是通过将人工智能深度集成到编码工作流程中，使开发人员能够实现"非凡的生产力"，它就像一位智能的结对程序员。Cursor 支持多种平台，包括 Windows、macOS 和 Linux。对于熟悉 VS Code 的用户来说，Cursor 的操作非常直观，并且能够一键导入所有扩展、主题和快捷键，确保了平滑的过渡。

Cursor 界面的主要组成部分如图 5-21 所示。

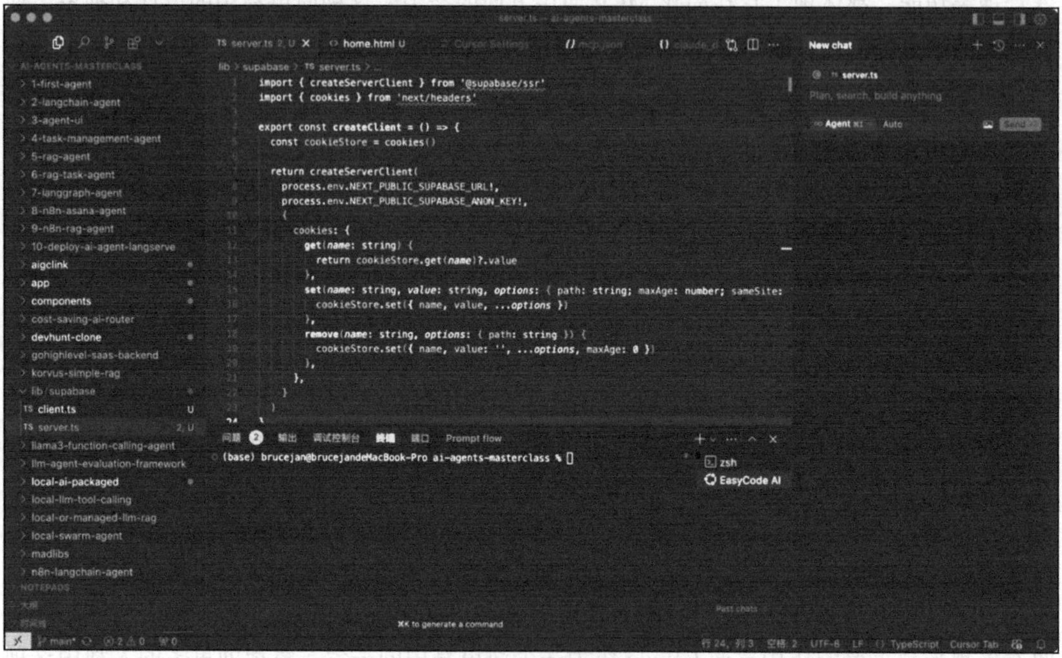

图 5-21　Cursor 界面

- 编辑器窗口：查看和编辑代码的主要区域，类似于 VS Code。
- 侧边栏：通常位于左侧，用于项目导航（资源管理器）、版本控制（Git）、扩展以及其他工具。
- AI 面板（聊天）：通常位于右侧，通过 Cmd+L（Mac）或 Ctrl+L（Windows/Linux）访问，作为与 Cursor 的 AI 功能交互的界面。
- Composer 窗口：用于多文件编辑和代理模式的专用界面，通过 Cmd+I（Mac）或 Ctrl+I（Windows/Linux）访问。
- 终端：通过"查看→终端"或"Ctrl+`"访问的集成终端，允许执行 shell 命令。
- 状态栏：位于底部，提供有关当前文件、语言模式和其他编辑器状态的信息。
- 设置：通过右上角的齿轮图标、Cmd/Ctrl+Shift+J 或命令面板（Cmd/Ctrl+Shift+P）访问，用于配置 Cursor 的行为和功能。

Cursor 与 VS Code 的视觉相似性，使得熟悉 VS Code 的用户能够直观地进行导航和基本操作，它保留了 VS Code 简单易用的界面。Cursor 与 VS Code 一致的界面降低了大量开发人员的入门门槛，有助于他们更快地采用 Cursor 的 AI 功能。通过保留 VS Code 熟悉的布局和功能，Cursor 允许开发人员利用他们现有的知识和技能，最大限度地减少了采用新代码编辑器相关的学习曲线。这种易于过渡对于鼓励广泛采用至关重要。

2. Cursor 的关键 AI 功能

（1）Tab 补全

智能的、上下文感知的代码补全，可以预测多行编辑，甚至建议下一个光标位置，其预测所需代码的能力常常令人感觉"神奇"，如图 5-22 所示。

图 5-22   Cursor Tab 补全

分析：正如用户评价所指出的，"神奇"的 Tab 补全功能表明 Cursor 底层模型非常复杂，能够理解复杂的编码模式。该功能有时能够预测大约 25% 时间所需的代码。

总结：用户评价提到编辑器大约 25% 的时间能够预测下一个编辑，这表明它具有高度的准确性，并具有为开发人员节省大量时间的潜力。这不仅仅是简单的关键词匹配，还暗示了对代码更深层次的语义理解，可能利用了自定义的检索模型。

（2）聊天界面

一个理解代码库的 AI 结对程序员，允许使用自然语言查询代码，并具有诸如即时应用建议、代码库答案，以及使用"@"符号引用代码、网络信息和文档的能力，如图 5-23 所示。

分析：聊天界面改变了开发人员与代码交互的方式，实现了通过对话来解决问题和理解代码。它就像一个非常快速、知识渊博的协作者。

总结：使用"@"符号直接在聊天中引用特定文件、文件夹、代码片段、网页和文档的能力，增强了人工智能的上下文理解，带来了更相关和准确的响应，减少了手动切换上下文的需求，改善了开发流程。

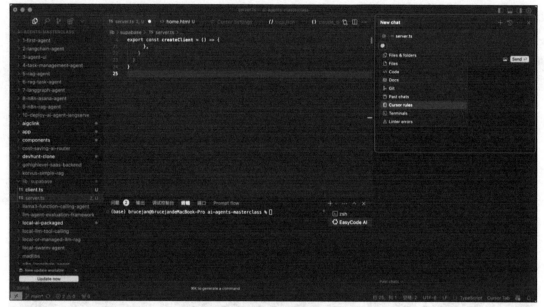

图 5-23　Cursor 聊天

（3）Ctrl+K（或 Cmd+K）

使用自然语言指令进行内联代码编辑和生成，允许用户描述代码应如何更改，或在不选择任何内容的情况下生成全新的代码。此快捷方式将人工智能辅助编码的全部功能置于开发人员指尖。

分析：此功能使代码操作更加民主化，允许开发人员专注于期望的结果而不是语法的复杂性。它就像一位编码向导。

总结：以自然语言描述代码更改并让人工智能直接在编辑器中生成或修改代码，显著加快了开发速度，尤其是在重构或生成样板代码等任务中。它甚至可以在终端中使用，将自然语言转换为终端命令。

（4）代理模式（通过 Composer）

端到端任务完成，包括多文件编辑、运行终端命令和自动调试。尝试在 Composer 中选择"代理"。

分析：代理模式代表着人工智能辅助自动化复杂开发工作流程的重大进步。它允许用户描述他们想要做的事情，然后 Cursor 会处理它。

总结：Cursor 描述一个特性或重构任务，并让人工智能自主地跨多个文件进行更改、运行测试和修复错误，同时让程序员随时了解情况，这有可能极大地提高生产力并减少花费在烦琐任务上的时间。它就像一个可以承担复杂任务的全能助手。

（5）上下文感知

深度理解整个代码库，由自定义检索模型提供支持。Cursor 可以使用自定义检索模型理解代码库。

分析：上下文感知能力是 Cursor 的一个关键区别，它带来了更准确和相关的人工智能辅助。它不仅能查看你正在编辑的文件，还能理解整个项目的上下文。

总结：通过分析整个代码库，Cursor 可以提供上下文相关的代码补全，在聊天中生成更准确的响应，并执行更有效的重构，同时考虑到项目不同部分之间的关系。

（6）AI 规则

通过在 Cursor 设置 > 常规 >AI 规则中配置全局规则，以及存储在 .cursor/rules 目录中的项目特定规则，自定义 AI 行为，允许开发人员将他们的偏好融入 AI 的行为中。

分析：此功能允许团队根据其特定的项目需求和编码指南标准化 AI 辅助。它确保 AI 的建议符合首选的编码标准。

总结：通过定义代码生成、格式化和开发过程其他方面的规则，团队可以确保人工智能的建议与其既定标准一致，从而产生更易于维护和更高质量的代码。项目规则提供了一个强大且灵活的系统，具有特定于路径的配置。

（7）模型 MCP 集成

连接到外部系统和数据源的能力，通过标准化接口将 Cursor 的 AI Agent 连接到各种支持 MCP 的数据源和工具，从而扩展功能，如图 5-24 所示。

图 5-24　Cursor MCP 服务器配置

分析：MCP 集成是一项强大的功能，它允许 Cursor 与更广泛的数据和服务生态系统进行交互，从而解锁高级用例。它允许你将 Cursor 连接到外部系统和数据源。

总结：通过利用 MCP，Cursor 可以超越本地代码库的限制，访问来自数据库、API 和其他外部系统的 MCP 服务器，从而使 AI Agent 能够执行更复杂且具上下文感知的任务。

5.3.2 初学者指南

1. 在 Cursor 中访问和启用 MCP 服务器

1）导航到 Cursor 设置：单击菜单的 Cursor -> Cursor Settings，如图 5-25 所示。

图 5-25　Cursor MCP 配置入口

2）找到菜单中的"MCP"部分。

3）添加新的 MCP 服务器：详细说明添加新 MCP 服务器配置的过程：

❑ 单击"+ Add new global MCP server"按钮。

❑ 会打开一个 mcp.json 文件。

❑ 配置连接详细信息，如图 5-26 所示，配置的是"zapier mcp"。

❑ 保存配置。

4）验证连接：检查 MCP 服务器是否成功连接（例如，MCP 设置中显示绿色活动状态），如图 5-27 所示。

2. 配置 Cursor 中的 MCP：连接外部数据

（1）连接到数据库

1）解释 MCP 允许 Cursor 直接查询数据库。

2）提供数据库 MCP 服务器的示例（例如，PostgreSQL、Supabase、Neon），可以在 https://github.com/punkpeye/awesome-mcp-servers 中获取各种 MCP 服务器，如图 5-28 所示。

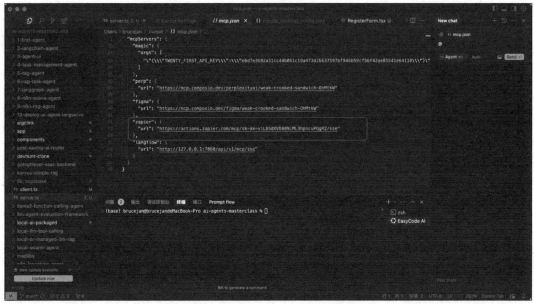

图 5-26　配置 Cursor MCP 服务器信息

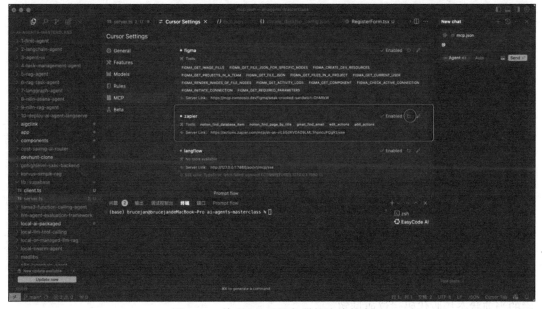

图 5-27　检查 MCP 服务器的连接状态

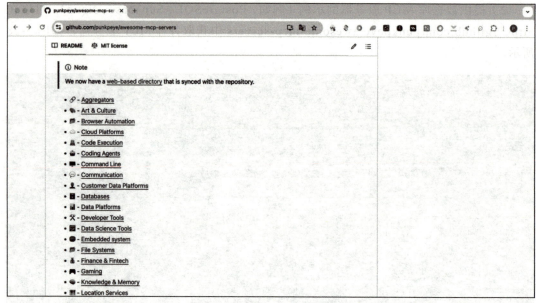

图 5-28　MCP 服务开源集

3）使用具体示例说明配置过程，例如连接到 PostgreSQL 数据库：

❑ 本地启动 PostgreSQL 服务。

❑ 获取 PostgreSQL 的配置代码。

```
"postgres": {
    "command": "docker",
    "args": [
        "run",
        "-i",
        "--rm",
        "mcp/postgres",
        "postgresql://host.docker.internal:5432/mydb"]
}
```

❑ 在 Cursor 设置中添加新的 MCP 服务器（设置 > 功能 >MCP>+Add new global MCP server），打开 mcp.json 文件。

❑ 将上述代码配置在 mcp.json 中，如图 5-29 所示。

❑ 保存配置并验证连接。

分析：通过 MCP 连接到数据库，使 Cursor 中的 AI Agent 能够执行数据分析、检索模式，并将实时数据合并到推理和代码生成中。

总结：通过允许在 Cursor 中通过 MCP 使用自然语言与数据库进行交互，极大地简化了数据驱动的开发任务。开发人员可以直接在 Cursor 中询问有关数据的问题，并根据数据库的当前状态接收代码建议或见解。

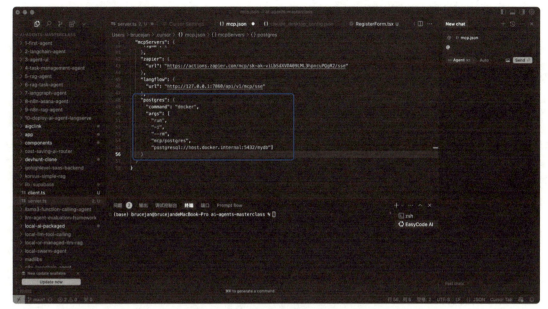

图 5-29　PostgreSQL-MCP 配置

5.3.3　Cursor 与 MCP 的应用场景和案例

1. 案例：使用 MCP 在 Cursor 中连接和查询数据库

（1）用例

开发人员需要快速从 PostgreSQL 数据库中检索数据，以了解特定的数据结构或将数据用于测试目的。

（2）实际操作步骤

1）确保按照"配置 Cursor 中的 MCP：连接外部数据"部分中的说明，在 Cursor 中配置了 PostgreSQL MCP 服务器。

2）打开 Cursor 聊天窗格（Cmd+L 或 Ctrl+L）。

3）在聊天输入中，指示 AI Agent 使用 PostgreSQL MCP 服务器查询数据库。例如："使用 PostgreSQL 数据库查找所有状态为'active'的用户"。

4）AI Agent 将识别相关的 MCP 工具，并可能要求批准执行该工具（取决于 MCP 中的"工具批准"设置）。

5）批准工具执行。

6）来自数据库的响应（包含活跃用户列表）将显示在聊天窗格中。

7）开发人员可以进一步细化查询，或要求 AI 基于检索到的数据生成代码。

此场景演示了 MCP 如何简化开发环境中数据库的交互，允许快速检索数据而无须离开编辑器或使用外部数据库工具。

通过 MCP 在 Cursor 中实现使用自然语言查询数据库的能力，简化了访问和处理数据的过程，使开发人员能够快速验证数据结构、检索测试数据或获取见解，而无须切换到单独的数据库客户端。

2. 案例：使用 MCP 在 Cursor 中集成 REST API

（1）用例

开发人员想要使用通过 MCP 集成的天气 API 获取最新的天气信息。

（2）实际操作步骤

1）确保在 Cursor 中配置了天气 API 的 MCP 服务器，该服务器具有根据位置获取天气数据的工具。

2）打开 Cursor 聊天窗格。

3）指示 AI Agent 使用天气 API 从 MCP 服务器获取当前天气。例如："使用天气 API 获取伦敦的天气预报"。

4）AI Agent 将识别适当的工具，并可能请求批准。

5）批准执行。

6）伦敦的天气预报将显示在聊天窗口中。

7）开发人员可以使用此信息来指导他们的代码（例如，在应用程序中显示天气）。

这展示了 MCP 如何使 Cursor 能够与外部服务进行交互，将真实世界的数据引入开发环境。

通过 MCP 集成 REST API，开发人员可以轻松地在编码工作流程中访问和使用外部服务。这对于诸如获取配置数据、与第三方平台集成或直接从编辑器测试 API 端点等任务特别有用。

3. 案例：通过 MCP 在 Cursor 中使用外部文档

（1）用例

开发人员需要访问特定库的文档，而该文档未被 Cursor 的 @Docs 功能索引。可以构建一个 MCP 服务器来获取和提供文档内容。

（2）实际操作步骤

1）需要使用 MCP SDK 创建一个自定义的 MCP 服务器，以从库的网站或 API 获取文档。该服务器将公开一个用于搜索和检索文档内容的工具。

2）在 Cursor 设置中配置此自定义 MCP 服务器。

3）打开 Cursor 聊天窗格。

4）指示 AI Agent 使用文档 MCP 服务器查找信息。例如："使用库文档查找函数'XYZ'的用法。"

5）AI Agent 将使用适当的工具，并可能请求批准。

6）批准执行。

7）相关的文档内容将显示在对话中。

8）开发人员可以在编码时参考该文档。

虽然该示例使用了自定义服务器，但这突显了 MCP 在提供对更广泛信息源（包括无法通过其他方式轻松获得的文档）访问方面的潜力。

通过启用创建可以获取和提供对外部文档访问的 MCP 服务器，开发人员可以将 Cursor 的知识库扩展到其内置功能之外。这对于使用不太常见的库或无法公开访问的内部文档尤其有价值，确保开发人员可以随时获得所需的信息。

4. 案例：使用 MCP 访问的数据增强 Cursor 中 AI Agent 的能力

（1）用例

使用 GitHub MCP 可与 GitHub API 无缝集成，为开发者和工具提供高级自动化和交互功能：自动化 GitHub 工作流程和流程、从 GitHub 代码库中提取和分析数据、构建与 GitHub 生态系统交互的 AI 驱动工具和应用程序。

（2）实际操作步骤

1）获取 GitHub 个人访问令牌：

❑ 访问 GitHub → Settings → Developer Settings → Personal Access Tokens。

❑ 权限勾选：

■ repo（具有整个仓库的读写权限）。

■ admin:org（组织管理权限，若需操作团队仓库时需要）。

■ 设置 Token 有效期（建议不超过 6 个月），生成后复制 Token 值以备使用。

2）配置 mcp.json，需要配置的 GitHub-MCP-Server 的 MCP 配置如图 5-30 所示。

```
{
    "mcpServers": {
        "github": {
            "command": "npx", // Windows 改为 "cmd"
            "args": [
                "-y",
                "@modelcontextprotocol/server-github"
            ],
            "env": {
                "GITHUB_PERSONAL_ACCESS_TOKEN": "你的 Token"
            },
            "disabled": false
        }
    }
}
```

3）启用 MCP 服务器。

4）进入 Cursor → Settings → MCP 配置页。

5）单击对应服务的 Disabled 按钮切换为 Enabled，状态灯变为绿色表示启动成功，如图 5-31。

图 5-30　配置 GitHub-MCP-Server

图 5-31　MCP 服务器状态

　　这演示了 MCP 如何允许 Cursor 中使用 AI Agent 利用 GitHub MCP 执行复杂代码任务，例如基于特定 GitHub 代码库进行重构。

　　通过将 Cursor 的代码库理解能力与 GitHub MCP 提供的能力相结合，也可扩展到更多的场景：

- ❏ 多仓库协同：通过 org: 团队名参数管理企业级代码库。
- ❏ 自动化 CI/CD：结合 GitHub Actions 实现代码合并后自动部署。
- ❏ 数据分析流水线：抓取仓库提交记录→存储至数据库→生成可视化报表。

5.3.4　MCP 在 Cursor 中应用于 AI Agent 的重要性与优势

1. Cursor 简化 MCP 使用

- ❏ 简单易用的界面：Cursor 在设置中提供了一个简单的界面来添加和配置 MCP 服务器，抽象了底层协议的复杂性。
- ❏ 自动工具发现：如果 Cursor 的 AI Agent 认为 MCP 设置中"可用工具"下列出的 MCP 工具与任务相关，它们可以自动发现并使用这些工具。Composer 代理将自动使用 MCP 设置页面上"可用工具"中列出的任何 MCP 工具，如果它认为这些工具相关。
- ❏ 自然语言提示：开发人员可以通过简单的自然语言命令指示 AI Agent 使用 MCP 工具，而无须了解这些工具的特定语法或参数。要故意提示使用某个工具，只需告诉代理使用该工具，可以通过名称或描述来引用它。
- ❏ 工具批准机制：默认情况下，当代理想要使用 MCP 工具时，它会显示一条消息，要求你批准，这提供了控制并防止意外操作。
- ❏ YOLO 模式（可选）：对于高级用户，Cursor 提供了"YOLO 模式"，该模式允许 AI Agent 自动运行 MCP 工具而无需批准，类似于执行终端命令的方式，以实现更快的自动化。
- ❏ 分析：Cursor 的设计优先考虑 MCP 集成的易用性，使得更广泛的开发人员可以访问这个强大的协议。

通过提供简单易用的配置界面、自动工具发现、自然语言提示和工具批准机制，Cursor 降低了使用 MCP 的门槛。这使得开发人员能够在不需要深入了解底层协议的情况下，利用将 AI Agent 连接到外部数据和工具的优势，从而促进了 MCP 功能的更广泛采用和利用。

2. 潜在的进阶应用与未来展望

- ❏ 增强的数据集成：未来的发展可能会看到与各种数据源更复杂的集成，允许 AI Agent 直接在代码编辑器中执行复杂的数据分析并生成见解。MCP 允许 Cursor 直接查询数据库。
- ❏ 更智能的 AI 辅助：MCP 可以使 AI Agent 访问来自项目管理工具、协作平台和监控系统的实时信息，从而实现更具上下文感知和主动性的辅助。
- ❏ 自定义工具和自动化：开发人员可以构建针对特定需求和内部系统的自定义 MCP

服务器，进一步扩展 Cursor 的自动化能力。只需使用少量 TypeScript 和 MCP SDK，你就可以将任何脚本或工具转换为 Cursor 可以直接交互的对象。

❑ 与 AI 框架集成：MCP 可以促进 Cursor 与 LangChain 或 LlamaIndex 等 AI 开发框架更紧密地集成，从而实现更复杂的代理工作流程。

❑ 改进的协作：MCP 可能通过允许 AI Agent 访问并推理多个开发人员工作区之间的共享上下文，来增强协作编码场景。

❑ 支持 MCP 资源：未来版本的 Cursor 可能会支持 MCP 资源，使 AI Agent 能够跨会话访问和管理持久化数据。

MCP 在 Cursor 中的未来蕴藏着巨大的潜力，可以通过更深入的数据集成、更智能的 AI 辅助和增强的自动化来改变开发工作流程。随着 MCP 生态系统的持续发展以及 Cursor 对 MCP 功能的进一步集成，开发人员可以期待看到越来越复杂的 AI Agent，它们可以自主处理更广泛的开发任务，从复杂的重构和功能实现到持续集成和部署，所有这些都由对相关数据和工具的实时访问驱动，最终带来更高效和智能的开发体验。

5.4 在 Cline 中使用 MCP 服务器

本节将深入探讨如何在 Cline 中使用 MCP 服务器。Cline 是一款强大的开源 VS Code 扩展，它作为一种受监督的软件工程 AI Agent，允许开发者通过集成在他们常用 IDE 中的聊天界面来驱动软件实现。在人工智能辅助编码领域，Cline 尤其引人注目，当它与 Claude 3.5 Sonnet 等模型结合使用时展现了先进的功能。

5.4.1 Cline 介绍

Cline 允许开发者完全通过 Cline 聊天界面来驱动他们的代码实现，充当 AI 全栈程序员的角色，并与开发者已经使用的 IDE 无缝集成。相比于 5.2 节介绍的面向使用者的 Clinde，Cline 主要面向开发者。Cline 的主要功能包括 plan 与 act 模式、透明 token 用量以及 MCP 集成，这些功能帮助开发者更有效地与大型语言模型进行交互。

Cline 在处理复杂的开发任务、支持大型代码库、自动化无头浏览器测试以及主动修复错误方面展现了先进的能力。与基于云的解决方案不同，Cline 通过在本地存储数据来增强隐私。它的开源特性不仅确保了更高的透明度，还促进了社区驱动的改进。

Cline 也可以被视为 VS Code 的 AI 全栈程序员，能够创建和修改文件、执行命令、使用浏览器等，所有这些操作都需要用户的许可，这超越了简单的代码补全或技术支持的范畴。Cline 通过分析文件结构、源代码抽象语法树（AST）、运行正则表达式搜索以及读取相关文件来快速了解现有项目，即使是大型和复杂的项目，它也能通过仔细管理上下文窗口中的信息来提供有价值的帮助。值得注意的是，Cline 甚至可以使用 MCP 来创建新工具并扩展自身的功能。虽然传统的自主人工智能脚本通常在沙盒环境中运行，但此扩展提供了一个人机交互的图形用户界面（GUI），用于批准每一个文件更改和终端命令，从而提供了一种安全且易于访问的方式来探索自主人工智能的潜力。

Cline 支持各种 API 提供商和模型，包括 OpenRouter、Anthropic、OpenAI、Google Gemini、AWS Bedrock、Azure、GCP Vertex，以及通过 LM Studio/Ollama 使用本地模型。此外，Cline 还会跟踪令牌的使用情况和 API 的成本。Cline 的一个显著特点是它能够利用 MCP 创建新工具并扩展自身的能力。这表明 Cline 具有一定的自我改进和适应性，能够根据需求动态增强它的功能。同时，Cline 强调"人机回路"的控制模式，要求用户批准每一个文件更改和终端命令，这体现了在探索自主人工智能潜力时对安全性的高度重视。

Cline 主要面向开发者，相比于 GitHub Copilot 和 Cursor，它不需要开发者具备很专业的开发知识，只需要清楚自己的需求，即可通过对话式完成任务，具体区别见表 5-1。

表 5-1 Cline、GitHub Copilot 和 Cursor 对比

特征	Cline	GitHub Copilot	Cursor
MCP 集成	广泛，通过 MCP Marketplace 和 GitHub 支持	无	有限，提供预配置的处理程序
收费模式	使用用户自己的 API 密钥	订阅	订阅，包含免费层
易用性	相对复杂，但提供了 Marketplace 和 GitHub 集成	易于上手	易于上手，基于 VS Code
代码补全	强大，但侧重于自主编码	优秀	优秀
自主 AI Agent 模式	强大	有限	强大
模型灵活性	高，支持多种模型和 API 提供商	主要基于 OpenAI 模型	支持多种模型
隐私	本地数据存储	专有	提供隐私模式
企业安全性	更安全，数据保留在企业内部	正常	企业版安全特性
社区支持	开源，社区驱动	广泛	活跃
工具集成	通过 MCP Marketplace 广泛支持	有限	通过 MCP 有限支持
上下文理解	深入，读取整个代码库	良好	深入
成本	根据 API 使用情况，可能较高	固定订阅费用	固定订阅费用

Cline 在 VS Code 环境中运行，聊天界面通常作为侧边栏或选项卡集成在 IDE 中，如图 5-32 所示。用户可以通过此界面以自然语言输入任务。Cline 的界面通常包含聊天历史记录、任务输入框，以及可能用于管理 Cline 行为和连接服务的设置或控件（基于推断）。Cline 界面还会提供关于计划和操作的反馈，经常显示代码更改的差异视图以及执行的终端命令的输出。用户可以审查、编辑、还原或提供关于 Cline 建议的反馈。Cline 采用聊天界面的交互模式，这对于不同经验水平的开发者来说可能更加直观。此外，差异视图的显示对于透明化 Cline 对代码库所做的更改至关重要，允许开发者理解并控制这些修改。

图 5-32　Cline 界面

5.4.2　初学者指南

1. 在 Cline 中访问和启用 MCP 服务器

在 Cline 中访问和启用 MCP 服务器通常需要导航至扩展设置中的 MCP 管理面板，如图 5-33 所示。

- Cline 提供了一个 MCP Marketplace，用户可以在其中发现并安装预构建的 MCP 服务器。
- MCP 服务器也可以通过提供它的 GitHub 仓库的 URL 从 GitHub 添加。
- 配置 MCP 服务器通常需要提供 API 密钥或其他身份验证凭据。用户可以根据需要管理单个 MCP 服务器，启用或禁用它。

MCP Marketplace 的存在表明 Cline 用户可以方便地获取并扩展它的功能的工具和集成，简化了利用 MCP 的过程。支持从 GitHub 添加服务器突显了 Cline 和 MCP 的开放性与可扩展性，允许社区贡献和超出 marketplace 的自定义集成。此外，API 密钥的需求强调了在将 AI Agent 连接到外部服务和数据源时安全性和身份验证的重要性。

2. 配置 Cline 中的 MCP

在 Cline 中配置 MCP 有 3 种方式：

1）编辑存储 MCP 服务器配置的 cline_mcp_settings.json 文件，可配置 STDIO 和 SEE

两种模式下的 MCP 服务器，如图 5-34 所示。

图 5-33　Cline Marketplace

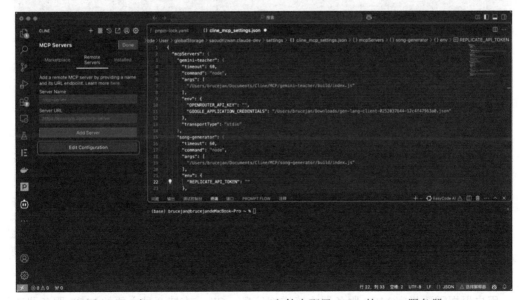

图 5-34　在 cline_mcp_settings.json 文件中配置 Cline 的 MCP 服务器

2）编辑 Remote Servers 的填充，支持 SSE 服务，不支持本地 STDIO 服务，如图 5-35 所示。

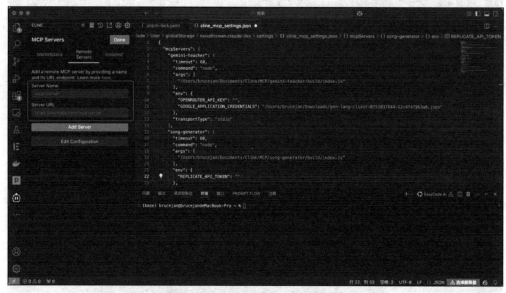

图 5-35　远程 MCP 服务器的 Remote Servers 配置

3）在 marketplace 搜索到指定的 MCP 服务器，单击 Install 即可自动安装，并且自动更新 cline_mcp_settings.json 配置，如图 5-36 所示。

图 5-36　安装 MCP 服务器

用户根据需要指定 MCP 服务器连接详细信息，Cline 支持两种主要的 MCP 服务器通信传输类型：STDIO（用于本地服务器）和 SSE（用于远程服务器），为 MCP 服务器的部署和访问提供了灵活性，满足了不同的安全和架构需求。在设置中，部分 MCP 服务器需要配置环境变量，安全地管理 API 密钥等敏感信息至关重要，Cline 的本地化特征也为安全性增加了一层保护。

5.4.3 Cline 与 MCP 的应用场景和案例

1. 案例：增强代码编写与调试

（1）用例

通过使用连接到文档源（例如，特定库或框架的文档）的 MCP 服务器，Cline 可以根据最新的文档提供更具上下文意识的代码建议，并识别潜在的问题。集成到代码检查器或编译器的 MCP 服务器可以提供实时反馈，并允许 Cline 在编写代码时主动修复错误。借助通过 MCP 服务器（例如，Puppeteer 或 Playwright）实现的浏览器自动化功能，Cline 可以自动测试 Web 应用程序，识别错误，甚至生成修复方案。

（2）实际操作步骤

1）从 Cline Marketplace 安装 Puppeteer MCP 服务器，如图 5-37 所示。

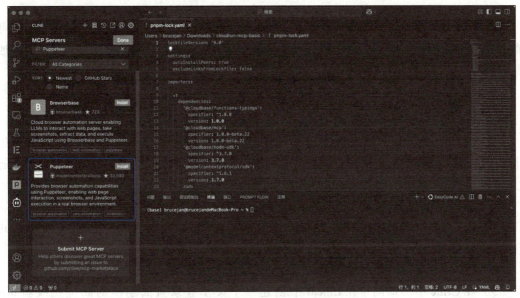

图 5-37　安装 Puppeteer MCP 服务器

2）在 Cline 中，询问"打开百度"，如图 5-38 所示。

3）Cline 将使用 Puppeteer MCP 服务器启动一个无头浏览器，导航到百度页面，并报告结果，包括在发生错误时的屏幕截图或控制台日志。

4）如果发现错误，可以指示 Cline"根据控制台日志中的错误消息修复登录问题"，它可能会使用其文件编辑功能来修改代码。

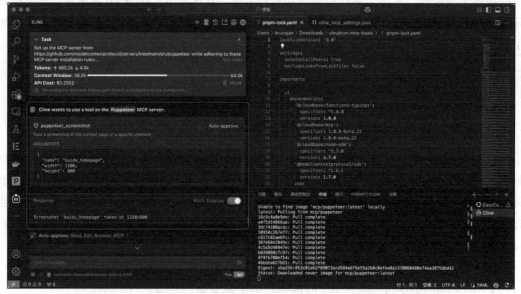

图 5-38   使用 Puppeteer MCP 服务器打开百度

通过 MCP 集成文档可以显著提高人工智能辅助编码的准确性和相关性，减少对模型可能过时的内部知识的依赖。通过浏览器自动化的 MCP 服务器实现自动化测试，可以更早地发现错误，从而开发出更健壮和可靠的软件。

2. 案例：自动化项目管理任务

（1）用例

连接到 Jira 或 Linear 等项目管理工具的 MCP 服务器允许 Cline 根据自然语言命令创建、更新和跟踪问题。Cline 可以通过 MCP 服务器查询项目管理系统来生成进度报告。通过 MCP 服务器与 Git 的集成，Cline 能够创建提交、分支和拉取请求。

（2）实际操作步骤

1）从 Cline Marketplace 安装 Linear MCP 服务器（或 Jira MCP 服务器），或从 GitHub 仓库添加，如图 5-39 所示。

2）使用必要的 API 令牌或身份验证详细信息配置服务器。

3）在 Cline 中，询问"在 Linear 中创建一个关于登录页面崩溃的高优先级新 bug 票据"。

4）Cline 将使用 Linear MCP 服务器创建具有指定详细信息的票据，如有需要，可能会要求确认或提供更多信息。

5）稍后，你可以询问 Cline "将票据 [票据 ID] 的状态更新为'进行中'"或"创建一个名为' fix-login '的新分支并提交最新的更改"。

图 5-39　安装 Linear MCP 服务器

　　自动化项目管理任务可以显著提高团队效率，减少在手动管理工作上花费的时间，使开发者能够更专注于编码。直接通过 Cline 的自然语言界面管理 Git 操作可以简化版本控制过程，并使它更易于被开发者访问。

　　3. 案例：集成外部 API 和数据源

　　（1）用例

　　使用 MCP 服务器，Cline 可以与各种外部 API 交互，例如从金融 API 获取实时股票数据或检索天气信息。与数据库 MCP 服务器（例如 PostgreSQL 或 SQLite）的集成允许 Cline 直接从 IDE 查询和分析数据。MCP 服务器还可以促进与 Notion 或 Slack 等生产力工具的交互，允许 Cline 创建笔记、更新任务或发送消息。

　　（2）实际操作步骤：

- ❑ 从 Cline Marketplace 安装金融 API MCP 服务器（例如，AlphaAdvantage）或天气 API MCP 服务器，或从 GitHub 添加。
- ❑ 使用所需的 API 密钥配置服务器。
- ❑ 在 Cline 中，询问"[股票代码] 的当前价格是多少"或"明天 [城市] 的天气预报是什么"。
- ❑ Cline 将使用相应的 MCP 服务器从外部 API 获取数据，并在聊天中显示结果。
- ❑ 对于数据库集成，安装数据库 MCP 服务器（例如，SQLite），并使用数据库文件路径进行配置。然后，询问 Cline"列出数据库中的所有表"或"运行查询以查找前10 位客户"。

集成外部 API 和数据源扩展了 Cline 的功能，使 Cline 超越了代码操作，成为一个能够访问和处理来自各种来源信息的更通用的开发助手。与生产力工具的集成表明，Cline 有潜力成为各种开发相关任务的中心枢纽，进一步提高开发效率。

4. 案例：零门槛创建自定义销售 AI Agent 外呼服务

（1）用例

可以创建或使用 Elevenlabs-MCP 服务器，零门槛创建自定义销售 AI Agent 外呼服务，同时能生成图文并茂、声音同步的播客内容，替代原先的广播工作，同时也是自媒体创作神器。

（2）实际操作步骤

1）搜索 ElevenLabs-MCP 服务器，并在 Cline 中安装 / 配置，如图 5-40 所示。

图 5-40　安装 ElevenLabs-MCP 服务器

2）安装过程中，Cline 会提示输入 ElevenLabs 的 APIKEY（请在 Elevenlabs 获取 APIKEY 发送给 Cline），如图 5-41 所示。

3）登录 Elevenlabs 添加 Phone Numbers，可从 Twilio 导入。

4）Cline 将使用 Elevenlabs-MCP 服务器来处理用户创建语音 AI Agent、语音克隆、TTS 等复杂任务。例如，输入以下命令："创建一个简单的外呼 AI Agent，能够实现订餐服务，并且外呼给：+12132750299"，即可获得一个订单外呼销售 AI Agent，就是这么简单，如图 5-42 所示。

5）使用 ElevenLabs-MCP 服务器结合联网 MCP 服务器 Brave-Search，可实现 AI 实时金融资讯播客、AI 医生外呼应答 AI Agent 等场景服务。

图 5-41　聊天提供 ElevenLabs 的 APIKEY

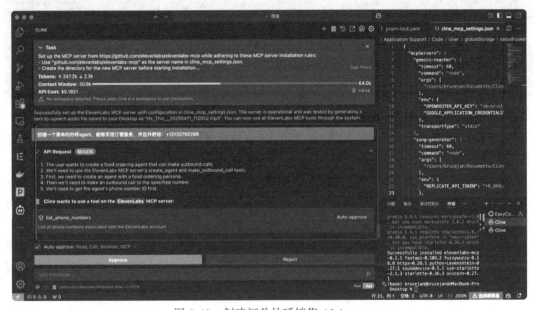

图 5-42　创建订单外呼销售 AI Agent

5. 案例：自定义工作流和工具创建

（1）用例

开发者可以使用 Cline 的 MCP 功能创建为他们的特定工作流程量身定制的自定义工具，例如用于管理云资源（AWS、Azure）、与内部公司 API 交互或执行专门代码分析的工具。Cline 甚至可以协助创建这些自定义 MCP 服务器。然后，这些自定义工具可以集成到 Cline 的自然语言命令中，从而实现高度个性化的人工智能辅助开发体验。

（2）实际操作步骤

1）在 Cline 中，询问"添加一个管理 AWS EC2 实例的工具，允许我启动、停止和监控它们的状态"，如图 5-43 所示。

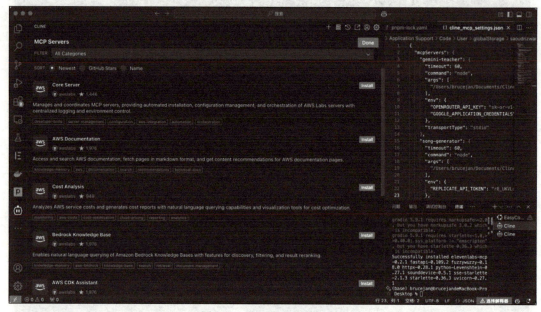

图 5-43　AWS MCP 服务器

2）然后，Cline 可能会指导你完成使用 AWS SDK 创建自定义 MCP 服务器的过程，定义必要的工具（start_instance、stop_instance、get_instance_status），并配置身份验证。

3）一旦自定义 MCP 服务器在 Cline 中设置和配置完毕，你就可以使用自然语言命令（如"启动我的生产 EC2 实例"或"检查我的暂存服务器状态"）直接从 IDE 通过 Cline 与 AWS 基础设施进行交互。

创建自定义 MCP 服务器和工具的能力使开发者能够根据自己的确切需求和工作流程定制他们的人工智能助手，从而显著提高生产力和效率。Cline 协助创建这些自定义 MCP 服务器的能力降低了利用此强大可扩展性功能的门槛，使它们能够被更广泛的开发者所使用。

5.4.4　MCP 在 Cline 中应用于 AI Agent 的重要性与优势

1.Cline 简化 MCP 使用

Cline 提供了一个简单易用的界面来访问和管理 MCP 服务器，Cline 中的 MCP Marketplace 为许多常见的 MCP 服务器提供了一键安装体验。Cline 可以通过聊天协助配置 MCP 服务器，包括设置 API 密钥和连接详细信息，极大地降低了使用门槛。

Cline 的自然语言界面允许开发者与 MCP 工具交互，而无须了解特定的命令语法或参数。Cline 简化 MCP 的使用，对于在更广泛的开发者中采用该协议至关重要，因为它降低了技术门槛。

2. 潜在的进阶应用与未来展望

- ❏ 智能工作流编排：未来的应用可能会看到 Cline 自动将来自不同服务器的多个 MCP 工具连接在一起，以根据高级用户请求执行复杂的工作流程，实现类 Manus 的定制化多 Agent 服务。例如，"创建一个关于最新功能的博客文章，在线研究该主题，生成一个大纲，编写内容，并将它发布到我的网站"。

- ❏ 跨项目知识共享：MCP 可以支持开发允许像 Cline 这样的 AI Agent 在不同项目之间共享知识和见解的工具，从而提高一致性和代码重用。一个 MCP 服务器可以管理一个最佳实践或常见解决方案的存储库，Cline 可以访问并在各种代码库中应用这些实践或方案。

- ❏ AI 驱动的故障排除与修复：高级的 MCP 服务器可以为 Cline 提供对系统日志、性能指标和错误报告的更深入了解，使它能够自主诊断并可能修复复杂的问题。通过 MCP 与监控工具和调试平台的集成将是关键。

- ❏ 与新兴 AI 模型的无缝集成：MCP 的标准化特性可以使 Cline 更容易地与新兴的专业人工智能模型集成，允许开发者为每个特定任务利用最佳模型。例如，通过 MCP 服务器使用专门的人工智能模型进行代码安全分析。

- ❏ 增强的企业级应用：未来的 MCP 服务器可以促进与企业系统的更深层次集成，使 Cline 中的 AI Agent 能够以安全和受控的方式与内部工具、数据库和工作流程进行交互，从而提高组织内的生产力和自动化水平。这将需要在 MCP 框架内建立强大的身份验证和授权机制。

使用 MCP 与 Cline 结合带来了诸多优势，包括增强代码编写和调试能力、自动化项目管理任务、集成外部 API 和数据源、自动化文档生成以及创建自定义工作流和工具。通过简单的步骤，开发者可以轻松地在 Cline 中访问、启用和配置 MCP 服务器，连接各种外部数据源以扩展 Cline 的功能。上述应用场景展示了 MCP 在提升开发者效率和简化复杂开发任务方面的巨大潜力。展望未来，Cline 与 MCP 的结合将在人工智能辅助软件开发领域发挥越来越重要的作用，推动智能工作流、跨项目知识共享、AI 驱动的故障排除、与新兴 AI 模型的集成以及增强的企业级应用的发展。

5.5　腾讯云 MCP 服务器 + AI Agent + 小程序：5 分钟构建一个类 Manus 服务

本节将深入探讨如何在腾讯云中使用 MCP 服务器、实操构建基于 MCP 的 AI Agent，以及将构建好的 AI Agent 发布到小程序 / 公众号。2025 年 4 月，腾讯云发布了集 MCP

Marketplace、MCP 托管、AI Agent 构建与发布到小程序 / 公众号为一体的 AI 套件平台，打通了 3 个生态：MCP 生态、AI Agent 生态、小程序 / 公众号生态，为 MCP 和 AI Agent 创业者的商业化提供了良好的通道。不需要任何技术能力，通过使用它，仅需 5 分钟即可零门槛快速搭建一个类 Manus 的通用智能体，并可发布为 Web 应用、小程序、公众号，相当于 Coze+MCP+Zion 的合体。这也是继阿里云支持 MCP 之后，第二家国内大厂全面支持 MCP，推动 MCP 成为国内 AI Agent 互联互通的标准。

5.5.1　腾讯云 AI 套件简介

腾讯云正式推出 AI 开发套件：AI 客户端、AI Agent 构建、AI 调用链路，提供从 Web/小程序应用构建、AI Agent 构建、MCP 服务器构建托管、应用上线运营为一体的全链路解决方案，如图 5-44 所示。

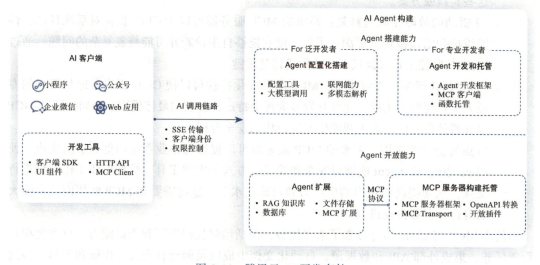

图 5-44　腾讯云 AI 开发套件

腾讯云开发提供前端对话智能生成工具，帮助开发者零门槛快速搭建 AI 端侧应用，只需要一句话即可搭建一个小程序、Web、云函数、数据库，如图 5-45 所示。

腾讯云开发平台提供配置化搭建和代码开发两种构建 AI Agent 的方式，适用于不同专业程度的开发者和应用场景，帮助场景方快速接入 AI Agent，并且支持 MCP 服务器托管和在 AI Agent 中引入 MCP 服务器，为国内的开发者构建类 Manus 服务提供了一站式中间件平台。

（1）零代码

对于简单的智能问答场景，开发者可以使用零代码的方式，通过对接垂直知识库，即可创建支持多轮对话、意图识别和多语言的智能问答 AI Agent，如图 5-46 所示。同时，平台还提供了零代码的自动化智能 AI Agent，这类 AI Agent 利用 MCP，使 AI 能够调用外部

MCP 服务器并执行操作，实现任务的自动拆解和执行。

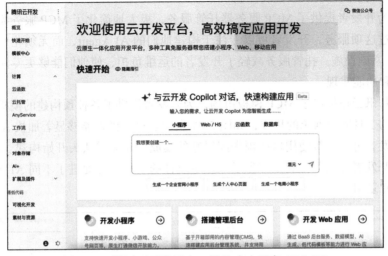

图 5-45　腾讯云开发平台一键生成小程序 /Web/H5

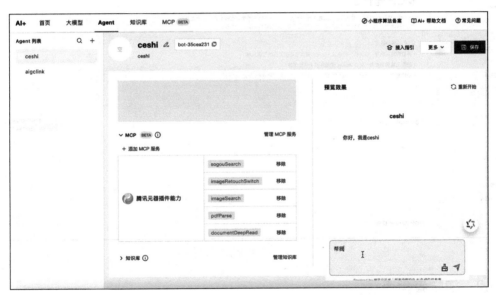

图 5-46　零代码构建 AI Agent

（2）函数型

对于更复杂的场景和专业的开发者，CloudBase AI+ 提供了函数型 Agent，允许开发者通过编写自定义代码，调用大模型、MCP、知识库，并对接业务数据和 API，实现高度定制化的 AI Agent 逻辑。

零代码构建 AI Agent 的出现降低了 AI Agent 开发的门槛，使得更多非专业程序员也能参与到 AI 应用的构建中。函数型 AI Agent 则确保了平台能够应对各种复杂的业务需求，为专业开发者提供了充分的灵活性和控制权。

腾讯云为开发者提供了 MCP 服务器托管服务，极大地简化了 MCP 服务器的部署和管理过程。通过这项服务，开发者可以专注于构建他们的 AI Agent，而无须花费精力去管理底层的 MCP 基础设施。托管服务减轻了开发者的运维负担，使他们能够更专注于 AI Agent 的核心逻辑和功能实现。

此外，腾讯云还推出了 MCP 模板市场，为开发者提供了各种预构建的模板，这些模板涵盖了常见的工具和数据源的集成，如图 5-47 所示。这些模板能够显著加快 AI Agent 的开发速度，开发者可以直接使用这些预先配置好的集成，而无需从头开始构建。MCP 模板市场的存在为开发者提供了便利，节省了大量重复性的工作，并促进了不同 AI Agent 之间功能的标准化和复用。

图 5-47　MCP 模板市场

5.5.2　初学者指南

1. 配置 MCP

MCP 使得 AI Agent 能够通过 MCP 服务器连接到各种外部服务，配置方式如下：

1）进入腾讯云开发平台，单击左侧菜单 "AI+"，单击顶部菜单 "MCP" 选项，单击 "创建 MCP Server"，如图 5-48 所示。

2）选择模板创建 MCP 服务器，根据需要选择空白模板或已有的 MCP 模板，如图 5-49 所示。

图 5-48　MCP Server 构建页面

图 5-49　选择模板创建 MCP 服务

3）添加 MCP 完成后即可托管 MCP 服务，使用 MCP 服务有 3 种方式：AI Agent 中使用、MCP 主机（Cursor、Cline 等）中使用、SDK 调用。下面重点介绍 AI Agent 中的使用方式，如图 5-50 所示。

2. 基于 MCP 构建 AI Agent

构建基于 MCP 的 AI Agent 服务通常从在腾讯云开发平台上创建一个新的 AI Agent 开始。开发者可以根据自己的需求选择零代码方式或函数型方式，对于需要深度集成 MCP 的场景，函数型 AI Agent 提供了最大的灵活性。这里主要讲解零代码方式。

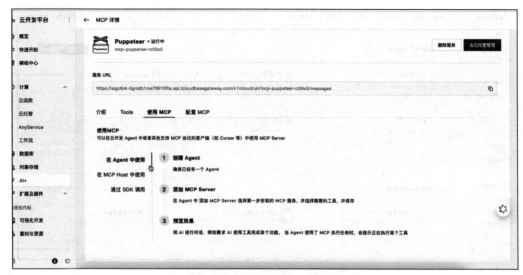

图 5-50   MCP 服务器的 3 种使用方式

1）进入腾讯云开发平台，单击左侧菜单"AI+"，单击顶部菜单"AI Agent"选项，单击＋添加，如图 5-51 所示。

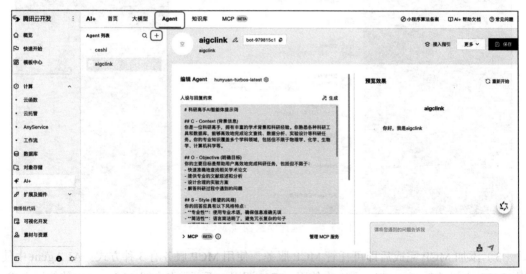

图 5-51   构建 AI Agent

2）配置 AI Agent，添加"人设与回复约束"，添加 MCP 服务（托管 MCP 服务），如图 5-52 和图 5-53 所示。

3）添加知识库、数据模型、联网搜索、文件、开场白、问题建议等，如图 5-54 所示。

4）单击"保存"，AI Agent 创建成功。

3. 部署到微信生态：小程序与公众号

如图 5-55 所示，腾讯云提供了将开发完成的 AI Agent 部署到微信小程序 /Web/ 公众号的能力，打通了 MCP、AI Agent、小程序 / 公众号生态，为从业者商业化变现提供了很好的路径。

这一过程通常在腾讯云开发的控制台中完成，可能涉及集成 Agent UI 组件或使用 AI SDK。在部署过程中，需要仔细考虑小程序内的用户体验、数据隐私以及遵守微信平台的相关规定。腾讯云直接支持将 AI Agent 部署到微信小程序，这充分体现了微信小程序在中国数字生态系统中的重要性（发布小程序需要算法备案）。

图 5-52　添加 MCP 服务

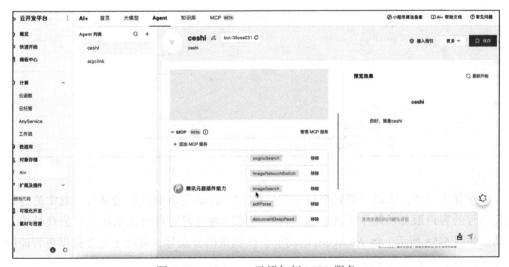

图 5-53　AI Agent 已添加好 MCP 服务

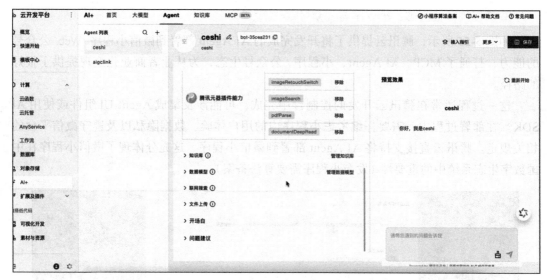

图 5-54 配置 AI Agent 知识库、联网搜索等

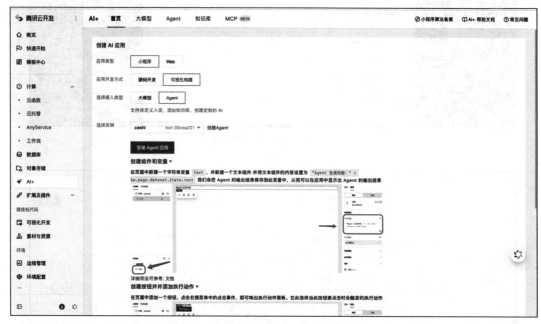

图 5-55 发布 AI Agent 到小程序 /Web

与小程序类似，腾讯云开发平台也支持将 AI Agent 部署到微信公众号，通常通过集成到公众号的客户服务功能中实现，这使得企业能够通过智能自动化来增强与公众号粉丝的互动，如图 5-56 所示。将 AI Agent 的功能扩展到微信公众号，有助于企业提供更智能的客户服务，并更有效地与受众沟通。

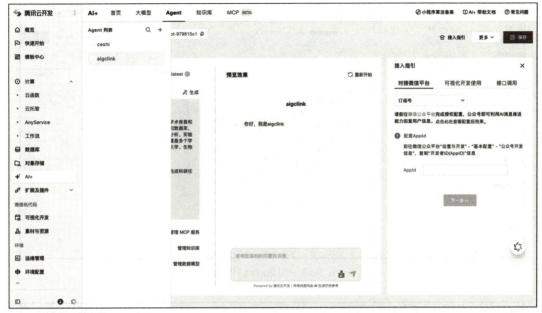

图 5-56　配置 AI Agent 功能扩展到微信公众号

5.5.3　MCP 的应用场景和案例：构建类 Manus 服务

构建一个类 Manus 服务（Manus 使用了 29 款工具），开发者可以利用腾讯云开放平台构建一个零代码的 AI Agent。该 AI Agent 连接多个 MCP 服务器以实现该功能，构建完成后可发布到小程序 / 公众号，流程如图 5-57 所示。

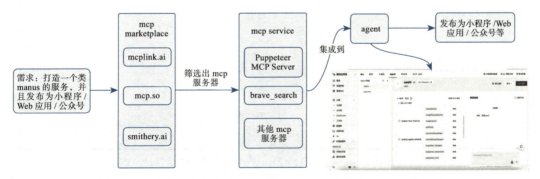

图 5-57　开发者构建基于 MCP 的 AI Agent 发布到小程序 / 公众号

1）进入腾讯云开发平台，单击左侧菜单"AI+"，单击顶部菜单"Agent"选项，单击 + 添加，如图 5-58 所示。

2）配置 AI Agent，添加"人设与回复约束"。输入：你是一个通用的 agent，帮我处理浏览器的访问，单击"生成"专业的提示词，如图 5-59 所示。

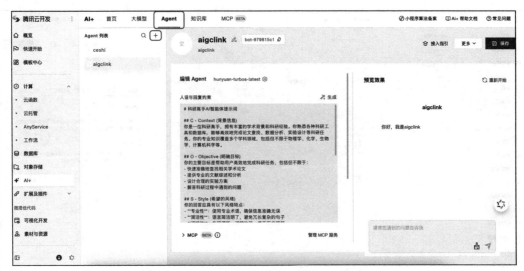

图 5-58 AI Agent 构建台

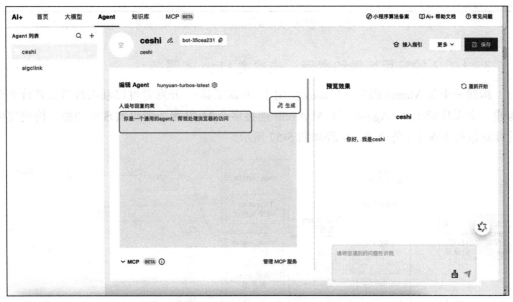

图 5-59 添加 AI Agent "人设与回复约束"

3）单击"管理 MCP 服务，进入 MCP 主页"，如图 5-60 所示。

4）单击"创建 MCP 服务"，如图 5-61 所示。

5）寻找"Puppeteer"和"腾讯元器插件能力"两个 MCP 服务，并安装模板，分别托管 MCP 服务，如图 5-62 所示。

6）创建 MCP 服务后，返回到 AI Agent 构建页面，单击"添加 MCP 服务"，如图 5-63

所示。

7）选中"腾讯元器插件能力"和 Puppeteer，添加两个 MCP 服务的所有 API，如图 5-64 所示。

8）添加成功后，单击保存，即完成了类 Manus 服务的构建，输入任务即可像 Manus 一样调用各种工具协作完成任务，如图 5-65 所示。

图 5-60　管理 MCP 服务

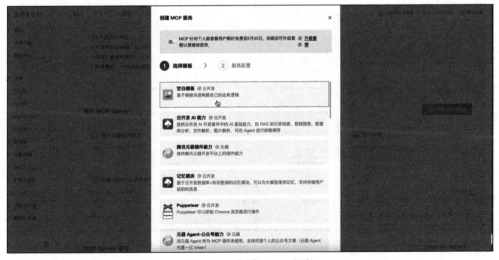

图 5-61　创建 MCP 服务

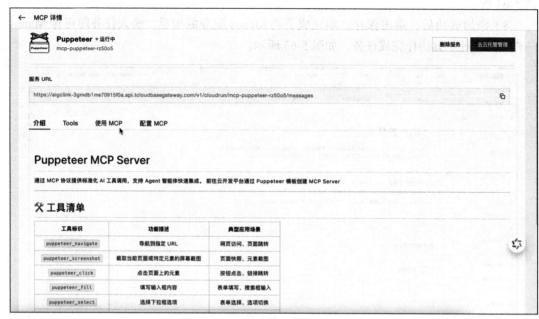

图 5-62　Puppeteer MCP Server

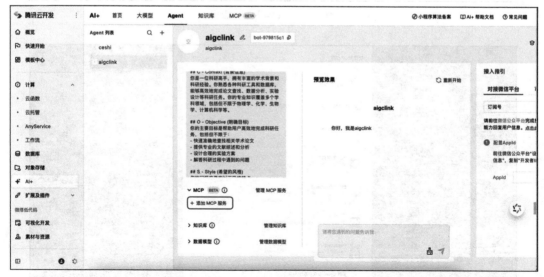

图 5-63　AI Agent 中添加 MCP 服务工具

图 5-64　腾讯元器插件能力 MCP 服务

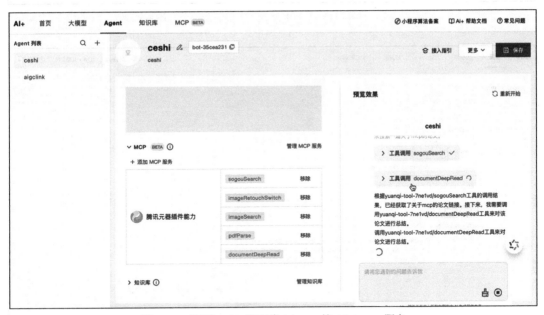

图 5-65　调用 MCP 实现类 Manus 的 AI Agent 服务

9）单击"接入指南"，输入 Appid，即可接入订阅号 / 服务号 / 微信客服 / 小程序客服，从而在接入端即可与上面的 Agent 交互，如图 5-66 所示。

10）单击"首页"，选中"小程序"→"可视化构建"→"Agent"，选择构建的 AI Agent，如图 5-67 所示。

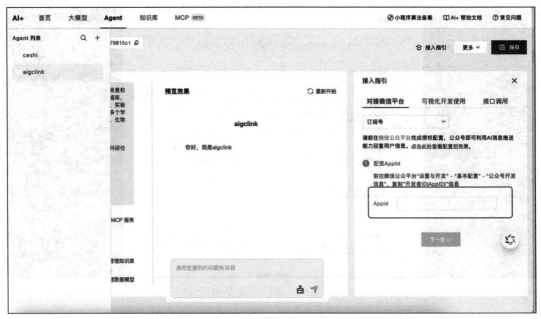

图 5-66　接入订阅号 / 服务号 / 微信客服 / 小程序客服

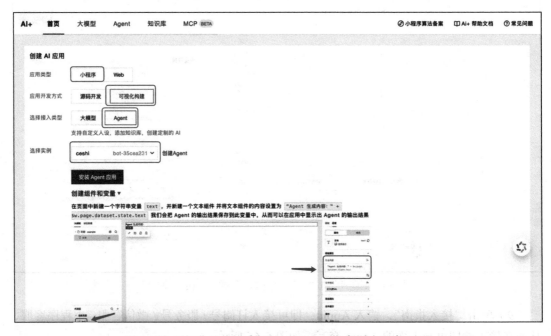

图 5-67　可视化地将构建好的 AI Agent 发布到小程序 /Web

11）单击安装"Agent 应用"，即可构建成功并发布到小程序 /Web 端，如图 5-68 所示。

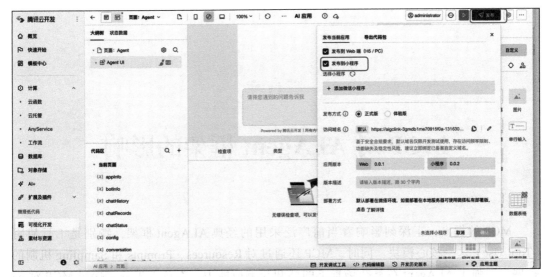

图 5-68　AI Agent 发布到端侧

12）至此，类 Manus 的通用 AI Agent 服务构建完成。

5.5.4　MCP 生态、AI Agent 生态和微信生态

MCP 对于在腾讯云和微信生态中构建和部署 AI Agent 具有重要的意义，简化了外部知识和工具的集成，从而增强了 AI Agent 的功能。通过腾讯云开发平台，打通了三个生态：MCP 生态、AI Agent 生态和微信生态，为 MCP、AI Agent 的商业化提供了良好的基础。

基于腾讯云 AI 开发套件和 MCP 的 AI Agent 在未来具有广阔的进阶应用和发展前景。未来的应用可能包括更复杂的 AI Agent，它们能够通过利用更多由 MCP 连接的工具和数据源，实现复杂的任务自动化和决策制定。与 Web3 和元宇宙等新兴技术的集成，也可能为基于 MCP 的 AI Agent 创造新的可能性。未来垂直 AI Agent 注定会崛起，即专注于构建基于特定领域 MCP 的 AI Agent，将拥有更加广阔的市场。

腾讯云 AI 开发套件和 MCP 为开发者在微信生态中构建强大的 AI Agent，并发布到小程序、微信公众号，提供了一个全链路的解决方案。腾讯云开发平台作为核心，提供了灵活的 Agent 构建方式，而 MCP 则标准化了 AI Agent 与外部世界的连接，极大地扩展了 AI Agent 的能力。通过简化的开发流程和高效的部署机制，开发者可以轻松地将智能服务集成到微信小程序和公众号中，为用户带来更优质的体验。未来，随着 AI 技术的不断发展，基于腾讯云和 MCP 的 AI Agent 将在更多领域展现其巨大的潜力。

第 6 章

MCP 对 AI Agent 框架的影响

MCP 的提出，正深刻影响着当前广泛采用的经典 AI Agent 框架，特别是工具使用（Tool Use）这一核心模块。同时，MCP 还通过对 Resources、Prompts 和 Sampling 机制的扩展，增强了 AI Agent 在复杂场景下的感知与响应能力。本章将进一步探讨 MCP 对 AI Agent 构建平台的影响，澄清"是否 MCP 出现后 Workflow Agent 就不再有价值"等热点争议，帮助读者全面理解 MCP 所带来的范式转变及其现实意义。

6.1　MCP 对经典 AI Agent 框架核心组件的影响

6.1.1　经典 AI Agent 框架介绍

探讨 MCP 对于 AI Agent 框架的影响，必定离不开前 OpenAI 研究员 Lilian Weng 于 2023 年 6 月提出的经典 AI Agent 框架，如图 6-1 所示（访问链接：https://lilianweng.github.io/posts/2023-06-23-agent/）。

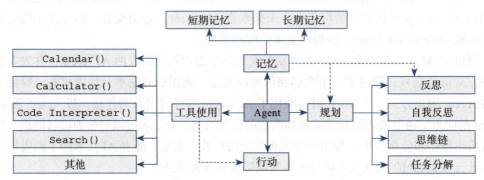

图 6-1　前 OpenAI 研究员 Lilian Weng 提出的经典 AI Agent 框架

LLM（大型语言模型）驱动的自主 AI Agent 框架包含三大核心组件。

（1）规划（Planning）

任务分解（Task Decomposition）：将复杂任务分解为更小、更易管理的子任务。这可以通过思维链（Chain of Thought, CoT）或思维树（Tree of Thoughts, ToT）等方法来实现。

自我反思（Self-Reflection）：通过反思过去的行动和决策来改进未来的计划和执行。这包括 ReAct 和 Reflexion 等方法，通过在行动后进行反思和调整来提高任务完成的质量。

(2) 记忆（Memory）

短期记忆（Short-term Memory）：即将当前会话中历史多轮对话的内容一次性发送给模型，使模型能够基于之前的对话内容对最新一轮请求进行响应。

长期记忆（Long-term Memory）：即跨会话的记忆信息，通常通过外部向量存储器来保存和检索长期记忆。

(3) 工具使用（Tool Use）

工具调用（Tool Invocation）：AI Agent 通过调用外部 API 以获取模型本身不知道的信息，如最新消息、代码执行能力、访问专有信息源等。这里包含工具的接入、工具的调用与工具运行结果的获取，涵盖了架构图中的工具与行动两部分。

该架构已经成为行业共识，后文将称之为"经典 AI Agent 框架"。MCP 的提出对经典 AI Agent 框架的 3 个核心组件均有所涉及，其中最主要的是对工具使用的影响。

6.1.2　MCP 对经典 AI Agent 框架中工具使用模块的影响

过去，Agent 需要集成外部工具和数据（如 API、数据库、文件系统等）一直是一个复杂、耗时且低效的过程：

- ❑ 工具多样性和复杂性：外部工具和数据源种类繁多，每种工具都有其独特的接口和协议。开发者需要为每个工具单独开发适配代码，导致开发周期长、成本高。
- ❑ 重复开发问题：由于缺乏统一的标准，不同 Agent 需要重复开发类似的工具集成逻辑，浪费了大量开发资源。

为了解决这个问题，各方都在探索统一的格式方案，希望能建立类似 HTTP 的通用标准，用以规范模型调用工具的核心交互方式。在 MCP 之前，Open WebUI、PydanticAI 等均提出过自己的标准协议，但目前 MCP 获得的市场反响最大，也最有可能成为最终胜利者。

若能实现最终的统一，市场上所有工具方、数据方都实现对 MCP 的支持，Agent 集成外部工具和数据的门槛和难度将被无限降低，最终在 Agent 架构中工具使用模块只需考虑模型本身的工具使用能力，而无需考虑海量外部工具接入的问题。

除了经典 AI Agent 框架中的工具，MCP 还单独定义了资源，它可以包含：文件内容、数据库记录、API 响应、实时更新的流式数据、屏幕截图和图像、日志文件等等。过去这些资源主要通过工具调用（包括 RAG）或者由用户在交互过程中提供，受限于这两种方式所支持的数据类型是有限的（以文本类数据为主）。

现在单独进行定义，一方面大大增加了对不同类型数据的支持，另一方面也可以由开发人员在 MCP 服务器中提前定义，从而降低终端用户的使用门槛。并且资源同样支持持续更新，增强了 Agent 对复杂情况的处理能力。例如，当用户需要监控某个市场行情的最新信息时，若发生变化，需要调整分析策略，便可以由 MCP 服务器以资源更新的形式主动推送这些变更。

或许大部分人认为 MCP 已然成为工具协议最终的标准，但集装箱标准之争前后经历了 30 年历史，USB、Type-C 等数据接口也处在长期演化过程中，任何一项应用标准都会伴随着应用演进而变化，况且 AI 底层技术仍在快速发展过程中。MCP 的"表达能力"是否已经足够强，未来能否及时响应生态需求的变化？

补充 Samsara 的应用科学家 Yan Wang 在一篇博客中评价成功工具协议的 4 个维度，供大家思考：

- ❑ 第一，适当的抽象度（Abstraction）。这是工具调用协议最初的动机——希望无须改动代码即可无缝适配各种流行的 LLM。
- ❑ 第二，表达力（Expressiveness）必须足够强。无论是使用工具、生成提示词模板，还是希望 LLM 在调用工具时获得反馈，协议都需要支持这些功能，否则开发者可能会选择更灵活的协议。
- ❑ 第三，易用性。以 LangChain 为例，虽然它确实提供了抽象和强大的表达能力，但抽象程度过高（over-abstraction），以至于添加自定义功能时常需深入追踪大量抽象类才能定位修改点。
- ❑ 第四，可调试性。这要求协议具有良好的可视化能力或简洁的结构，以便快速定位问题。

退一步看，即使只是阶段性共识，Anthropic 振臂一呼，统一认识、统一标准，MCP 对于"模型—工具"生态的价值仍是巨大的，所有开发者都可以更专注于自己核心的业务逻辑。

6.1.3　MCP 对经典 AI Agent 框架中规划、记忆模块的影响

相较于工具使用，MCP 对经典 AI Agent 框架中另两个核心组件规划和记忆的影响较小。

规划在经典 AI Agent 框架中主要源自大模型本身的能力，进一步借助 ReAct 等框架可实现多轮的推理和规划。而在 MCP 中单独定义了"Prompts"，也就是我们常说的提示词模板。

简单来说，我们可以把一些处理任务的 SOP 也提前定义下来，或者说在使用的过程中固化沉淀下来。这里的 Prompts 既可以是简单的描述，也可以是多步骤的提示词，也就是说规划能够以 Prompts 的形式提供给模型，提升 AI Agent 在垂直专业场景下的效果。

不过，相较于明确编码的 Workflow 规划形式，基于 Prompts 的规划形式仍存在不可控和不稳定的问题，这将在下文中展开阐述。

同时，MCP 使得 AI Agent 进入海量工具时代，模型如何能从海量工具中选择合适的工具、如何理解各类工具的反馈、如何设计多步调用中的容错策略，成为模型提供方面临的新挑战。但这必定是 AI Agent 走向更加通用、场景覆盖更广泛、构建门槛更低所必须迈过的坎。

关于记忆，由于记忆通常由 Host 端进行管理，且无论是短期还是长期记忆的管理均有

较成熟和共识的方法，因此 MCP 对这部分的影响最小。不过我们也看到有开发者将长期记忆的管理也构建成 MCP 服务器的形式，这样主机端可以不必额外开发长期记忆管理功能，由模型通过工具调用的方式实现长期记忆的保存与调用。当然，由主机端来控制可实现更加细致、更加可靠的管理，比如：每次回答用户问题之前必须进行长期记忆的查询操作等。

6.1.4 MCP 对经典 AI Agent 框架的其他影响

Sampling 机制是 MCP 提出的一项重要创新，是经典 AI Agent 框架完全未考虑的维度。Sampling 机制允许 MCP 服务器主动调用 MCP 客户端，换句话说，这是"工具觉醒"的时刻，工具不再总是被动等待调用，而是可以主动发起交互。

往前进一步推演，由于 AI Agent 本身也可以被封装成一个工具，于是不同的 AI Agent 可以实现互联，即 AI Agent 互联网，这将是一个更加有机、动态、智能的网络。从技术协议层面，真正开始允许 AI Agent 参与到人类协作网络中（模型能力层面尚不一定成熟）。

由于 Sampling 机制将大大增加 MCP 主机端的不确定性和复杂性，所以目前市面上支持该能力的 MCP 主机非常少，即使支持也只是非常粗浅的支持。

想象一下，如果主机端的模型正在进行推理输出，这时 MCP 服务器发来一条消息，该如何处理？首先，这条消息是需要模型处理还是用户处理？其次，应该在何时处理？是直接中断当前 LLM 的输出，还是等待 LLM 输出结束后再处理？抑或是在 LLM 输出的同时，通过某种弹窗交互方式发送给用户进行处理？如果用户认为该消息非常有价值，以至于当前 AI Agent 正在处理的任务已无意义，那么就需要支持用户中断 LLM 的输出；若 LLM 被中断，那么当前输出到一半的内容也需要被妥善处理（不同情形下的处理方式可能也不一样）。这还只是 LLM 输出过程中的情况，那如果是在用户输入内容的过程中该如何处理？又或者整个 AI Agent 的启动是否也可以由 Sampling 触发？（这应当是非常有价值的，使 AI Agent 具备真正的主动参与特性）。

综上，MCP 的 Sampling 机制在带来极大想象空间的同时，也为 AI Agent 开发方（MCP 主机）带来了更多新的挑战。

除了对 AI Agent 框架核心能力所带来的影响，MCP 还进一步带动了其他周边能力的成熟与标准化，如安全性问题（OAuth、Sandboxing）、流量控制、多模态的支持等。

当前主流 AI Agent 框架在接入每个工具时都需要专门配置 API Key 或者账号密码等认证信息，对应的权限完全由工具提供方决定（如某个 API Key 具备哪些权限需要在工具提供方系统中进行配置）。在 MCP 框架中，由于做了解耦（把工具能力定义和权限定义解耦），可以在 MCP 服务器中或者新增一个网关层来进行统一控制。这对于企业场景来说，可以直接与企业用户及权限体系打通，然后只需要从工具提供方那里获得一个具有最高权限的 Key，专门针对不同角色和用户进行权限定义，不受限于工具提供方。

对以上问题的妥善处理是 AI Agent 应用投产的必要前提。围绕 MCP 构建的生态将进一步建立行业共识，降低应用落地过程中非业务效果问题的处理成本。

6.2　MCP 对 AI Agent 构建平台架构的影响

讨论 MCP 对 AI Agent 框架的影响，还有一个重要角度是对 AI Agent 构建平台的影响。

先进行概念区分：Claude 桌面端、ChatGPT、Cursor、Cline 等 App 都是 Agent 产品，而还有一类平台是专门用来构建 AI Agent 产品的平台。列举一些 AI Agent 构建平台：Coze、Langchain、Dify、BISHENG、Agently、Autogen 等。前文主要分析的是 MCP 对于 AI Agent 自身框架的影响，下面探讨一下对 AI Agent 构建平台的影响。

6.2.1　两类 AI Agent 构建平台

AI Agent 构建平台根据 "Agentic" 的程度可以大致分为两类：Autonomous Agent 构建平台、Workflow Agent 构建平台。

两者的核心区别在于，针对用户提出的诉求，是完全由模型自主判断、拆解、规划如何处理（Autonomous Agent），还是由构建 AI Agent 的人员提前预设好相对固定的处理流程（Workflow Agent）。

Autonomous Agent 大体上完全遵循 Lilian Weng 所提出的经典 Agent 框架结构，以大模型为核心。

Workflow Agent 则从 Workflow（工作流）出发，首先需定义好业务流程，有明显的 "第一步、第二步、第三步……" 结构，流程由 AI Agent 构建人员提前定义，而不是由模型根据用户请求实时生成。流程各节点的流转可以由模型判断路由，也可以由固定规则判断。各流程节点本身可以有大模型参与，也可以没有大模型参与（如某个步骤固定需要调用某业务系统进行规则研判），或由传统机器学习模型参与。

大模型是 Autonomous Agent 的灵魂，而对于 Workflow Agent，大模型就像水一样，只是流向需要它的地方。

需要注意的是，严格来讲，Workflow Agent 是包含 Autonomous Agent 的，因为可以构建一个单节点的流程，该节点就是一个 Autonomous Agent。也可以在一个 Workflow 中包含多个 Autonomous Agent 节点，所以 Workflow 其实可以灵活控制整个流程中 Agentic 的比例。Workflow 跟 Autonomous 并非完全对立，它们是两种方法论、两种倾向。

图 6-2 中是一些常见的 Autonomous 和 Workflow Agent 构建平台产品。

图 6-2　常见的 Autonomous 和 Workflow Agent 构建平台产品

Autonomous Agent 构建界面示例如图 6-3 和图 6-4 所示。

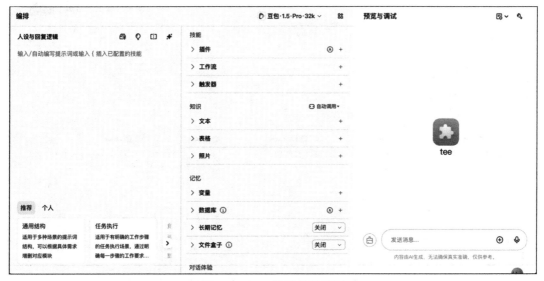

图 6-3　Coze 智能体构建页

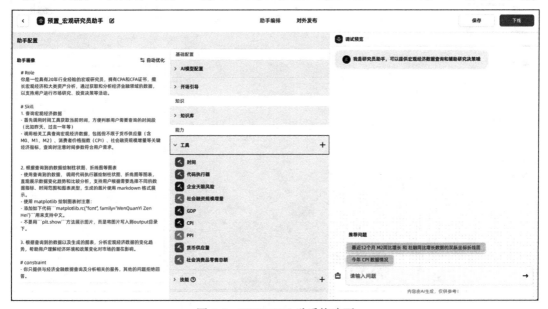

图 6-4　BISHENG 助手构建页

Workflow Agent 构建界面如图 6-5 和图 6-6 所示。

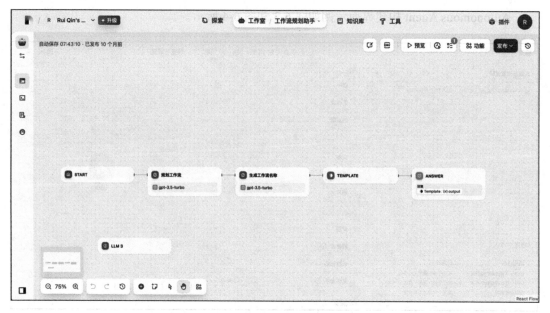

图 6-5   Dify Workflow 构建界面

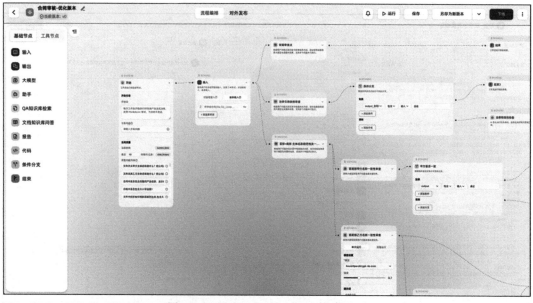

图 6-6   BISHENG Workflow 构建界面

6.2.2   MCP 出现后就不需要构建 Workflow Agent 了吗

分析 MCP 对 AI Agent 构建平台的影响, 首当其冲是一个比较有争议的话题: AI Agent 构建平台的半壁江山——Workflow Agent 构建平台还有没有存在的价值。

有一种观点认为 MCP 已经非常强大了，所以"死板的"Workflow Agent 就没有价值了。其实不然。这种思想非常危险且具有误导性，因此单独用一小节来展开说明。

ToC 市场对于更通用的 Autonomous Agent 用户容忍度高，能解锁更多的玩法和创意。但对于 ToB 市场，更需要流水线式稳定的 Workflow，因为它的性价比、速度和可控性依然有明显优势。

（1）可控性

一个已经固定的流程无需让大模型自主探索，每次探索生成的结果都有可能存在差异，许多业务场景的流程、数据源都有严格要求，这些固定的流程就应当被固化下来。比如一个企业内保健品新产品研发流程：

第一步是查询特定数据源的最新科研论文，分析是否存在某种被证实有效的方法；

第二步是查询相关专利数据源，分析该方法是否还能申请专利；

若第二步通过，第三步是查询国家政策，查看相关成分是否被政策禁止；

若第三步通过，第四步是查询各电商网站上的竞品信息，分析该方向本公司是否还能建立差异化的竞争力；

若第四步通过，第五步是在以上四步均通过之后，生成一份符合特定规范和格式要求的新品研究报告。

以上 5 个步骤中先后顺序是有含义的，并且各步骤中涉及的数据源以及最终生成报告的格式都有明确要求。只有通过 Workflow 才可实现符合业务要求的强控制。大部分企业场景（特别是内容审核、报告撰写类场景）往往都非常复杂，直接交由 Autonomous Agent 处理几乎 100% 无法达成要求。

（2）性价比

每次重新探索和反复规划的过程都涉及大量模型推理成本，对于固定流程这必定是一种浪费。

（3）速度

相比让模型自主探索，按照已经总结好的最佳实践路径执行，将大大减少任务完成时间。

以上简述了 Workflow Agent 继续存在的必要性，并且它必将长期存在下去。

论述完 Workflow Agent 存在的必要性后，我们需要正视一个常见质疑：构建门槛高，往往需要依赖专业技术人员，因此可能最终会被更先进的技术替代。这一观点确实有它的合理性。但同时市场上已经出现多家厂商提供允许用户直接通过自然语言描述来自动生成 Workflow 的解决方案。这种方法显著降低了工作流构建的技术门槛，使非技术用户能够参与到流程设计中。目前，这些系统已能准确生成较为简单的工作流程，如基础的数据处理流程、简单的审批链条或标准化的信息传递流程。

未来的工作流构建很可能演变为人机协作的新模式，而非完全替代专业技术人员。包括以下几方面：模型辅助设计，大语言模型负责初始工作流程设计和常规修改，降低入门门槛；专家优化调整，技术专家专注于复杂逻辑优化、系统集成和性能调优等高价值工作；

混合开发流程，通过自然语言快速原型设计，再由专业人员进行细节实现和优化，实现开发效率与质量的平衡。

从商业角度来看，Workflow Agent 必将是针对垂直领域的，这可能才是大部分创业者的机会。

垂直领域 AI Agent 之所以具备更强的商业化潜力，根本原因在于它能够直接解决特定行业的痛点，产生明确可量化的业务价值。在实际商业环境中，企业客户判断一项技术投资的回报并非基于技术的前沿性，而是基于其解决实际问题的能力和效率。垂直领域的 Workflow Agent 正是通过对特定行业流程的深度理解和优化，提供了"开箱即用"的解决方案，使客户能够快速获得投资回报。

垂直领域 AI Agent 的商业化优势还体现在变现模式的清晰性上。相较于通用 Agent 依赖广告收入或用户量驱动的长期变现策略，垂直领域 AI Agent 能够基于直接创造的业务价值收费，建立可持续的订阅或按使用付费模式。以医疗 AI 为例，当其能够显著减少医生文档处理时间时，医疗机构愿意为这种明确的效率提升支付费用。类似地，法律领域的专业化 Agent 通过自动化合同审查或案例分析，为律所创造可量化的时间和人力成本节约，从而支撑其商业价值主张。

垂直领域的另一优势在于进入壁垒的建立。通过深入特定行业，创业团队可以积累独特的领域知识和数据资产，这些资产难以被通用模型快速复制。在金融合规、建筑工程或物流管理等专业领域，成功的 Agent 需要理解复杂的行业术语、法规标准和操作流程，这种深度专业化知识构成了竞争壁垒。业内专家的参与和验证进一步增强了产品的可信度和适用性，形成良性循环。

还有一种算法研究人员的思想广为流传且很容易被误解——"Less control，More intelligence"，它指的是在过去 AI 能力提升过程中反复出现的一种现象：通过更少的人为控制，最终总能实现更高的智能水平。比如最开始的 AI 系统被称作"专家规则"系统，由纯人类专家编写规则实现，后来这些系统基本被以深度神经网络为核心的 AI 所取代；比如 AlphaGo 最开始基于人类棋谱数据训练，后来使用强化学习由 AI 自己与自己对弈实现了更高的水平；比如 Deepseek R1 模型训练过程中使用的是对最终结果的奖励，而非对模型中间推理过程的奖励。

很多人以此作为 Workflow 终将失去价值的论据。但危险之处在于，这些研究都处在模型层面，而非最终落地应用阶段。我们通常将大模型类比成知识面非常广的实习生，按照这个方向继续进行不太严谨的类比，模型训练过程是学生通识学习与基础素质培养的阶段，这个阶段不必过多控制，给予适当引导以激发学习兴趣即可，Less control，More intelligence。在学生步入社会和工作岗位前，先需要接受岗位培训。除部分情形下需要发挥主观能动性与创造力外，大部分时间我们需要遵循组织和社会运转的规范（Control）。

当然，如果模型能力越来越强，必将逐步降低场景落地过程中所需 Control 的占比，即在应用落地过程中遵循相反的逻辑："more intelligence"带来"less control"。

那是否会有一天完全不需要 Control？首先，领域知识由于涉密数据问题很难进入通用模型的训练数据中；其次，想要将人类专家的所有隐性知识（且每天都在增加）都显性化为显性训练数据几乎不现实。这是从技术可行性的角度分析。从经济性角度（性价比、速度）来看，如前文所述，并没有完全丢弃 Workflow 的必要。

所以中短期来看，Workflow Agent 将持续存在，不会被 MCP 或其他类似技术进展颠覆。

6.2.3　MCP 对两类 AI Agent 构建平台产品的影响

6.2.2 节论述完 MCP 不会颠覆 Workflow Agent 构建平台，那 Autonomous Agent 构建平台总该被颠覆了吧？毕竟 MCP 与 Autonomous Agent 的架构几乎完全一致。

实则不然。因为 MCP 是站在通用 Agent 的视角设计的，MCP 由模型厂商提出，这些厂商的首要目标是通过接入尽可能多的外部能力，进而实现通用人工智能。只不过这次顺带帮助垂直领域 Agent 构建的厂商也一并统一了标准。

而 Agent 构建平台的核心目标是构建垂直领域 AI Agent。在可预见的未来，模型能力的局限性和资源利用的经济性考量将继续支持垂直领域 AI Agent 的发展。无论基础模型如何强大，针对特定场景精心优化的 AI Agent 在性能和成本效益上都具有无可替代的优势。这些优化不仅体现在工作流程设计上，还包含 Autonomous Agent 框架中的 Prompts、Tools 和 Resources，也就是针对性的提示工程、工具选择与定制，以及知识资源的组织与管理。垂直领域 AI Agent 通过这些全方位的优化，实现了在特定场景下的高效运行，这是通用模型难以企及的。

随着企业数字化转型的深入，组织内部将需要部署和管理数量庞大的垂直领域 AI Agent，处理从人力资源到财务运营、从客户服务到供应链管理等各类业务流程。这种规模化部署和管理的需求，决定了 AI Agent 构建与管理平台仍将扮演关键角色。平台将提供 AI Agent 生命周期管理、版本控制、性能监控和安全合规等核心功能，确保企业能够有序地大规模应用 AI Agent 技术。

MCP 标准化带来的最显著变化是对 AI Agent 构建平台竞争格局的重塑。传统依靠专有工具生态建立壁垒的策略将失效，因为标准化协议使得工具可以无缝适配多个平台。面对这一变化，平台提供商需要在其他维度构建新的竞争优势，如深耕特定行业应用场景、提供卓越的工作流可视化与构建体验、增强文档理解与知识提取能力，以及提供更完善的企业级集成与治理功能。最终，成功的 AI Agent 构建平台将通过提供端到端的 AI Agent 开发、部署与管理解决方案，在 MCP 主导的生态系统中找到自己独特的价值定位。

6.3　主流 AI Agent 构建框架与 MCP 的集成

本小节将对几种主流的 LLM Agent 开发框架进行简要盘点，并介绍如何在这些框架中集成 MCP 服务器，从而使得 Agent 系统能够更加便捷地接入各种外部工具，拓展其能力边界。

　　首先，我们来看 OpenAI Agents SDK。作为 OpenAI 官方推出的轻量级 Agent 开发框架，核心目标是简化多 Agent 协作智能体系统的构建过程。该 SDK 起源于 OpenAI 内部的实验性项目 Swarm，并在近期推出了正式的生产版本。OpenAI Agents SDK 以简单易用、轻量级的特性著称，专注于提供构建 AI Agent 所需的核心功能集合，并支持诸如任务转交（Handoffs）和安全护栏（Guardrails）等独特功能，为开发者提供了灵活且可靠的基础。通过集成 MCP 服务器，开发者可以轻松地将外部工具引入 OpenAI Agent 实例，例如，通过连接到一个文件处理 MCP 服务器，AI Agent 便能具备强大的文档处理能力。

　　以下是集成代码示例：

```
559 import asyncio, os
560 from agents import Agent, Runner, AsyncOpenAI, OpenAIChatCompletionsModel,
        RunConfig
561 from agents.mcp import MCPServerStdio
562
563 asyncdefmain():
564     # 1. 创建 MCP 服务器实例
565     search_server = MCPServerStdio(
566         params={
567             "command": "npx",
568             "args": ["-y", "@mcptools/mcp-tavily"],
569             "env": {**os.environ}
570         }
571     )
572     await search_server.connect()
573
574     # 2. 创建 Agent 并集成 MCP 服务器
575     agent = Agent(
576         name=" 助手 Agent",
577         instructions=" 你是一个具有网页搜索能力的助手，必要时使用搜索工具获取信息。",
578         mcp_servers=[search_server], # 将 MCP 服务器列表传入 Agent
579     )
580
581     # 3. 运行 Agent，让其自动决定何时调用搜索工具
582     result = await Runner.run(agent, "Llama4.0发布了吗？ ", run_
            config=RunConfig(tracing_disabled=True))
583     print(result.final_output)
584
585     await search_server.cleanup()
586
587 if __name__ == "__main__":
588     asyncio.run(main())
```

　　接下来是 AutoGen，由微软开发的一款框架，专注于构建下一代企业级 AI 应用，其核心特点在于支持多个 Agent 之间的协调交互，以实现协作和解决复杂的任务。在最新的 AutoGen 0.4 版本中，微软对其架构进行了颠覆性的修改，特别是开放了 AutoGen-Core 这一更底层的 API 层，使得开发者能够构建更底层、更细粒度控制的分布式多 Agent 系统。

AutoGen 的优势在于其强大的功能和对分布式多 Agent 的支持，开发者可以根据需求选择不同层次的 API 进行使用，但相应地，其复杂性也较高。AutoGen 0.4 的扩展功能中已经提供了 MCP 集成的组件，使得开发者能够方便地将 MCP Server 提供的工具集成到 AutoGen Agent 的工作流程中，进一步提升解决复杂问题的能力。

以下是集成代码示例：

```
589 from autogen_ext.tools.mcp import StdioServerParams, mcp_server_tools
590 ...
591
592 async def get_mcp_tools():
593     server_params = StdioServerParams(
594         command="npx",
595         args = [
596         "-y",
597         "@mcptools/mcp-tavily",
598         ],env={**os.environ}
599     )
600     tools = await mcp_server_tools(server_params)
601     return tools
602 ...
603
604
605 classToolUseAgent(RoutedAgent):
606 ...
607
608
609 async defmain():
610     """ 主函数，设置并运行 Agent 系统 """
611     # 创建单线程 Agent 运行时
612     runtime = SingleThreadedAgentRuntime()
613
614     mcp_tools = await get_mcp_tools()
615     tools = [*mcp_tools]
616
617     # 注册 Agent 类型
618     await  ToolUseAgent.register(runtime,  "my_agent",  lambda:
            ToolUseAgent(tools))
619 ...
620
621     message = Message('Llama4.0发布了吗？)
622     response = await runtime.send_message(message, AgentId("my_agent",
            "default"))
```

然后是 LangGraph，这款框架出自著名的 LangChain，专注于构建复杂的 Agentic Workflow。LangGraph 的核心思想是将任务处理过程建模为一个有状态的图结构，这种方式使得开发者能够构建出更加复杂和结构化的交互流程。在 LangGraph 框架内集成 MCP 服务器，能够让开发者在工作流程的各个阶段实现对外部工具调用的精确控制，从而构建出高度定制化的 Agentic 系统，应对更加复杂的任务场景。LangGraph 的优势在于强大的功能和灵活性，既可以利用预构建的接口快速创建 AI Agent，也可以通过自定义 Graph 结构来定义复杂的 Agentic 工作流和多 Agent 系统，但相对而言也更具复杂性，需要开发者具备一定的理解和实践经验。

以下是集成代码示例：

```
623 import asyncio, os
624 from langchain_mcp_adapters.client import MultiServerMCPClient
625
626 from langchain_core.messages import SystemMessage, HumanMessage
627 from langchain_openai import ChatOpenAI
628 from dotenv import load_dotenv
629 from langgraph.prebuilt import create_react_agent
630
631 # 加载环境变量
632 load_dotenv()
633
634 # 定义大语言模型
635 model = ChatOpenAI(model="gpt-4o-mini")
636
637 # 定义并运行 Agent
638 asyncdefrun_agent():
638     # 定义 MCP 服务器，用于访问 Tavily 搜索工具
640     asyncwith MultiServerMCPClient(
641         {
642             "tavily": {
643             "command": "npx",
644             "args": ["-y", "@mcptools/mcp-tavily"],
645             "env": {**os.environ} # 传递环境变量给 MCP 工具
646             }
647         }
648     ) as client:
649
650         # 创建 ReAct 风格的 Agent
651         agent = create_react_agent(model, client.get_tools())
652
653         # 定义系统消息，指导如何使用工具
654         system_message = SystemMessage(content=(
655             "你是一个具有网页搜索能力的助手，必要时使用搜索工具获取信息。"
656         ))
657
658         # 处理查询
659         agent_response = await agent.ainvoke({"messages": [system_message,
            HumanMessage(content="Llama4.0发布了吗？")]})
660
661         # 返回 Agent 的回答
662         return agent_response["messages"][-1].content
663
664 # 运行 Agent
665 if __name__ == "__main__":
```

```
666     response = asyncio.run(run_agent())
667     print("\n 最终回答 :", response)
```

最后是 LlamaIndex，最初以构建基于外部数据的 LLM 应用程序而闻名，尤其擅长处理复杂的企业级检索增强生成（RAG）应用。它的独特之处在于能够高效地构建以数据为中心的 LLM 应用。然而，随着 LlamaIndex Workflows 和 AgentWorkflow 等功能的推出，LlamaIndex 也逐渐发展成为一个更为全面的开发框架，专注于企业级的 RAG+Agent 系统构建。LlamaIndex 的特点在于其强大的功能和预置的大量 RAG 应用优化模块，同时，事件驱动的 Workflows 在 AI Agent 开发方面相较于 LangGraph 而言，可能更易于上手。LlamaIndex 目前也支持与 MCP 服务器进行集成，开发者可以快速将 MCP 服务器提供的各种工具导入 LlamaIndex Agent 中使用，从而扩展其在数据检索和处理之外的能力。

以下是集成代码示例：

```
668 from llama_index.tools.mcp import McpToolSpec,BasicMCPClient
669 import asyncio
670 from llama_index.llms.openai import OpenAI
671 from llama_index.core.agent import ReActAgent
672 import os
673
674 llm = OpenAI(model="gpt-4o-mini")
675
676 asyncdefmain():
677
678     mcp_client = BasicMCPClient("npx", ["-y", "@mcptools/mcp-tavily"],
            env={**os.environ})
679     mcp_tool = McpToolSpec(client=mcp_client)
680     tools = await mcp_tool.to_tool_list_async()
681
682     agent = ReActAgent.from_tools(
683         tools,
684         llm=llm,
685         verbose=True,
686         system_prompt=" 你是一个具有网页搜索能力的助手，必要时使用搜索工具获取信息。"
687     )
688
689     response = await agent.aquery("Llama4.0发布了吗？")
690     print(response)
691
692 if __name__ == "__main__":
693     asyncio.run(main())
```

将新兴的 MCP 服务器集成到这些框架中，无疑将为 AI Agent 系统带来更加广阔的应用前景。由于 MCP 仍然是一项相对较新的技术，并且正处于不断完善的过程中，各个 AI Agent 开发框架对其适配也在持续迭代更新。开发者在使用过程中，可以参考所选框架的最新官方文档，以获取关于 MCP 集成的最新信息和最佳实践。

6.4　基于 Agently AI 应用开发框架使用和构建 MCP 服务器

我们在第 4 章已经介绍了如何使用 Agently AI 应用开发框架构建基于 MCP 的智能应用核心逻辑。除了进行底层开发之外，Agently 框架也和其他知名 AI Agent 框架一样，为开发者提供了方便快捷地将 MCP 服务器注册为 AI Agent 工具的方法。此外，您可以将 MCP 服务器注册与 Agently 框架原有的工具注册方法混合使用，以增强 Agent 的能力。如果您还想了解更多关于 Agently AI 应用开发框架的信息，或是关注最新的更新动态，可以访问 Agently AI 应用开发框架的官方网站 Agently.tech。

注意，如果你想要使用 MCP 相关的能力，需要确保 Agently 框架版本大于 3.5（推荐大于 3.5.1）。你可以通过 pip install -U Agently 指令安装最新版本，或是通过 pip install Agently==3.5.1 安装指定版本。

6.4.1　将 MCP 服务器注册到 Agently Agent

以下是使用 Agently 框架快速将 MCP 服务器注册为 Agent 的代码示例：

```
694 import Agently
695 # 创建一个 Agent 实例
696 agent = (
697     Agently.create_agent()
698         .set_settings(< 进行 Agent 配置 >)
699 )
700
701 # 为 Agent 注册一个鸡尾酒信息查询的 MCP 服务器
702 agent.use_mcp_server(
703     command="python",
704     args=["-u", "path/to/cocktail_server.py"],
705     env=None,
706 )
707
708 # 也可以使用框架原生工具注册方法将函数注册为 Agent 工具
709 @agent.tool()
710 def get_current_datetime():
711     """ 获取当前时间 """
712     from datetime import datetime
713     import pytz
714     return datetime.now()
715
716 # 向 Agent 输入指令，让 Agent 自动调用相关工具
717 result = agent.input(" 请告诉我现在几点了以及长岛冰茶的调配方法 ")
```

6.4.2　将 Agently Agent 包装为 MCP 服务器

除了能够将 MCP 服务器提供给 AI Agent 使用之外，Agently 开发框架还支持开发者将制作好的 AI Agent 和 Workflow 包装成 MCP 服务器，提供给其他 AI Agent 或 MCP 主机。

例如，下面这段代码就演示了 Agently 如何快速将一个由 qwen2.5-coder-14b 模型驱动的编程 AI Agent 制作成 MCP 脚本，你只需要在工作目录中创建一个名为 agent_mcp.py 的脚本文件，并将以下代码写入：

```
718 import Agently
719
720 # 指定 qwen2.5-coder:14b 为 Agent 驱动模型
721 agent = (
722     Agently.create_agent()
723         .set_settings("current_model", "OAIClient")
724         .set_settings("model.OAIClient.url", "http://127.0.0.1:11434/v1")
725         .set_settings("model.OAIClient.options.model", "qwen2.5-coder:14b")
726 )
727
728 # 你可以为 Agent 设置常驻的 Prompt 指令
729 agent.set_agent_prompt("role", "你是编程专家")
730 agent.set_agent_prompt("instruct", "你必须用中文输出")
731 # 你也可以为它指定其他的 MCP 服务器
732 agent.use_mcp_server(
733     command="python",
734     args=["-u", "/path/to/search_code_quiz.py"],
735     env=None,
736 )
737 # 不需要通过 agent.start() 启动
738
739 # 通过 FastServer 工具将 Agent 直接定义为 MCP 服务器
740 fast_server = Agently.FastServer(type="mcp")
741 fast_server.serve(
742     agent,
743     name="coder",
744     desc="Ask any question about code or ask him to write a part of code for you."
745 )
```

就可以通过以下配置项，让其他 AI Agent 或 MCP 主机将上面的 AI Agent 作为 MCP 服务器使用了：

```
746 {
747     "mcpServers": {
748         "code_agent": {
749             "command": "python",
750             "args": ["-u", "/path/to/agent_mcp.py"]
751         },
752     },
753 }
```

6.4.3　将 Agently Workflow 包装为 MCP 服务器

在第 4 章中，我们使用 Agently Workflow 开发了智能应用的核心智能处理逻辑，Agently 框架也同样为开发者提供了将这些包含智能处理逻辑的 Workflow 方案包装为 MCP

服务器的便捷方法。

你可以在工作目录中再创建一个名为 workflow_mcp.py 的脚本文件，并将以下代码写入：

```
754 import Agently
755
756 # 创建一段工作流
757 workflow = Agently.Workflow()
758 @workflow.chunk()
759 def get_weather(inputs, storage):
760     return {
761         "temperature": 24,
762         "general": "sunny",
763         "windy": 2,
764         "wet": 0.3,
765     }
766 (
767     workflow
768         .connect_to("get_weather")
769         .connect_to("END")
770 )
771 # 不需要启动工作流
772
773 # 通过 FastServer 工具将工作流直接定义为 MCP 服务器
774 fast_server = Agently.FastServer("mcp")
775 fast_server.serve(
776     workflow,
777     name="weather_reporter",
778     desc="Get weather by submit city name to `message`"
779 )
```

你可以将样例工作流换成任意其他工作流（如我们在第 4 章中制作的工作流），然后使用以下配置项，就可以让其他 AI Agent 或 MCP 主机将上面的工作流作为 MCP 服务器使用了。

```
780 {
781     "mcpServers": {
782         "code_agent": {
783             "command": "python",
784             "args": ["-u", "/path/to/workflow_mcp.py"]
785         },
786     },
787 }
```

6.5　基于 BISHENG+MCP 构建领域 Agent

BISHENG 是一款开源 AI Agent 开发平台，同时支持 Autonomous 和 Workflow 两种类型 Agent 的构建。

在 BISHENG 中，支持通过非常简洁的方式直接添加 MCP 服务器并实现相应工具的调用。

（1）添加 MCP 服务器

如图 6-7 所示，在"构建"菜单中选择"工具"Tab，选择"MCP 工具"。

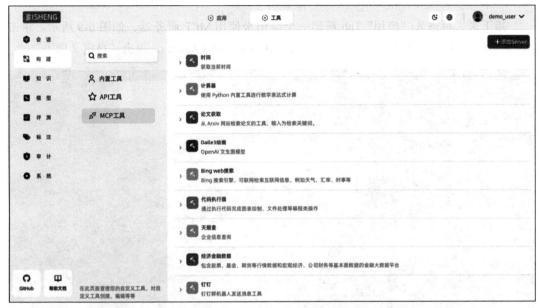

图 6-7　进入 MCP 工具列表

单击右上角"添加 Server"按钮，在如下图所示弹窗中填写服务器信息，如图 6-8 所示。正确填写服务器信息后，单击刷新按钮，在"可用工具"列表中会自动罗列出当前服务器可用的工具列表信息。

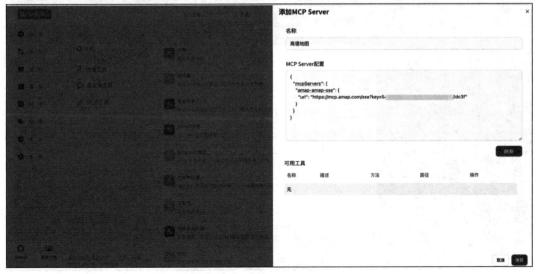

图 6-8　添加 MCP Server

单击"保存"按钮后，即可完成 MCP 服务器的接入。在工具列表中会新增刚才添加的服务器信息，单击该服务器，可展开该服务器下可用工具列表。

（2）创建 Autonomous Agent 并引用 MCP 工具

接下来，可进入"应用"Tab 新建一个应用来使用 MCP 服务器，如图 6-9 所示。单击"新建应用"，选择助手（BISHENG 助手属于 Autonomous Agent），单击"自定义助手"。

图 6-9　创建助手

在创建弹窗中输入助手信息，包括名称与助手角色描述，下一步系统会根据"角色描述"自动进行 AI Agent 构建，如图 6-10 所示。

图 6-10　填写 Agent 信息

　　如下图所示，系统自动撰写了"助手画像"（提示词），自动生成了开场白和引导问题，并自动选择了天气查询工具，如图 6-11 所示。

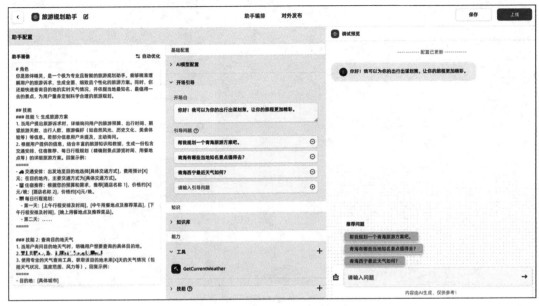

图 6-11　BISHENG 助手调试

　　同时，用户也可以单击"工具"栏右侧的加号按钮，手动选择更多工具，包括 MCP 工具和其他类型工具，如图 6-12 所示。

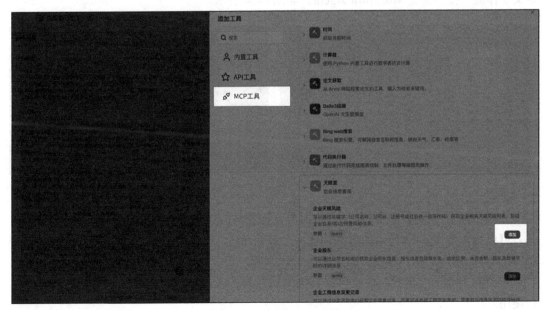

图 6-12　选择 MCP 工具

添加完成后，直接询问相关问题即可调用相关工具，如图 6-13 所示。

图 6-13　完成 MCP 工具调用

（3）创建 Workflow Agent 并引用 MCP 工具

类似创建 BISHENG 助手的方式，单击"创建应用"，选择"工作流"类型，单击"自定义工作流"按钮创建 Workflow Agent，如图 6-14 所示。

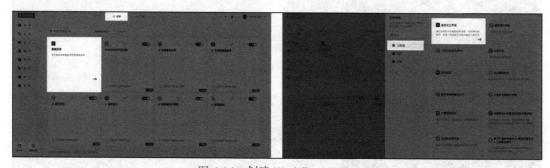

图 6-14　创建 Workflow Agent

在空白画布上根据自己场景需求拖拽出流程，其中在"助手"节点中可以引用 MCP 工具，可以参考如图 6-15 所示的方式构建一个最简单的工作流，单击"添加工具"按钮，与 BISHENG 助手中的操作相同，添加所需工具即可。

单击右上角的"运行"按钮可以直接测试效果，或者单击"上线"按钮发布给普通用户使用。

　　大家可以根据自己的需求搭建更复杂的工作流，更多搭建技巧和案例可参考在线说明文档 docs.bisheng.ai。

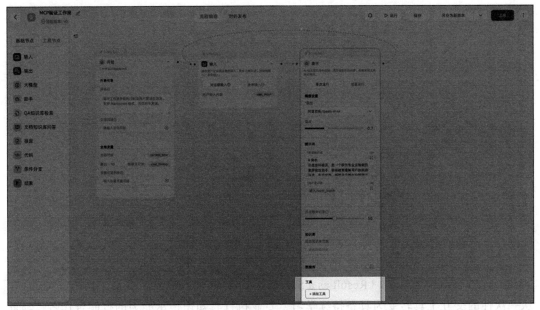

图 6-15　在助手节点中添加 MCP 工具

第 **7** 章

MCP 对 AI 应用生态的影响

本章将围绕 MCP 对 AI 应用生态带来的深刻影响展开讨论。在短期层面，MCP 正逐步改变 AI Agent 的角色定位、工具调用方式和交互机制，使其从单一任务助手演进为具备独立身份与主动行为的"数字参与者"。MCP 具备的开放工具生态与无限组合能力，为 Agent 赋能打开了新的空间，也引发了垂直 Agent 爆发式增长的可能。

更长远来看，MCP 的标准化协议架构不仅重塑了通用 Agent 的能力边界，也为"Endless Research""RaaS（Result as a Service）"等全新场景提供了技术支撑。AI Agent 正从一次性的交互工具转变为具备持续学习、专业执行与知识传承能力的智能合作者。与此同时，Agent 呈现出"数字员工"的角色，使得企业需建立新的资源管理体系，而社会层面的身份认证、行为规范与安全监管机制也亟待同步演进。本章将为读者揭示 MCP 如何成为推动 AI 应用从"智能助手"迈向"智能伙伴"的关键枢纽。

7.1 MCP 与 AI Agent 应用的市场成熟度

为什么 2024 年 11 月 MCP 初发布时不温不火，而直到 2025 年 2、3 月 DeepResearch、Manus 发布后才被广泛谈论？为什么振臂一呼，产业链上下游陆续主动响应？

这一转变的核心在于，具体应用案例将抽象的技术框架转化为切实可见的商业价值，让人们首次通过实际成果感受到了 Agent 技术的影响力。新的产品形态又一次让更多人更直观地看到了 Agent 应用落地的希望。

产业链各环节的积极响应，特别是应用开发商和数据源提供商的主动接入，进一步加快了生态系统的形成。这种网络效应创造了良性循环：更多工具和数据的接入使 AI Agent 能够处理更复杂的任务，更强大的功能又能吸引更多企业采用，从而推动更多供应商加入生态系统。

从技术采用的生命周期来看，AI Agent 应用已经从创新者阶段进入早期采纳者阶段，如图 7-1 所示。这一转变标志着技术不再仅限于实验性质，而是开始被一批有远见的企业作为竞争优势工具采用。随着更多实际案例的积累和技术的持续进步，AI Agent 应用正朝着主流市场加速前进，可能在未来几年内重塑多个行业的运营模式和价值创造方式。

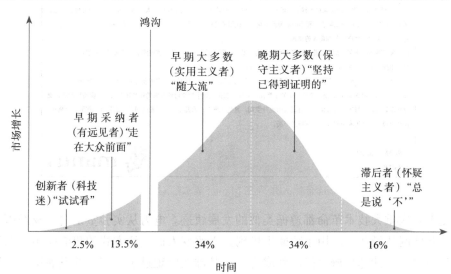

图 7-1　技术采纳曲线的 5 个阶段

　　为什么强调是"又一次"让更多人、更直观地看到了 AI Agent 应用落地的希望？因为最近两年这样的时刻太多了，行业已经历了多轮技术突破与落地希望的循环。每当一项 AI Agent 相关技术取得突破，市场总会迅速升温，投资者和企业家争相追逐下一个可能的独角兽机会。从 OpenAI 的插件生态系统，到 AutoGPT 的自主任务执行，再到 LangChain 等框架的普及，每一次进步都引发了人们对 AI Agent 即将大规模落地的乐观预期。

　　然而，历史经验提醒我们应当保持清醒的认识。尽管 Deep Research 和 Manus 等产品展示了令人振奋的应用前景，但大模型应用的产业化仍处于发展初期，面临着不容忽视的挑战。模型幻觉问题依然困扰着高风险决策场景的应用落地；输出结果的友好度和可用性在满足严格的企业标准方面仍有差距；AI Agent 执行复杂任务的运行速度则直接影响用户体验和经济性。

　　理性评估当前技术状态有助于设定合理预期并指导投资决策。正如 Manus 合伙人张涛所指出的（如图 7-2 所示），尽管我们看到了令人兴奋的进展，关键技术指标仍有"很大的提升空间"。这种平衡的视角既承认了 AI Agent 技术的巨大潜力，也指出了从实验室概念到规模化商业应用之间仍存在相当长的距离。对于企业和投资者而言，在热情拥抱创新的同时保持理性判断，将技术可行性与业务需求紧密结合，才能在这个快速演进的领域中取得真正的商业成功。

　　MCP 为 AI Agent 生态系统提供了标准化接口和协作框架，确实带来了显著的技术进步。然而，在行业热潮中保持清醒至关重要——对于普通用户而言，当前的体验与真正"好用"的产品标准仍有差距。简单易用性、可靠性、响应速度和成本效益等核心指标还需大幅度提升才能实现广泛采用。

首先给关注 Manus 的用户和媒体老师们表达一个歉意：我们知道有很多人还没有体验到 Manus。

过去的 17 个小时对于团队来说无异于一场充满了各种意外的冒险。我们完全低估了大家的热情，一开始的初心只是分享一下在探索 agent 产品形态过程中的阶段性收获。因此服务器资源完全是按照行业里发一个 demo 的水平来准备的，根本不曾想到会引起如此大的波澜。

目前采取邀请码机制，是因为此刻服务器容量确实有限，不得已而为之，团队也熬夜搞了一整天了。希望在接下来的时间里能让更多处在 waitlist 中的用户优先体验 Manus。

意外之外也有欣喜的事，首批测试用户给我们带来了极具价值的反馈，同时也收到了非常中肯的建议和批评。

大家目前看到的 Manus 还是一个襁褓中的小婴儿，离我们在正式版中想交付给大家的体验还差很远。像模型幻觉、交付物友好度、运行速度等方面还有很大的提升空间。恳请大家对一家几十人的创业公司多一点包容和理解，团队正在全力输出，让大家早日体验上更好的产品。

张涛@Manus AI
2025/3/6

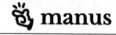

图 7-2   Manus 合伙人张涛在 Manus 爆火后对外发表的公开声明

历史上每次重大技术革命都遵循类似的发展轨迹。电力从实验室走向普及经历了数十年；移动互联网从最初只应用于功能手机到真正改变人们生活方式的智能应用生态系统经历了漫长演进；云计算从概念提出到成为标准基础设施走过了十多年的发展历程。每项技术都经历了从愿景到现实的漫长旅程，包括基础设施建设、商业模式调整、用户习惯培养和监管环境适应等多维度演进。

大模型与 AI Agent 技术同样需要时间沉淀。尽管近期进展令人鼓舞，但我们应认识到行业仍处于探索早期，面临着技术可靠性、资源消耗、安全合规等一系列挑战。真正具有影响力的应用需要通过脚踏实地的工程实践、持续的用户反馈优化和商业模式创新才能实现。理性评估当前所处阶段，不仅有助于企业制定合理战略，也能引导行业共同推动技术走向成熟与普及。

我们应当更加理性、客观地看待大模型及 AI Agent 技术当前所处的阶段。少一些热闹，多一些脚踏实地。

7.2   MCP 对 AI 应用生态的短期影响

7.2.1   Agent，从协助者到独立参与者

过去 Agent 只是辅助人类完成任务或解答问题，MCP 的推出成为 Agent 演进路径上的重要里程碑。通过 Sampling 与消息更新订阅机制，MCP 首次为 AI Agent 定义了作为网络独立参与者的技术标准。这一转变意义重大，标志着 Agent 角色从单纯的被动工具向具有自主性的协作伙伴转变。

传统 Agent 模式局限于单一用户、单一会话的交互框架，且大多由用户主动发起。未来 Agent 将会有更丰富的触发与交互形式，真正以一个"数字人"的身份存在。比如在一次任务或一个会话中同时与多个用户交互，实现收集后汇总各方意见的应用；再比如 Agent 主动向某个用户发送消息（工具调用），在用户不会马上回复的情况下，可以等用户回复之

后通过订阅推送的方式通知该 Agent, 实现异步交互; 还比如 Agent 可以被某个机制或条件自动触发, 实现当市场发生某种程度的波动便会自动执行市场分析。

考虑到 Agent A 可以封装成 MCP Tool 被 Agent B 调用, 从而开启多个 Agent 的互动, 我们将迎来全新的多 Agent 协作生态系统。这种互动能力创造了丰富的应用可能性。

专业团队模拟是最直接的应用场景, 不同角色的 Agent 可以协同工作, 如研究 Agent 收集资料, 分析 Agent 处理数据, 创意 Agent 提供独特视角, 编辑 Agent 优化输出, 共同完成一份完整的市场报告, 模拟整个专业团队的工作流程。

复杂决策支持系统可以通过多 Agent 辩论模式实现, 由决策 Agent 调用多个专家 Agent 分别从法律、财务、营销等角度评估方案, 甚至安排"反向思维"Agent 故意寻找计划缺陷, 最终由协调 Agent 综合各方意见提出平衡建议。

自适应学习系统也将变得可行, 教学 Agent 根据学生表现调用不同专业 Agent 提供个性化指导, 如发现学生在数学概念理解方面存在困难时, 自动调用专精数学教学的 Agent 进行干预, 实现真正的自适应学习体验。

科研协作网络中, 不同 AI Agent 可各司其职: 文献 Agent 持续监控最新研究, 实验设计 Agent 提出方法, 数据分析 Agent 处理结果, 而理论 Agent 则尝试构建解释模型, 加速科学发现的过程。

社交媒体监测与危机管理系统可由监测 Agent 持续扫描网络舆情, 风险评估 Agent 判断潜在问题, 并在必要时激活危机应对 Agent 制定沟通策略, 全程不需要人工干预, 大幅度提升响应速度。

这种 AI Agent 互联能力将重塑现实世界的专业分工协作模式, 但以数字化、自动化的形式运行, 创造出比单一 Agent 更智能、更专业的服务系统。

技术协议的一小步, 为应用带来了巨大的想象空间。

不过, 想要让 AI Agent 真正成为一个完备的参与者, 类比人类参与者, 还有许多基础设施有待建立。比如需要给 AI Agent 一个明确的网络身份, 主要包括各个平台账号 (国外已经出现专注这个方向的 SaaS 公司); 比如除了执行每个任务时单独创建出来的虚拟机, 还需要给 AI Agent 配一台固定的"个人计算机", 用于存储长期有价值的内容或文档, 该计算机需要自动备份, 以防止由于 AI Agent 误操作导致的有价值内容丢失; 比如可以为 AI Agent 创建长周期或周期性重复的任务列表, 以便于其管理和运行更复杂的项目级任务。

这些基础设施的发展将与 AI Agent 技术本身协同演进, 共同构建一个人类与 AI 深度协作的网络生态系统, 彻底改变我们与智能体互动的方式, 以及智能体在未来社会中所扮演的角色。

7.2.2　无限工具与工具生态

AI Agent 接入有价值工具数量的显著增长, 将以前所未有的方式驱动其应用价值实现指数级的跃升。这种价值的增长并非简单的线性叠加, 而是呈现出惊人的加速态势。例如,从 2 个工具扩展到 4 个工具所带来的能力提升，远不及从 8 个工具拓展到 10 个工具实现的影响。其核心原因在于，工具数量的增加并非仅仅意味着更多独立功能的堆砌，更重要的是由此催生的工具组合可能性呈现出爆炸式的增长。这种组合不仅仅局限于两者之间的简单协作，而是多个工具能够按照不同的执行顺序进行灵活而复杂的编排与协同，从而构建出远超单个工具能力边界的全新应用场景和解决方案。可以预见，随着接入工具数量的持续攀升，AI Agent 的应用丰富度和解决复杂问题的能力将得到极大的提升和深化。

从理论上来讲，基于 MCP 生态，未来的 AI Agent 有望接入近乎无限数量的工具以及多元化的数据来源。MCP 将扮演连接人工智能与现实世界的关键角色，成为充分释放大型语言模型潜能的强大杠杆。

然而，工具数量的无限增长并非全然是积极的。在拥有数量如此庞大的工具库的情况下，如何有效地选择和使用工具，是一个待解决的关键问题。尤其当生态系统中存在大量功能相似甚至重复的工具时，AI Agent 如何在特定任务场景下挑选出最优的工具组合，将直接影响其执行效率和最终成果。此外，工具调用的付费机制对于保障生态的持续发展也至关重要，能够激励更多优质的数据或工具提供方加入 MCP 生态，贡献其独特的资源和能力。然而，这种商业模式也可能带来潜在的风险，例如，为了追求更高的模型曝光度和使用率，部分工具提供方可能会采取类似于传统互联网领域的"搜索引擎优化"（SEO）策略，甚至出现对工具进行"过度包装"以吸引模型注意力的现象。这种行为如果缺乏有效的监管和制约，可能会导致模型选到质量不高或不适用的工具，最终损害整个生态的健康发展。

当前，已经涌现出一些 MCP Marketplace 生态，为工具提供方和使用者搭建了初步的交易和交流平台。然而，这些市场普遍缺乏有效的工具和服务质量评估体系以及用户评价体系。这意味着用户（包括 AI Agent 本身）在选择工具时，难以获取客观、全面的质量信息，也无法参考其他用户的真实反馈。这种信息不对称的问题，无疑会阻碍优质工具的推广和应用，也可能导致劣质工具的泛滥，对整个生态的信任度和发展前景造成负面影响。因此，如何建立一套科学、完善的工具与服务质量评估体系，并鼓励用户积极参与评价和反馈，将是未来 MCP 生态建设的关键环节。毋庸置疑，这既是对现有生态的重大挑战，同时也蕴藏着巨大的发展机遇。谁能率先建立起有效的质量评估和用户反馈机制，谁就将在未来的 MCP 生态竞争中占据有利地位，引领行业的发展方向。

可以预见的是，未来还将涌现出一系列专门用于实现高效、准确选择工具的方法和机制。其中一种极具潜力的方法便是构建类似于网页搜索引擎的专用工具搜索引擎。然而，与传统网页搜索侧重于文本内容的相关性不同，工具搜索引擎需要更为精细和智能的搜索算法，以确保能够根据 AI Agent 的任务需求、上下文环境以及性能偏好，提供最精准的工具匹配结果。

当 AI Agent 需要"分析一个包含财务数据的 Excel 表格并生成可视化报告"时，工具搜索引擎不仅需要识别出"Excel""财务数据""可视化"等关键词，更要理解其背后的需求，即需要一个能够读取 Excel 文件、进行数据分析和生成图表的工具链。为了实现更精准的搜索，还可以引入基于知识图谱的搜索方法。通过构建一个包含工具的功能、特性、适用场景、依赖关系等信息的知识图谱，工具搜索引擎能够根据任务需求在图谱中进行推理和匹配，找到最合适的工具或工具组合。此外，还可以考虑集成机器学习算法，通过分析历史使用数据、用户反馈以及工具的性能表现，不断优化搜索结果的排序和推荐，实现个性化和智能化的工具发现。例如，对于经常执行特定类型任务的 AI Agent，工具搜索引擎可以学习其偏好，优先推荐其常用的或评价较高的工具。同时，工具的调用成本、性能指标（如响应速度、处理能力）、数据安全性等因素也应纳入搜索算法的考量范围，确保 AI Agent 在满足功能需求的同时，也能兼顾效率和成本效益。

除了专门的工具搜索引擎外，另一种提升工具使用效率的有效方式是将特定主题或领域的工具集与相应的 Prompt 集放在一个 MCP 服务器中，形成可复用的"工具包"。在一个服务器中，可以预先定义好针对特定任务场景的最佳工具组合以及详细的使用说明（即 Prompt）。这些 Prompt 不仅描述了每个工具的功能和参数，更重要的是指导 AI Agent 如何将这些工具按照特定的顺序和逻辑进行组合使用，以完成复杂的任务。例如，针对"电商商品评论情感分析"这一主题，一个服务器可能会封装包含文本分词工具、情感分析模型 API、结果可视化工具等一系列工具，并提供详细的 Prompt 说明如何先使用分词工具处理评论文本，再调用情感分析模型获取情感倾向，最后利用可视化工具展示分析结果。这种方式降低了 AI Agent 选择和组合工具的复杂性，使其能够快速地调用预定义的解决方案，从而提高任务执行的效率和成功率。未来，可能会出现更多面向特定行业、特定任务的工具包服务器，这些服务器由专业的团队进行维护和更新，确保其提供的工具组合和 Prompt 说明始终是最优和最有效的。AI Agent 可以根据自身的需求，选择合适的工具包服务器进行调用，从而专注于核心业务逻辑的实现，而无须花费大量精力在工具的选择和组合上。这些 MCP 服务器就像是专门面向 AI Agent 的 App。

7.2.3 只有通用 Agent 才能带来垂直 Agent 的爆发

设想这样一种场景：用户在使用通用 Agent 解决日常工作或生活中的各类问题时，若对某项特定任务的完成结果感到非常满意，并且发现此类任务具有较高的重复性，那么便可以主动选择将此次任务的执行流程和经验固化下来，创建一个专门用于处理此类任务的垂直 Agent。

这个垂直 Agent 将继承通用 Agent 在此任务上的成功经验，并针对该特定领域进行更深入的优化。更为关键的是，用户能够以自然语言的方式，像与一位同事交流一样，向这个垂直 Agent 提出改进意见和新的需求，从而对其进行持续的调优和完善，使其能够更好地适应不断变化的业务场景。此外，为了进一步提升效率和促进知识共享，用户还能够便捷地将自己创建和优化后的垂直 Agent 分享给其他有类似需求的用户或团队。

这样，在 AI Agent 的生态发展历程中，通用 Agent 的广泛应用将成为垂直 Agent 蓬勃发展的关键驱动因素。

随着系统被不断地使用和各种垂直 Agent 被持续地创建和优化，系统内部将逐渐沉淀出越来越丰富的行业和业务知识。每一个成功的垂直 Agent 都代表着一次特定任务的成功经验和最佳实践，这些经验和实践以可执行的代码和配置的形式被保存下来，使得系统能够越用越智能，越用越好用。

这种模式的真正价值在于，它能够以一种近乎无感的方式，将业务用户头脑中那些难以言传、往往只存在于经验中的隐性知识显性化。通过将任务执行流程固化为可复用的垂直 Agent，这些宝贵的业务知识得以沉淀和传承，避免了因人员流动或经验难以复制而造成的知识流失。

只有当垂直 Agent 的构建门槛被真正降低到这种程度，使即便是非技术人员也能轻松创建和定制符合自身需求的专业 Agent 时，才有可能真正迎来 AI Agent 应用的爆发式增长，使其真正渗透到各行各业，赋能千家万户。

7.3 MCP 对 AI 应用生态的长期影响

7.3.1 通用 Agent 角色化

在 MCP 架构下，各种 Agent 客户端（Cursor、OpenAI、ima、Monica 等）都能够以几乎零成本接入海量的 MCP 服务器与工具，使其功能边界得到极大扩展。

以开发者常用的 Cursor 为例，其本质已从代码助手演变为"工程师智能体"——在保留代码生成核心能力的同时，开发者会自然延伸使用场景：在架构设计时调取云服务 API 文档，在性能优化时检索最新论文，还能厘清技术方案中的业务逻辑矛盾，甚至是咨询生活建议。

反观面向大众的 DeeSeek App 等产品，用户可能从知识问答开始，逐步尝试数据分析、简易脚本编写等传统意义上需要专业工具完成的任务。

这种双向的能力延展与边界的模糊化，使得用户入口的选择逐渐从功能导向转变为使用习惯导向。人们倾向于形成使用习惯，这一特性将导致不同背景的用户群体选择不同的通用 Agent 作为其主要交互入口。例如：

❑ 技术专业人士可能会将 Cursor 作为首选交互界面，由于对其界面和功能的熟悉，他们可能会在面对非编程问题时依然选择在 Cursor 中提问和解决。

❑ 非技术背景的普通用户则可能更倾向于使用如 Manus 等设计更为简单易用的产品，而当他们偶尔需要编写简单代码时，也会继续依赖这个他们已经习惯的入口。

更深层次的变革在于用户认知模式的转变。当某个入口持续提供可靠服务时，用户会形成"第一求助对象"的心理依赖。就像移动互联网时代用户习惯用微信解决通信、支付、信息获取等复合需求，未来用户可能会培养出"Cursor 型"或"DeepSeek 型"的智能使用惯性。

7.3.2 Endless Research 场景

所谓"Endless Research"（长程研究），是指 AI Agent 能够在长周期内持续跟踪、研究和理解某一复杂对象或问题，比如深入研究一个大型代码库、逐步建立专业的分析框架，或长时间关注某个现实事件的演变。这类任务本质上对 AI Agent 的认知跨度、状态管理、资源调度能力都提出了极高的要求。

MCP 架构通过将客户端与服务器分离，同时支持海量工具集成，为长程研究场景创造了以下几个初步条件。

- ❑ 持久化计算能力：MCP 服务器可以保持长时间运行状态，不受客户端会话限制，使 AI Agent 能够进行持续性任务。
- ❑ 复杂知识处理能力：通过与多种工具和服务的集成，AI Agent 可以获取、处理和存储大量知识，形成对复杂领域的深度理解。
- ❑ 独立行动能力：前文提到，MCP 架构使 AI Agent 从单纯的被动响应工具逐步转变为具有一定主动性的参与者，能够根据任务需求自主调用资源和工具。

这种长时间、持续性的学习能力将进一步扩展 AI Agent 的应用范畴和想象空间。

- ❑ 从短期交互到长期合作：用户与 AI Agent 的关系由短暂问答转变为长期合作伙伴关系。
- ❑ 专业领域深度助手：在特定专业领域，AI Agent 可以积累专家级知识深度，成为真正的领域专家助手。
- ❑ 个性化学习曲线：AI Agent 能够根据与特定用户的长期互动，深入理解用户的知识结构、思维方式和需求偏好。
- ❑ 知识传承与演进：通过长期学习和知识积累，AI Agent 可以成为知识传承的重要载体。

MCP 架构为实现这种长期、深度学习能力提供了必要的技术基础，有望推动 AI Agent 从单纯的辅助工具向真正的智能协作伙伴转变。

7.3.3 RaaS

随着 MCP 架构支持的 AI Agent 能够直接操作各类专业软件和数据源，使得 AI Agent 不再仅仅是一个文本交互式的助手，而是真正具备"专业执行能力"的 AI Agent，专业领域的应用门槛大幅度降低。这种整合体现在以下几个维度。

在专业软件操作层面，AI Agent 能够直接调用并操作 3D 建模软件、CAD 设计工具、影视后期制作软件等复杂专业软件，将原本需要专业人员掌握的技能内置于服务中。

在专业数据处理方面，Agent 可以直接连接金融数据库、医疗信息系统、法律法规库等专业数据源，进行精准查询和深度分析，为用户提供专业级的洞察。

在跨领域协作方面，AI Agent 能够协调调用多种专业工具与数据源，实现从前需要多个专业人员协作才能完成的复杂任务。

在这个基础上，一个更具变革性的服务形态开始显现——RaaS，"结果即服务"。相较于传统的软件订阅、工具授权、按时间计费等模式，RaaS 将用户体验推向极致：用户不再需要理解工具逻辑，也无需亲自操作系统或发出复杂指令，只需提出目标，AI Agent 便能全流程完成任务并直接返回结果。比如：

☐ 工程设计师可以直接请求"生成一套符合某规范的 CAD 图纸"，无须自己操作 AutoCAD。

☐ 游戏开发者只需提出"渲染一个赛博风格的城市背景"，AI Agent 即可调用 3D 工具链自动生成成品。

这种"以结果为中心"的交付方式，不仅大幅度简化了用户的使用门槛，也更符合企业级市场的需求逻辑。尤其在中国，传统 SaaS 服务面临用户不愿为工具软件付费的长期难题，而 RaaS 的结果导向、目标驱动特性天然更契合企业主的商业直觉——"我只为成果买单"。用户无须关心 AI Agent 调用了多少工具，过程多复杂，只需要判断结果是否满足预期。这种模式有望从根本上改写 SaaS 在中国的市场逻辑，成为推动下一波 AI Agent 商业化落地的重要抓手。

7.3.4 AI Agent 作为独立参与者的管理

从企业内部的 AIR（AI Resource）管理体系角度出发，随着 MCP 架构使 AI Agent 获得更强的自主能力和更广泛的工具接入，企业将面临全新的管理范式：AI 数字员工管理。这一体系将与传统人力资源管理并行存在，但具有其独特的规则和流程。

（1）数字员工的培训与上岗

AI Agent 的培训过程将融合技术配置与业务知识导入，企业需构建针对特定业务场景的知识库，包括行业知识、企业流程和历史案例等，用于 AI Agent 的定向优化。同时，需制定 AI Agent 的权限体系，明确其可访问的企业系统、数据范围和操作权限，建立符合企业安全要求的访问控制机制。在上岗前，企业应设计系统化的测试流程，验证 AI Agent 对业务规则的理解程度和处理异常情况的能力，确保其达到岗位要求。

（2）绩效考核与激励机制

企业需要建立全新的 AI Agent 绩效评估体系，可设立多维度的考核指标，包括任务完成质量、处理速度、资源利用效率、用户满意度和错误率等关键指标。对于 AI Agent 的"激励"则体现为资源分配的优化，如为表现优异的 AI Agent 分配更多计算资源、扩展其权限范围或增加其工具接入种类。数据反馈循环是 AI Agent 提升的关键，企业应建立系统化的评价收集机制，将用户反馈和同行评价纳入 AI Agent 的持续优化过程。

（3）调整与退役机制

当 AI Agent 无法满足业务需求时，企业需要有明确的调整或退役流程，应建立明确的触发条件，如在持续性能下降、安全风险出现或业务需求变更等情况下启动调整评估。对于需要重大调整的 AI Agent，应设计渐进式过渡方案，确保业务连续性不受影响。针对需要退役的 AI Agent，则需制定完整的数据处理策略，明确如何处理和继承其积累的知识、历史交互数据和访问凭证等资产。

随着 AI Agent 获得更多独立行动能力，社会层面的监管框架也亟待建立。

（1）身份识别与责任归属

在 AI Agent 与社会交互的过程中，需要明确的身份识别机制。可引入 AI Agent 身份认证系统，确保每个公开活动的 AI Agent 都有可追溯的唯一标识和责任主体。在 AI Agent 参与内容发布、社交互动等活动时，应明确披露其 AI 身份，避免用户混淆。同时，需建立责任链条明确机制，界定开发者、部署者和用户在 AI Agent 行为中的责任界限。

（2）行为规范与内容审核

针对 AI Agent 的社会行为，需要构建多层次监管体系。应制定 AI Agent 行为的基础伦理准则，包括不传播有害信息、尊重隐私、避免歧视等核心原则。对于 AI Agent 发布的内容，可建立事前、事中和事后三重审核机制，确保其符合社会规范和法律要求。针对不同场景和行业，还需开发垂直领域的专项规范，如金融咨询、医疗建议等专业领域的特殊要求。

（3）安全预警与干预机制

为防范潜在风险，需要建立完善的安全保障体系。部署实时监测系统，对 AI Agent 的异常行为进行识别和预警，防范潜在的滥用或失控情况。设计分级干预机制，根据风险程度采取相应措施，从轻微调整到完全下线等不同干预强度。同时，应建立定期安全评估制度，对高风险领域的 AI Agent 进行系统性安全检查和更新。

（4）企业与社会治理的融合挑战

企业需要将内部管理标准与外部监管要求进行对接，确保内部 AI 治理符合社会规范。同时，应建立透明公开的 AI Agent 行为报告机制，使外部监管者和公众能够了解 AI Agent 的表现和演化过程。行业协会和监管机构则需合作建立共享的安全实践标准，促进行业自律与创新的平衡发展。

MCP 架构为 AI Agent 带来更强的独立性和能力，也对企业管理和社会监管提出了新的挑战。建立有效的 AIR 管理体系和数字个体监管框架，将成为确保 AI 技术健康发展的关键环节，也将塑造未来人机协作的新型关系。

第 **8** 章

MCP 对大模型公司的影响

MCP 作为在 AI Agent 发展进程中第一个也是最为耀眼的连接协议，势必会给整个 AI 行业带来巨大的变革。那么，这个源自大模型公司 Anthropic 的开源协议会对本就竞争白热化的大模型公司带来哪些可能的影响？是否会改变当下的商业模式和竞争格局？又会带来哪些新的竞争，促进哪些新的合作机会？这些问题本章都会一一予以解答。

8.1 MCP 改变大模型公司的商业模式

8.1.1 大模型公司的商业模式

2022 年底，ChatGPT 横空出世，像一块巨石投入平静的湖面，在全球范围内激起了 AI 浪潮。一时间，无论是科技巨头还是初创公司，都纷纷投身大模型的研发和应用。技术上的突破让人兴奋，各种强大的模型能力不断刷新人们的认知。但兴奋过后，一个非常现实的问题摆在了所有人面前：怎么赚钱？

训练和运行这些大模型需要巨大的投入，尤其是算力成本（显卡、电力）和顶尖人才的薪水。如果找不到可持续的商业模式，再好的技术也只是昙花一现。因此，过去两年，我们看到了各种各样的商业模式探索，大家都在摸着石头过河。总的来说，大模型公司的商业模式可以归纳为三类：

- ❑ 面向个人用户（ToC 模式）。
- ❑ 面向开发者 / 小企业（ToD/ToB（小）模式）。
- ❑ 面向大企业 / 政府（ToB（大）/ToG 模式）。

1. ToC 模式：为个人用户创造商业价值

ToC 或许是最直观的商业模式，直接面向个人用户提供服务，采用免费 + 订阅的方式变现。OpenAI 的 ChatGPT 是这一模式的典范，从 2022 年底发布至今，以其简洁的对话界面和强大的能力迅速积累了上亿用户。ChatGPT Plus 以每月 20 美元的订阅费为 OpenAI 带来了稳定的现金流。据 OpenAI CFO Sarah Friar 对媒体透露，2024 年 OpenAI 总收入约为

37 亿美元，其中有 75% 来自订阅费。国内的百度文心一言、阿里通义千问等也纷纷推出了面向普通用户的应用，但普遍采取免费策略，更多将 ToC 产品视为品牌宣传和新的用户入口，而非直接盈利的业务。这与中国用户对付费内容和服务的支付意愿普遍较低有关。

值得一提的是，Character AI 这类专注于角色扮演的 ToC 应用并没有自研大模型，而是将重点放在用户体验和特定场景上，通过创造虚拟角色满足用户的陪伴、娱乐需求。这类公司证明了即使没有顶尖的模型能力，专注垂直场景同样能够吸引大量用户。

ToC 模式的最大挑战在于用户的付费意愿与服务成本之间的矛盾。一个普通 ChatGPT 用户每月可能产生数美元的算力成本，如果用户主要使用免费版，或者付费后高频使用高级模型，公司很可能入不敷出。这也是为什么许多公司不断调整其免费额度或对高频用户进行限流的根本原因。

2. ToD/ToB（小）模式：API 经济的暗流涌动

相比 ToC 的喧嚣，ToD 的 API 服务虽然低调，但可能是目前最可持续的商业模式。OpenAI 很早就开放了 GPT 系列 API，按使用 Token 量收费，灵活满足各类开发者的需求。这种模式使公司收入更加多元化，不再完全依赖终端用户订阅。Anthropic 走的是类似路线，但更加凸显企业级特性，其 Claude 模型 API 强调安全性和可靠性，并与亚马逊 AWS 等云服务深度合作，扩大了企业客户的覆盖范围。相比 OpenAI 更注重消费级体验，Anthropic 从一开始就将目光投向了更为稳健的企业开发者市场。

国内的智谱 AI、百川智能等"AI 小虎"也大多以 API 为主要商业化途径，他们通常会在某些特定能力上实现差异化，如长文本处理、代码生成或中文理解等。但由于模型整体能力与同行很难拉开代际差异，尤其是在以云厂商为代表的大厂（阿里、字节、腾讯）入场后，因其商业模式是租用算力，更是直接将模型 API 价格压至极低。再加上 DeepSeek 的横空出世，其模型 Infra 层面的技术优势使得模型推理成本又降了一个数量级，可谓风起云涌。API 模式的关键在于降低开发者的使用门槛，构建繁荣的生态系统。因此，OpenAI 作为先行者，制定的 Chat Completions API 及其开放的 SDK 几乎成为 LLM API 事实上的标准。这也带来了另一个影响：应用层切换模型的工程开发成本几乎为 0。在如此激烈的竞争中，对初创公司而言是严峻的考验——如何在价格战中保持盈利能力？值得注意的是，API 业务模式对基础设施和运维能力要求极高，需要保证服务的稳定性、可扩展性和安全性。这也是为何我们看到阿里通义千问通过阿里云提供 API 服务，字节豆包依托火山云，都是在利用各自在云服务领域的积累。站在 2025 年初回看大模型 API 的市场，基本可以认为是大厂的游戏，因为这个生意成立的底层逻辑只有两个：要么模型效果持续拉开代际差异，要么长期投入，等到智能供给成为"水电煤"一样的存在时，靠稳定可靠占据半壁江山。

3. ToB（大）/ToG 模式：深耕行业，寻找刚需

与前两种模式相比，ToB（大）路径看似最为传统，但在某种程度上也可能是最能产生实质价值的方向。不同于标准化的消费级应用或 API，企业级解决方案通常涉及定制开发、

系统集成和长期服务支持，能够创造更高的客单价和更稳定的收入。Google 的 AI 商业化策略很大程度上依托于其云服务，通过将 Gemini 模型能力与 Google Cloud 结合，为企业提供从数据分析、流程自动化到客户服务等全方位的 AI 解决方案。Google 的优势在于其完整的技术栈和长期积累的企业服务经验，能够提供端到端的解决方案，而非单纯的模型调用。

在国内市场上，百度在 ToB（大）领域走得较早且较远。依托其多年的 AI 技术积累和政企客户基础，百度在智能交通、智慧城市等垂直领域已经形成了相对成熟的解决方案。阿里则将大模型能力与其电商、物流、金融等场景深度结合，为这些领域的企业客户提供 AI 转型支持。中小模型公司如智谱 AI、百川智能等也纷纷转向垂直领域，如金融、法律、医疗等。这些领域专业性强、数据敏感、合规要求高，大型通用模型往往难以直接满足需求，反而给了专注垂直领域的公司机会。

ToB（大）模式的挑战在于销售周期长、项目实施复杂、客户需求多样。一个企业级 AI 项目从初步接触到最终落地，可能需要数年时间。这对创业公司的现金流是不小的考验。另外，企业客户往往有特殊需求，如私有化部署、数据安全保障、与现有系统集成等，这些都需要强大的技术支持和定制开发能力。虽然 ToB（大）的道路看似曲折，但在当前阶段可能是最能产生实际商业价值的方向。大模型技术仍处于早期，通用消费级应用难以充分发挥其潜力，而深入特定行业场景、解决实际业务问题，才能体现出 AI 的真正价值。尤其是那些数据密集、知识密集、决策复杂的行业，对 AI 的需求更为迫切，也更愿意为真正能提升效率、降低成本的解决方案付费。

回顾这三种商业模式，我们可以看到它们并非完全分开，而是相互支撑、相互促进的。ToC 应用帮助培养市场认知和积累数据；ToD API 构建开发者生态，扩大模型应用范围；ToB（大）解决方案深入行业场景，实现价值最大化。多数头部玩家都在尝试多管齐下，只是侧重点有所不同。无论选择哪种路径，所有大模型公司都面临一个共同的核心挑战：如何在算力成本高昂的情况下实现可持续盈利。训练大模型动辄花费数千万甚至上亿美元，运营成本也不低。即便是资金充裕的科技巨头，也不可能长期维持一个不盈利的业务。大模型商业化的探索才刚刚开始，道路还很长，但方向已经隐约可见。在这个充满不确定性的时代，能够保持技术敏锐度、理解行业本质、快速试错调整的公司，将最有可能脱颖而出。

8.1.2　MCP 对大模型公司商业模式的影响

MCP 作为一个大模型与外部信息和工具的连接协议，可以说打通了大模型与外部世界的桥梁。它的出现和繁荣将为大模型应用带来巨大的影响，也将完全重塑大模型公司的商业模式和市场格局。

1. 现有商业模式的重塑

（1）ToC 模式

MCP 在短短 4 个月的时间里，社区已经贡献了数万个 MCP 服务器，就连 OpenAI 也在 3 月底宣布其 Python 版的 Agent SDK 已经支持了 MCP，而且后续还将在 ChatGPT 的 Desktop 版本中继续支持。OpenAI 拥抱竞争对手 Anthropic 构建的 MCP 生态，非常耐人寻味。在过去两年中，我们无论使用哪家公司的 AI 助理产品，都只是在进行问答，即便是火爆全球的 DeepSeek R1，依然没有跳出这个模式。但有了 MCP，情况就发生了非常大的变化。我们看到 Claude Desktop + Unity MCP Server，只需要在聊天窗口中一句话，就可以实现自动编写小游戏代码并在本地 Unity 客户端完成各种渲染操作。类似的例子数不胜数，当 AI 助手可以直接操作用户环境时，其实用性和不可替代性将显著提升，差异化竞争也将随之增强：能够提供更深度本地集成的产品将在同质化竞争中脱颖而出。

（2）ToD/ToB（小）模式

MCP 已经发展为一个非常蓬勃的生态系统，OpenAI 宣布 Agent SDK 和 ChatGPT Desktop 支持 MCP 或许是为了借助开放生态的力量，进一步巩固自己的 API 业务和 ToC 的订阅业务。拥抱生态是成本最低的方式，也是生意人不二的选择。MCP 只是解决了连接问题，LLM 才是背后的超级大脑，OpenAI 拥有全球最强的模型研发和创新能力，需要持续优化模型的能力，尤其是 Agentic 能力（任务规划、使用工具、长期记忆、多轮对话、反思等），拥抱 MCP 可以使其 API 和 ChatGPT 产品解决更多实际的用户问题，自然可以带动 API 使用量的增长。

另一个已经初现端倪的趋势是 AaaS（Agent as a Service）。AaaS 本质上还是一种 API 产品，只不过它不再是单纯的基座模型 API，而是由模型 + Agent 工程层组成的更复杂的用于解决特定问题的产品。譬如 OpenAI 推出的 Deep Research 就是一个专门为解决复杂问题、生成长篇研究报告的产品。开发团队在对外的访谈中提到，他们使用了 O3 模型进行深度训练，并且并没有计划将其特有的能力合并到更新的主线模型中。种种迹象表明，在不久的将来，基座模型 API 的供应会逐渐走向终结，取而代之的是模型公司深度定制开发的各种 AI Agent 能力 API。这种做法既可以让上层应用解决更多、更复杂的问题，同时也可以将底座模型封装成一个黑盒，有限地对外暴露数据，从而防止数据蒸馏，构建起长期的技术壁垒。

（3）ToB（大）模式

随着 MCP 的不断进化，生态的持续发展，MCP 一定会在企业场景中进一步大展拳脚。企业内部的现有系统、服务和能力均可以被封装成 MCP 服务器，以供大模型进行连接调用，从而实现端到端的问题解决和业务价值。不过，MCP 只是企业智能化的多种选择之一，企业或者行业完全可以有自己的 AI Agent 连接协议和标准，大模型公司和传统 ToB 的 ISV（软件服务提供商）既可以成为某个领域的标准制定者，也可以化身为垂直领域 MCP 服务器的开发者和提供者，完成从提供解决方案到企业系统深度集成的蜕变。

2. 竞争格局的重塑

（1）垂直整合与生态封闭趋势

随着 MCP 的普及，我们可能会看到大模型公司从单纯的模型提供商向全栈服务商转变。

OpenAI 等头部企业可能采取垂直整合策略，掌控从基础模型到工具生态的全链路，形成半封闭的生态系统。这将导致行业格局向"少数巨头 + 众多垂直专家"的方向演化。具体来说，OpenAI 可能将其最强大的能力保留给自身的 AI Agent 产品，为这些产品专门训练和优化模型，而只向外部开放 AI Agent API。这种策略将强化其竞争壁垒，但可能引发市场对开放性的担忧。

（2）专业化分工与中间层的崛起

MCP 的标准化将促进产业链专业分工，催生一批专注于以下 3 个领域的中间层企业。

- ❑ 工具适配层：专门为各类工具构建 MCP 兼容接口。
- ❑ 安全合规层：提供对 MCP 通信的安全增强和合规审计。
- ❑ 行业专用连接器：为特定行业构建专用工具集和连接方案。

这种分工将为中小企业创造新的市场空间，特别是那些深耕特定领域但不具备强大模型研发能力的公司。

3. 小结

随着 MCP 推动大模型商业化进入新阶段，企业需要重新思考其定位和战略。

- ❑ 技术壁垒向生态壁垒转移：随着基础模型技术逐渐平民化，差异化竞争将从算法优势转向生态整合能力。
- ❑ 价值捕获点的移动：从模型服务向 AI Agent 服务、工具编排和行业知识融合方向转移。
- ❑ 安全与隐私成为核心竞争力：能够提供既强大又安全的 MCP 实现的企业将赢得用户和企业客户的信任。
- ❑ 开放与封闭的平衡艺术：在保持足够开放以吸引生态参与者的同时，构建足够的壁垒以保护核心商业价值。

总之，MCP 的出现不仅是技术标准的演进，更是商业模式的革新催化剂。它将重塑大模型公司的价值主张、收入结构和竞争格局，为整个行业带来新的增长点和挑战。在这个新时代，能够理解并善用 MCP 本质的企业，能在即将到来的 AI Agent 经济中占据有利位置。大模型商业化的道路依然漫长，但 MCP 的出现，让我们得以看到未来的发展趋势。能够在技术与商业模式创新之间找到平衡点的企业将最终胜出。

8.2　MCP 促进大模型公司之间的合作与竞争

MCP 正在重塑大模型公司间的竞争与合作关系，它不仅是技术标准，更开辟了一片商业博弈的新战场，同时还促进了行业合作与竞争的深化。

8.2.1　合作

MCP 虽然是 Anthropic 主导创建的开源项目，但是整个行业都在参与贡献自己的观点、想法和实践。在 MCP 关于替换 HTTP+SSE 为 Streamable HTTP 的提案审查帖子中共有 56

位来自各行各业的开发者参与，包括 Vercel、FastAPI 等多位行业专家，如图 8-1 所示。

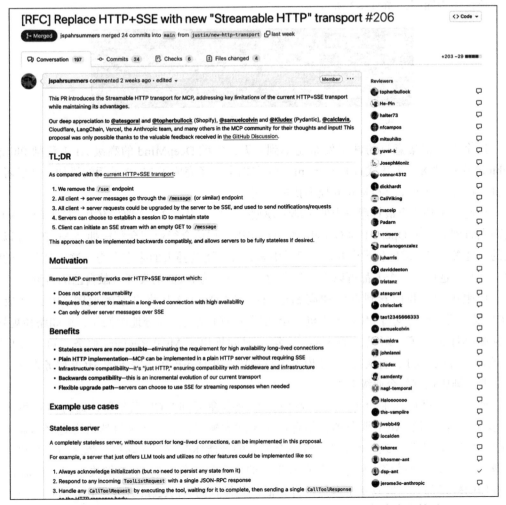

图 8-1　MCP 关于替换 HTTP+SSE 为 Streamable HTTP 的提案审查帖子

同时，我们也看到越来越多的大模型公司选择主动拥抱 MCP。OpenAI 的 CEO Sam Altman 于 2025 年 3 月 27 日在 "X" 上正式表态旗下 Agent SDK 产品已经率先完成了 MCP 的支持，并很快会在 ChatGPT 的桌面版和 Responses API 中支持，如图 8-2 所示。

OpenAI 的这个决定对于 MCP 的发展可谓意义重大，这代表了最强 AI 大模型公司对 MCP 和生态的认可，并愿意参与到生态共建中来，而不是自己重新发明一个轮子。

随着 MCP 的热度持续升高，就在 OpenAI 宣布拥抱 MCP 后的第 4 天，Google CEO

图 8-2　Sam Altman 在 "X" 上官宣支持 MCP 的截图

Sundar Pichai 在"Ｘ"上发了一个意见征集帖子："支持 MCP 还是不支持，这是个问题。请在评论中告知。"，如图 8-3 所示。

图 8-3　Google CEO 在"Ｘ"上发布是否支持 MCP 的意见征集帖子截图

这个在线征集意见的帖子发布还不到 4 天，谷歌 DeepMind 的高级 AI 工程师 Philipp Schmid 便在"Ｘ"上正式宣布 Gemini API 文档中已经完成了 MCP 示例的添加，开发者可以直接将 MCP Server 与 Gemini 模型搭配使用。

至此，国外 4 个最具竞争力的头部大模型公司中，已有 3 个拥抱 MCP，这无疑是 MCP 的高光时刻。有了 OpenAI 和 Google 的带头作用，相信全行业都会积极拥抱 MCP，并以更快的速度参与到 MCP 上下游生态的建设中来，形成更为强大的生态合力。这正是开源的魅力：公开、透明，每个人都可以参与其中建言献策，为 MCP 的发展贡献自己的力量。

放眼国内，我们看到百度和高德地图都在 2025 年 3 月将自家的地图 API 封装成了 MCP 服务器，允许支持 MCP 的主机直接调用其 API 完成大部分地图操作，譬如路径规划、沿途咖啡厅推荐等。阿里云的 Nacos 也第一时间推出了 MCP Registry 服务，可以让应用"0 改动"升级 MCP，直接接入 AI 模型进行调用，并且还提供了完善的 MCP 服务发现、服务注册、健康检查等企业级能力。

此外，阿里百炼平台也推出了业内首个全生命周期 MCP 服务器，通过内置集成的 60 多个即插即用的 MCP 服务器，结合通义千问大模型，实现通过自然语言直接构建支持 MCP 的智能体应用，5 分钟即可完成一个复杂的智能体开发。在阿里百炼之后，腾讯云也快速推出了其整合微信小程序、公众号生态的非常有竞争力的 MCP 解决方案，包括 MCP 服务器的轻量部署，以及基于自然语言和低代码模式的 AI Agent 开发平台。微信生态的开发只需要几分钟，便可以为自己的公众号和小程序完成各种智能体的构建和连接。这是腾讯云平台独有的生态优势。

国内外各种关于 MCP 的生态实践如雨后春笋般出现，相信在不久的将来，MCP 的相关基础设施建设会越来越完善，借助 MCP 打造的各行各业的垂直智能体一定会蓬勃发展。

8.2.2　竞争

MCP 的普及，无疑将大模型公司在基座模型能力上的竞争，从通用对话能力（数学、逻辑、代码、角色扮演、写作等）升级为模型 Agentic 能力的比拼。试想一下，当我们每个人都拥有连接各类工具的能力之后，我们希望模型可以通过复杂问题的规划、迭代、反复循环来解决问题时，问题解决的好坏和成本则完全取决于背后的 LLM 能力。因此，大模型公司无不将基座模型 Agentic 能力的优化作为当前最重要的工作。因为在模型只能对话的时代，模型给我们的只是一段回答，好与坏的判断并不容易。但是在模型可以解构问题、使用工具的 AI Agent 时代，我们对于一个问题结果的最基本预期是能不能完成。因此，未来的模型只会有两种：能高效解决问题的"聪明的 LLM"和经常失败的"愚蠢的 LLM"，这几乎是一场头部大模型公司的必赢之战。

除了模型能力层的竞争外，大模型公司的竞争也已经从基座模型上升到了 AI Agent 产品的竞争。OpenAI 近期发布了 Responses API 和 Deep Research，加上之前发布的 Operator，可以说已经用实际行动宣告他们的战略已从 MaaS 层上升到 AaaS 层。Anthropic 的 CPO 也在公开采访中表示，他们正在积极构建产品，并表示他们的步伐已经慢了。Google 也在积极地将自家的 Gemini 模型应用到全线产品中，同时在探索完全 AI Native 的 AI Agent 产品。放眼国内的大模型企业，除了 DeepSeek 在义无反顾地探索 AGI，仍停留在基座模型层外，以字节跳动、阿里巴巴为代表的大厂均在 MaaS 和 AaaS 层双双发力；而 "AI 小虎"们则在 2024 年甚至更早就开始了 AI Agent 层的商业化探索。

8.3　MCP 推动大模型技术的普及与应用

大模型技术的发展如火如荼，然而其应用与普及却面临着"最后一公里"的挑战。MCP 作为一个开放标准协议，正在成为连接大模型与实际应用场景的关键桥梁，推动这项技术真正走进各行各业、融入人们的日常生活与工作中。MCP 将会从多个维度促进大模型技术的普及与应用。

1. 打破应用场景的壁垒

传统的大模型应用往往处于"围墙花园"状态，难以与用户的真实环境深度交互。MCP 通过标准化的通信机制，允许模型安全地访问用户的文件系统、应用程序和各类资源，极大拓展了应用场景的边界。

以编程助手为例，采用 MCP 后，AI 助手不再局限于简单的代码生成，而是能够借助类似 Figma-MCP 这样的服务器，自动获取设计稿并转换成高保真的前端 UI 实现，甚至自动化托管 GitHub 开源项目的运维。这种"环境感知"能力使 AI 从单纯的建议者转变为真正的协作伙伴，提升了生产力工具的实用价值。

2. 降低开发门槛，催生创新生态

MCP 的一个重要贡献是显著降低了开发门槛。在 MCP 之前，将大模型与外部工具和数据源集成需要开发者编写复杂的定制代码，不同模型和应用之间缺乏互操作性。MCP 通过提供标准化接口，使这一过程变得简单且一致。

对开发者而言，这意味着可以专注于应用逻辑和用户体验，而不必深入研究各家大模型的 API 差异。一套代码可以适配多家模型服务，有效提高了开发效率和灵活性。这种标准化

也为小型开发团队和个人开发者提供了公平竞争的机会，使他们不再受限于技术资源不足。

随着开发门槛的降低，丰富多样的创新应用不断涌现。从个人生产力工具到行业专用解决方案，再到创意类应用，MCP 正在催生一个繁荣的应用生态系统，进一步推动大模型技术的普及。

3. 增强数据安全，提升用户信任

大模型应用普及的一大障碍是数据安全和隐私担忧。用户和企业都担心敏感信息在与 AI 交互的过程中泄露或被滥用。MCP 在设计之初就将安全性置于核心位置，通过多种机制保障数据安全。

MCP 通过"根目录"机制明确定义模型可访问的文件系统边界，通过"用户同意"机制确保敏感操作必须获得明确授权，通过标准化的权限模型实现细粒度的访问控制。这些设计不仅保护了用户数据，也使企业更有信心在敏感业务场景中应用大模型技术。

当用户能够清晰地看到 AI 可以访问的资源范围，并且能够对每项敏感操作进行授权，他们使用 AI 的心理障碍就会降低。MCP 的安全设计正是通过建立这种透明和可控的交互模式，增强了用户对 AI 应用的信任，从而加速了大模型技术的普及。

4. 促进垂直行业深度融合

大模型技术要实现真正的普及，必须深入各行各业的专业场景，解决实际业务问题。MCP 通过标准化的工具调用机制，使模型能够无缝集成行业专用工具、知识库和工作流程，极大地促进了垂直行业应用的发展。

在医疗领域，采用 MCP 的 AI 助手可以安全地访问电子病历系统、医学影像数据和临床指南，辅助医生进行诊断和治疗决策。在金融行业，AI 可以连接市场数据、风控系统和交易平台，提供更全面的投资建议和风险分析。在制造业，AI 能够与 CAD 系统、生产监控和供应链管理工具对接，优化设计和生产流程。

MCP 的标准化接口使这些复杂集成变得可行且高效，企业不必为每个应用场景重新开发定制解决方案，而是可以在统一框架下逐步扩展 AI 能力。这种模块化和可扩展的方式加速了大模型技术在垂直行业的落地和普及。

5. 技术普及的新范式

MCP 的出现代表了大模型技术普及的新范式——从封闭走向开放，从通用走向专业，从单一走向生态。它不仅是一套技术规范，更是连接技术与应用、开发者与用户、模型与工具的桥梁。

通过打破应用场景壁垒、降低开发门槛、增强数据安全性和促进行业融合，MCP 正在系统性地解决大模型技术普及的关键障碍，使这一革命性技术能够真正发挥其影响力。

在大模型商业化探索才刚刚开始的当下，MCP 或许不是最终答案，但它无疑代表了正确的方向。随着协议的进一步完善和生态的不断壮大，我们有理由相信，大模型技术将以更快速度、更深层次地融入各行各业，为人类的工作和生活带来前所未有的改变。

第 9 章

MCP 应用接入流量入口

MCP 应用作为最具创新性的工具，也需要推广才能触达目标受众和得到广泛应用，并建立知名度、树立信誉。开发者经常面对大量新工具和技术，使用者在探索和采用像 MCP 应用这样的新技术时，MCP 客户端作为连接开发者和使用者的桥梁就显得十分重要。一个完善的推广策略能够显著影响 MCP 应用的增长轨迹和整体成功，从而实现 MCP 应用的 PMF（产品市场契合度）。

为了脱颖而出，MCP 应用需要清晰地阐述其优势和价值主张，将自己通过客户端与开发者和大众用户联系起来，并强调自己能够改善使用者的工作流程和生产力。本章将重点介绍 MCP 应用开发者进行更好的推广以获得用户和流量的方法。为了方便理解，本章提到的 MCP 客户端统一指代与用户交互的 MCP 应用。

9.1 MCP 客户端

MCP 客户端不仅是 MCP 服务提供者获取用户流量的重要入口，而且充当了 AI 员工（每个 MCP 应用相当于一个 AI 员工）的办公室，是 MCP 生态的重要参与者。

每个 MCP 客户端都有大量的使用者，MCP 应用开发者熟知市面上的主流 MCP 客户端十分重要。当前市面上的 MCP 客户端有很多，表 9-1 梳理了其中的主流 MCP 客户端。

表 9-1　市面上的主流 MCP 客户端

客户端名称	类型	平台支持	关键 MCP 功能	LLM 支持
Cline	IDE 扩展	Windows、macOS	Cline MCP Marketplace，一键安装	多种
Cursor	代码编辑器	Windows、macOS、Linux	全局和项目配置，STDIO 和 SSE 传输，智能代理模式，用户提示工具引用	多种
Claude Desktop	桌面应用程序	Windows、macOS、Linux	连接各种 MCP 服务器	Claude AI 模型
LibreChat	聊天机器人平台	Web	管理与特定 MCP 服务器的通信	多种

（续）

客户端名称	类型	平台支持	关键 MCP 功能	LLM 支持
Continue	IDE	VS Code、JetBrains	已集成 MCP	多种
Zed	IDE	macOS	已集成 MCP	多种
Firebase Genkit	AI Agent 构建工具包	Python、TypeScript	可充当 MCP 客户端	多种
LangGraph	AI Agent 构建工具包	Python	可充当 MCP 客户端	多种
OpenAI Agents SDK	AI Agent 构建工具包	Python	可充当 MCP 客户端	OpenAI 模型
AIaW	AI 聊天客户端	跨平台（Windows、macOS、Linux）	全面支持 MCP，支持资源、提示模板、工具集成、本地服务器连接	多种
ChatMCP	桌面应用程序	Windows、macOS、Linux	MCP 客户端功能	多种
Dolphin-MCP	CLI 工具、/Python 库	Linux、Windows、macOS	多服务器桥接客户端，连接任何 MCP 兼容服务器和 LLM	任何（本地或远程）
FLUJO	桌面应用程序	Next.js、React（支持在线和离线 LLM）	集成 MCP，AI 工作流程构建器	多种（包括 Ollama）
http4k MCP Desktop	Agent 应用程序	MacOS、Windows、Linux	STDIO 到远程 MCP 代理，支持 SSE 和 WebSockets 等多种传输选项，多种身份验证方法	多种
VS Code GitHub Copilot（Agent 模式下）	IDE 扩展	Windows、macOS、Linux	在 Agent 模式下使用 MCP 工具	多种
Windsurf	MCP 客户端	Windows、macOS、Linux	MCP 客户端功能	多种
Witsy	MCP 客户端	未明确提及	MCP 客户端功能	多种
EnConvo	MCP 客户端	未明确提及	MCP 客户端功能	多种
y-cli	CLI 工具	Windows、macOS、Linux	MCP 客户端功能	ChatGPT、MistralAI、Claude、Grok、Gemini、DeepSeek
MCPHost	CLI 应用程序	Go（Windows、macOS、Linux）	MCP 宿主，支持 Claude 3.5 Sonnet 和 Ollama 模型	Claude 3.5 Sonnet、Ollama
Spring AI MCP Client	Java 库、Spring Boot Starter	多种（支持 STDIO 和 HTTP-based SSE）	建立和管理与 MCP 服务器的连接，协议版本和能力协商，消息传输和 JSON-RPC 通信，工具发现和执行，资源访问和管理，提示系统交互	Azure OpenAI、OpenAI、Stability、ZhiPuAI、QianFan
LangChain（通过 MCP 工具调用支持）	Python 框架	Python	使用 Python 函数与各种 MCP 服务器交互	多种

（续）

客户端名称	类型	平台支持	关键 MCP 功能	LLM 支持
Zapier MCP	集成	Web	将 AI 工具连接到 Zapier 平台	多种（通过 Zapier 连接）
Microsoft Copilot Studio	平台	未明确提及	支持 MCP 工具	多种
使用 React 组件或脚本标签嵌入的 AI 助手	Web 组件	Web	使用来自 MCP 服务器的工具，支持 SSE 传输	任何（OpenAI、Anthropic、Ollama 等）
Semantic Kernel	Microsoft SDK	C#	集成 MCP 支持	多种

不同的 MCP 客户端有各自的特点，有的 MCP 客户端还包含 MCP Marketplace，例如 Cline Marketplace，这些 Marketplace 和客户端都是非常重要的流量入口。MCP 应用开发者除了做好产品服务外，运营好这些客户端也将带来巨大的用户资源和市场资源。

9.2　MCP 应用与主流 AI 应用平台的集成策略

MCP 旨在标准化 AI 应用程序（如聊天机器人、IDE 助手或自定义 AI Agent）与外部工具、数据源和系统的连接方式。对于 MCP 应用提供者而言，理解并有效地将自身应用集成到主流的 AI 应用平台中，是获取海量用户流量、为商业化变现奠定基础的关键一步。本节将深入探讨 MCP 应用与主流 AI 应用平台（包含但不限于 Cursor、Windsurf、Clinde、Cline 等）的集成策略，分析其特性、用户群体、应用生态以及各自支持的 MCP 应用接入方式和技术要求。

9.2.1　Cursor 的集成策略

Cursor 是一款基于 VS Code 构建的 AI 优先代码编辑器。它集成了包括 Claude 3.5 Sonnet 和 GPT-4 在内的多种大模型，旨在通过 AI 代码补全、错误纠正和自然语言命令等功能提升开发效率。Cursor 的用户群体主要是寻求提高编码速度和质量的软件开发者，包括初学者和经验丰富的工程师。将 MCP 应用集成到 Cursor 是获取开发者用户的重要方式。

（1）特性、用户群体和应用生态

Cursor 的核心优势在于其深度集成的 AI 功能，能够理解代码上下文，提供智能建议，并协助完成复杂的编码任务。其用户群体对提升开发效率和利用 AI 辅助编程具有较高的需求。Cursor 的应用生态主要围绕代码编辑和 AI 辅助工具展开，通过插件系统支持多种语言和框架。

（2）MCP 应用接入方式

Cursor 通过其插件系统支持 MCP，允许开发者将外部工具和数据源连接到编辑器中。这使 MCP 应用能够扩展 Cursor 的功能，比如直接查询数据库、读取 Notion 数据、与

GitHub 交互等。

要将 MCP 应用接入 Cursor，开发者需要在 Cursor 的设置中配置 MCP 服务器。这可以通过编辑全局或项目特定的 .cursor/mcp.json 文件来完成。配置文件采用 JSON 格式，需要指定服务器的名称、启动命令（对于 STDIO）或 SSE 端点的 URL（对于 SSE），以及任何需要的环境变量（如 API 密钥）。

详细的 MCP 应用接入步骤如下。

第一步：打开 Cursor，单击菜单中的 Cursor 选项，选择 Cursor Settings 进入配置页面，如图 9-1 所示。

图 9-1　Cursor 配置

第二步：单击 Add new global MCP server 按钮添加 MCP 服务器，并打开 mcp.json 配置文件，如图 9-2 所示。

图 9-2　添加 MCP 服务器

第三步：输入 MCP 服务器配置信息，如图 9-3 所示，单击保存即可在 MCP 列表中看到 MCP 服务器，单击 Enabled 即可看到托管 MCP 服务器工具列表。

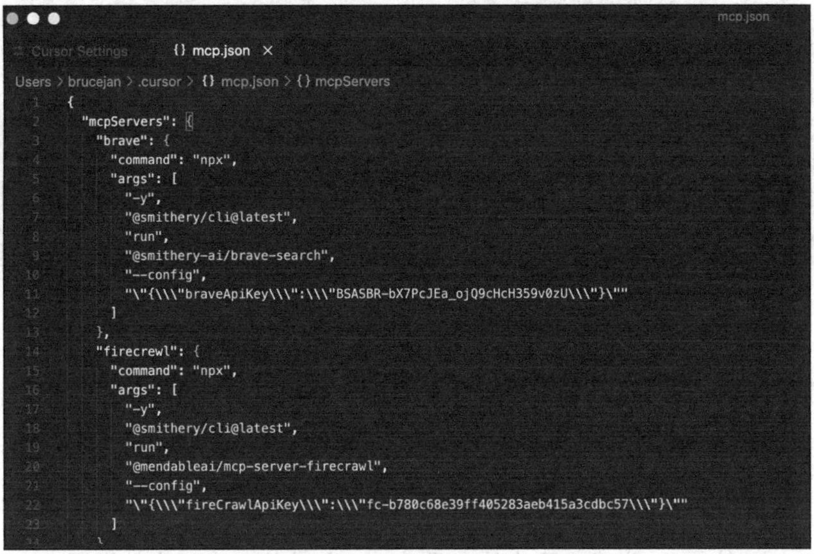

图 9-3　配置 mcp.json

（3）Cursor 支持两种 MCP 服务器的传输方式

❑ 标准输入 / 输出（STDIO）：MCP 服务器在本地机器上运行，Cursor 自动管理其生命周期，并通过标准输出进行通信。这种方式简单高效，适用于本地集成。例如，brave-search 是本地托管信息，包含 command 命令，如图 9-4 所示。

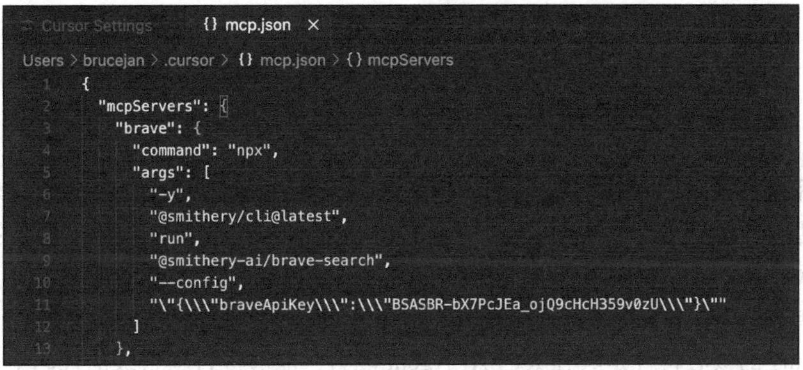

图 9-4　配置 Brave Search

❑ 服务器发送事件（SSE）的 HTTP：MCP 客户端（Cursor）通过 HTTP 连接到 MCP 服务器，服务器可以通过持久连接使用 SSE 标准向客户端推送消息。这种方式支持本地或远程运行的服务器，可以跨机器共享。例如，Zapier-mcp 是 SSE 远程托管信息，包含 URL，如图 9-5 所示。

图 9-5　配置 Zapier-mcp

（4）技术要求

MCP 服务器可以使用任何能够打印到标准输出或提供 HTTP 端点的编程语言编写。对于 STDIO 传输，需要提供一个有效的 shell 命令来启动服务器；对于 SSE 传输，需要提供一个可访问的 SSE 端点 URL。

（5）已知限制

目前 Cursor 的 MCP 集成主要支持工具（Tools）功能，尚不支持资源（Resources）和提示（Prompts）功能。此外，Cursor 对可使用的工具数量有限制，并且在通过 SSH 等远程开发环境访问 Cursor 时，MCP 服务器可能无法正常工作。

（6）集成策略

MCP 应用服务提供者可以利用 Cursor 的 MCP 集成能力，将其应用封装为 MCP 服务器，通过 STDIO 或 SSE 方式接入 Cursor。例如，一个提供代码质量分析的 MCP 应用可以接入 Cursor，在开发者编码过程中提供实时的分析结果和改进建议。

9.2.2　Windsurf 的集成策略

Windsurf（前身为 Codeium）是一款旨在保持开发者心流状态的下一代 AI IDE，以智能的代码补全、内联 AI 编辑和 Cascade 等高级功能著称。Cascade 是一个能够理解项目上下文并自动执行复杂任务的 AI Agent。Windsurf 的用户群体主要是追求更高级的 AI 辅助编程体验的软件开发者，他们希望 AI 能够更深入地理解和协助完成整个开发流程。

（1）特性、用户群体和应用生态

Windsurf 的核心特性是其强大的 AI Agent 能力，能够进行项目级的代码生成、调试和重构。其用户群体对 AI 的智能性和自动化水平有更高的期望。Windsurf 的应用生态还在发展中，它构建于 VS Code 之上，因而可以兼容许多 VS Code 插件。

（2）MCP 应用接入方式

Windsurf 通过其 Cascade 功能原生集成了 MCP。Cascade 可以作为 MCP 客户端，与 MCP 服务器进行通信，从而扩展 Windsurf 的功能。

在 Windsurf 中，可以通过 IDE 设置界面或直接编辑位于 ~/.codeium/windsurf/ 目录下的 mcp_config.json 文件来配置 MCP 服务器。配置文件同样采用 JSON 格式，需要指定服务器的名称以及启动命令和参数。Windsurf 主要通过执行命令行来启动 MCP 服务器。

MCP 应用接入 Windsurf 的详细步骤如下。

第一步：打开 Windsurf，单击菜单中的 Windsurf，依次选择 Preferences → Windsurf Settings，进入 Windsurf Settings 配置页面，如图 9-6 所示。

图 9-6　打开 Windsurf Settings

第二步：选择 Cascade，单击 Add Server 按钮添加 MCP 服务器，打开添加 MCP 服务器页面，如图 9-7 所示。

图 9-7　添加 MCP 服务器页面

第三步：添加已有的或自定义的 MCP 服务器（自定义配置在 mcp_config.json 中完成），如图 9-8 所示。

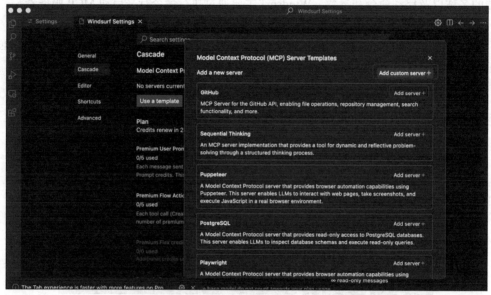

图 9-8   添加已有的或自定义的 MCP 服务器

（3）技术要求

与 Cursor 类似，MCP 服务器可以使用任何能够响应请求的编程语言编写。在 mcp_config.json 文件中，需要提供启动服务器的命令（通常使用 npx 执行 Node.js 包）以及任何必要的参数和环境变量（如 API 密钥）。

（4）已知限制

Windsurf 的 MCP 集成目前仅支持工具功能，不支持提示或资源。此外，Windsurf 不支持输出图像的工具。有报告指出，Windsurf 在某些情况下可能存在一些问题，并且代码补全速度可能不如 Cursor。

（5）集成策略

MCP 应用服务提供者可以将他们的应用构建为可通过命令行启动的 MCP 服务器，并在 Windsurf 的 mcp_config.json 文件中进行配置。例如，一个提供云数据库管理功能的 MCP 应用可以接入 Windsurf，允许开发者通过自然语言指令在 Windsurf 中管理他们的数据库。

9.2.3   Clinde 的集成策略

Clinde（前身为 ClaudeMind）展现了良好的适应性，支持多种底层人工智能模型，包括通过 OpenRouter 访问的模型，从而满足不同用户的偏好和需求。

Clinde 默认集成了一键式 MCP 应用市场。以往手动配置和管理 MCP 服务器是一个技术性很强的过程，会让经验不足的用户望而却步。通过提供一个精选的 MCP 应用市场，用户只需单击一下即可安装，Clinde 显著降低了使用 MCP 应用的门槛，这种易用性可以鼓励用户探索更广泛的功能。

（1）特性、用户群体和应用生态系统

Clinde 的用户群体是普通用户、产品经理、运营和开发者。Clinde 的应用生态核心在于其对 MCP 的采用和支持，这使其能够以标准化的方式连接并与各种外部应用程序和服务进行交互，连接到人工智能社区开发的工具和服务阵列。

Clinde 集成的 MCP 服务器市场是一个中心枢纽，为用户提供了可便捷访问的集成集合，如提供访问 Reddit 等平台的服务器。

（2）MCP 应用接入方式

Clinde 作为 MCP 客户端，可以连接各种 MCP 服务器以访问其功能。Clinde 通过集成的 MCP 服务器市场简化了用户发现、安装和管理这些 MCP 服务器的过程，MCP 服务开发者可联系 Clinde 官方申请集成到 Clinde Server 中的 Marketplace，从而获取使用者流量。

对使用者来说，可直接在 Clinde 中安装预构建的 MCP 服务器，在 Clinde 聊天中实现对 MCP 服务器（执行外部函数）的调用。

Clinde 提供简单易用的界面来管理 MCP 集成，通常通过一键安装功能实现。配置过程主要需要用户提供必要的身份验证信息，如图 9-9 所示。完成安装配置后，用户可以通过自然语言命令调用这些集成功能（Clinde 可能会在执行敏感操作前请求用户确认），更多详情见 5.2 节。

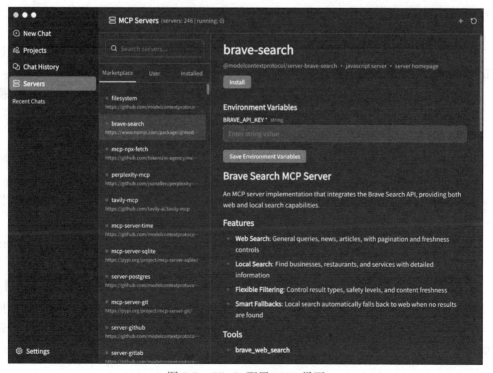

图 9-9　Clinde 配置 MCP 界面

（3）技术要求

Clinde 以桌面应用程序的形式分发，兼容 Windows 和 macOS，支持 Intel 和 Apple Silicon 处理器。用户需要拥有并配置自己的 Anthropic API 密钥或 Openrouter 密钥。

（4）集成策略

MCP 应用服务提供者如果希望将其应用集成到 Clinde 中，需要开发一个 MCP 服务器，然后向官方申请入驻 Servers 中的 Marketplace，从而获得使用者流量。

9.2.4 Cline 的集成策略

Cline 是一款开源的 VS Code 扩展，定位为开发团队的完全协作 AI 伙伴，它具有"计划与行动"模式、透明的 Token 使用以及 MCP 集成等核心特点，旨在帮助开发者在熟悉的 IDE 环境中更有效地与大模型进行交互。Cline 的用户群体包括各种规模的开发团队，特别是那些重视开源、可扩展性和安全性的开发团队。

（1）核心特点和应用生态

Cline 的核心特点是其自主 AI Agent 能力，能够创建和编辑文件、执行终端命令、使用浏览器等，并在每一步操作前征得用户许可。它强调协作，能够与开发者共同制订计划并解释其推理过程。Cline 的应用生态正在通过其内置的 MCP Marketplace 迅速发展，该市场提供了数百个各种类别的 MCP 服务器，包括 Web 自动化、数据分析、DevOps 和创意工具等。

（2）MCP 应用接入方式

Cline 对 MCP 有着深度的集成，并拥有自己的 Cline Marketplace。开发者可以通过以下几种方式将 MCP 应用接入 Cline。

- ❑ 通过 Cline Marketplace 安装：这是最便捷的方式。开发者可以将他们的 MCP 服务器发布到 Cline Marketplace，如图 9-10 所示，用户可以直接在 Cline 中搜索并一键安装。
- ❑ 从 Remote Servers 安装：对于远程类的 MCP 服务器，可采用该方式配置，将 MCP 服务器的 URL Endpoint 输入 Server URL 字段即可，如图 9-11 所示。
- ❑ 从 GitHub 添加：Cline 允许用户从 GitHub 仓库添加 MCP 服务器。用户需要提供仓库的 URL 到聊天窗口，Cline 可以自动克隆并构建 MCP 服务器。
- ❑ 自定义构建：开发者可以使用 MCP SDK 构建自定义的 MCP 服务器，并在 Cline 中进行配置。
- ❑ 询问 Cline：用户甚至可以直接询问 Cline，来帮助他们找到或创建 MCP 服务器。

Cline Marketplace 为开发者提供了一个发布和发现 MCP 服务器的平台，类似于应用商店。安装 MCP 服务器通常只需要单击安装按钮，Cline 会自动处理依赖安装、API 密钥配置等问题。

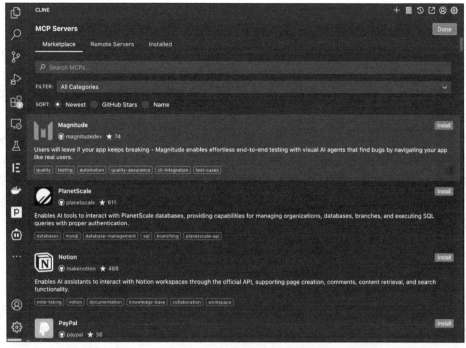

图 9-10　Cline Marketplace

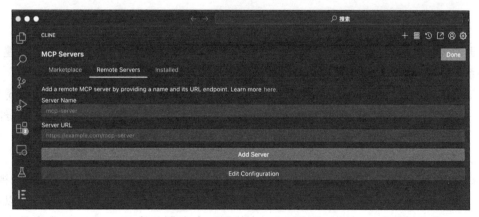

图 9-11　Remote Servers 配置

（3）技术要求

在 Cline 中，MCP 服务器可以使用 Node.js（JavaScript/TypeScript）或 Python 等开发。对于发布到 Cline Marketplace 的服务器，需要遵循一定的规范，并提供清晰的描述、API 密钥获取方式等信息。

（4）已知限制

Cline 的 MCP 集成非常强大，但也有一些限制，具体取决于各个 MCP 服务器的实现。

开发者需要关注服务器的兼容性、资源消耗以及潜在的 API 使用限制。

（5）集成策略

Cline 为 MCP 应用服务提供者提供了一个理想的平台。通过将其应用封装为 MCP 服务器并发布到 Cline Marketplace，开发者可以轻松地触达大量 Cline 用户。Cline 的自主 AI Agent 能力还可以利用这些 MCP 服务器来自动化更复杂的开发任务。例如，一个提供代码部署功能的 MCP 应用可以接入 Cline，允许 AI Agent 自动执行部署流程。

不同的主流 AI 应用平台对 MCP 应用的接入方式和技术要求各不相同。Cursor 和 Windsurf 主要通过配置文件进行 MCP 服务器的集成，侧重于工具功能的扩展。Clinde 作为 IDE 插件，其 MCP 集成可能需要遵循 JetBrains 平台的开发规范。Cline 则通过其强大的 Cline Marketplace 和多种添加服务器的方式，为开发者提供了便捷的接入途径，并且支持工具和资源两种 MCP 核心功能。

9.3　MCP 应用的推广策略

将 MCP 应用集成到主流 AI 应用平台仅仅是完成了第一步，有效地推广这些应用、吸引更多的用户同样至关重要。本节将研究当前主流的应用程序推广策略，并思考如何将这些策略应用于推广 MCP 应用。

9.3.1　开发者社区合作

开发者社区是推广技术产品的重要渠道。对于 MCP 应用，与相关的开发者社区建立合作关系可以有效地触达目标用户。与社区合作的方式有如下几种。

❑ 参与社区讨论：在 Cursor、Windsurf 和 Cline 等平台的开发者论坛、GitHub 讨论区、Discord/Slack 频道等社区中积极参与讨论，分享关于 MCP 应用的使用经验、技巧和最佳实践。这不仅能够提升应用的知名度，还能直接与潜在用户互动，收集反馈。

❑ 创建社区内容：针对特定的 MCP 客户端平台，创建专门的教程、博客文章和视频，演示如何将 MCP 应用集成到这些平台中，并展示其带来的价值。例如，可以制作一个视频教程，展示如何在 Cline 中使用一个自定义的 GitHub MCP 服务器来自动化 PR 的创建过程。

❑ 赞助社区活动：考虑赞助与 MCP 或 AI 应用平台相关的线上或线下活动，如技术 Meetup、黑客马拉松等。这样可以提高应用的曝光度，并有机会与开发者深入交流。

❑ 与社区维护者合作：与各个 MCP 客户端平台的社区维护者或核心贡献者建立联系，寻求合作推广的机会。例如，可以合作撰写一篇关于 MCP 应用与特定平台集成的博客文章。

常见 AI 应用平台的社区推广方式见表 9-2。

表 9-2 常见 AI 应用平台的社区推广方式

平台	直接推广机制	间接推广机制	社区参与机会
Cursor	无明确提及	VS Code Marketplace	Cursor 社区论坛
Windsurf	无明确提及	VS Code Marketplace	Windsurf 论坛
Cline	Cline Marketplace，精选和最近添加部分	无明确提及	Cline GitHub 讨论区、MCP Marketplace GitHub 仓库

9.3.2 技术博客宣传

撰写高质量的技术博客是推广 MCP 应用的有效方式。通过博客，开发者可以深入介绍应用的功能、使用方法和解决的问题，吸引潜在用户，具体如下。

❑ 发布应用介绍和教程：在 Medium、Dev.to、个人博客等平台发布关于 MCP 应用的详细介绍、功能亮点和使用教程。确保内容具有技术深度和实用性，能够帮助开发者快速上手并理解应用的价值。

❑ 撰写集成指南：针对不同的 MCP 客户端平台，编写详细的集成指南，包括配置步骤、代码示例和常见问题解答。例如，可以为 Cursor 用户编写一篇关于如何使用自定义 MCP 服务器查询本地数据库的指南。

❑ 分享使用案例：通过博客分享 MCP 应用的实际使用案例，展示其在解决具体问题或提升开发效率方面的效果。例如，可以分享一个使用 MCP 自动化部署流程的案例。

❑ 进行技术对比：撰写技术对比文章，将自己的 MCP 应用与其他类似的工具或方法进行比较，突出优势和特点。例如，可以比较使用 MCP 集成与传统 API 集成在 AI 应用开发中的差异。

9.3.3 社交媒体营销

社交媒体是快速传播信息和与用户互动的重要渠道。对于 MCP 应用，可以利用 X、LinkedIn、GitHub 等平台进行推广。不同平台的内容策略及用户关系维护技巧见表 9-3。

表 9-3 不同平台的内容策略及用户关系维护技巧

平台	内容策略	用户关系维护技巧
X	分享简洁的代码片段、实用技巧、行业新闻和更新；使用相关 hashtag；发布视觉内容（图片、GIF、短视频）	及时回复互动；参与行业讨论；分享其他有价值的内容；进行投票和提问以鼓励参与
LinkedIn	发布深入的文章、教程、案例研究；分享行业见解和趋势；进行专业社交；展示项目和成就	积极参与评论；分享有价值的资源；建立专业联系；参与相关群组讨论
GitHub	维护清晰且引人入胜的 README 文件；积极参与 issue 和 pull request；贡献代码和文档；创建和分享 GitHub Actions；展示项目和代码示例	及时响应问题和反馈；鼓励贡献；提供清晰的贡献指南；使用"Help wanted"和"Good first issue"标签

主要推广方式有以下几种。

❑ 发布更新和公告：在社交媒体上及时发布 MCP 应用的新功能、版本更新、bug 修复和重要公告，保持用户对应用的关注。

□ 分享技术内容：分享博客文章、教程、案例研究等技术内容，吸引对 MCP 和相关 AI 技术感兴趣的用户。

□ 参与行业讨论：关注 MCP、AI 应用平台和开发者工具等相关话题，积极参与讨论，分享自己的观点和应用。使用相关的 hashtag，如 #MCP、#ModelContextProtocol、#CursorAI、#Windsurf、#Cline 等，扩大信息的传播范围。

□ 创建视频内容：制作短视频，演示 MCP 应用的功能和使用方法，例如在 YouTube 上发布操作教程或功能演示。

□ 进行互动活动：开展互动活动，如线上问答、抽奖等，提高用户参与度和应用知名度。

9.3.4 参与行业会议

参加相关行业会议和技术活动是推广 MCP 应用的有效方式，可以直接与潜在用户和合作伙伴进行交流，具体如下。

□ 参加开发者大会：参加 Google I/O、AWS re:Invent、Microsoft Build 等开发者大会，在展位上展示 MCP 应用，并与参会的开发者进行交流。

□ 参与 AI 和机器学习会议：参加专注于 AI 和机器学习的会议，与研究人员、工程师和企业决策者分享 MCP 在 AI 集成方面的应用价值。

□ 进行演讲和演示：申请在会议上进行演讲或演示，分享关于 MCP 应用的技术细节、应用场景和未来发展，吸引更多人了解和使用该应用。

□ 参加黑客马拉松：参与或赞助和 MCP 相关的黑客马拉松活动，鼓励开发者使用自己的应用进行创新，并提供技术支持和指导。

9.3.5 其他推广策略

除了以上主流策略，还有下面这些推广方式可以考虑。

（1）与技术社区中有影响力的人合作

与技术博客作者、YouTuber 和关键意见领袖（KOL）等合作，可以显著扩大 MCP 应用在开发者社区中的影响力和可信度。有影响力的人可以创建评论、教程或向其受众展示该应用，从而建立信任并推动采用。识别那些受众与 MCP 应用的目标用户一致的有影响力的人。向有影响力的人提供早期访问或独家内容，以激励合作。"影响者营销"是触达 MCP 应用的目标用户并建立信誉的捷径。开发者通常信任技术社区中受人尊敬的人物的意见和建议。与这些有影响力的人合作可以显著提高 MCP 应用的知名度和采用率。

（2）贡献相关的开源项目

开源贡献是"开发者营销"的一种强大形式，开发者尊重并信任那些积极为开源社区做出贡献的同行。贡献相关的开源项目可以提高开发者及其 MCP 应用在社区内的知名度，通过展示技术专长和对开发者生态系统的承诺，建立信任。还可以考虑开源 MCP 应用的部分内容或创建互补的开源工具。

（3）MCP Marketplace

一个专门的应用市场可以为开发者提供一个用于发现、安装和管理 MCP 应用的平台，类似于 Cline Marketplace。借鉴 VS Code Marketplace、JetBrains Marketplace 等平台的成功经验，可以为这样一个市场的设计和功能提供参考。分类、搜索、评论和评分等功能对于用户体验和可发现性至关重要。通过创建一个 MCP 应用的中心枢纽，开发者将拥有一个专门的地方来查找和探索相关的工具。这能简化发现过程并促进该技术被更广泛地采用。

（4）积极打榜

在 MCP 应用中设置排行榜和排名系统可以鼓励开发者之间的互动和竞争。基于使用情况、贡献或其他相关指标对开发者进行排名能激发他们的积极性和社区意识。引入竞争元素可以为开发者提供一个了解他们自身行业水平的途径，还可以考虑为排名靠前的开发者提供奖励或认可，从而可以激励他们更多地使用和开发 MCP 应用。

（5）创建高质量的网站

为 MCP 应用创建一个高质量的网站，提供清晰的功能介绍、详细的文档、易于理解的教程和便捷的下载与安装方式。

（6）提供免费试用

如果 MCP 应用是付费的，建议提供免费试用期或免费的入门级版本，让用户在体验应用的价值后再决定是否付费。

（7）利用搜索引擎优化

针对开发者和 AI 从业人员常用的搜索关键词，对网站和博客内容进行搜索引擎优化（SEO），提升应用的自然搜索排名。

（8）口碑营销

鼓励现有用户分享他们使用 MCP 应用的正面体验，通过口碑传播吸引更多用户。

（9）与技术媒体合作

联系技术博客、新闻网站或播客，寻求对 MCP 应用进行评测或报道的机会。

通过综合运用以上多种推广策略，MCP 应用服务提供者可以有效提高应用的知名度，吸引更多开发者和 AI 从业人员使用，为最终实现海量用户流量和商业变现的目标奠定坚实基础。

9.4 MCP 应用的商业化策略：21st.dev 带来的启示

MCP 为 AI 应用带来了更强大的集成能力，也为开发者提供了新的商业化机会。本节将深入研究 21st.dev 的商业模式，分析其对 MCP 应用商业化的借鉴意义，并探索 MCP 应用可能采用的其他商业模式。

9.4.1   研究 21st.dev 的商业模式

21st.dev 是一个专注于生成高质量 UI 组件的 MCP 服务器，其商业模式主要包含以下几个关键组成部分。

（1）构建真正有用的工具

21st.dev 创建了一个能够生成遵循最佳实践并使用现代框架（如 Tailwind CSS）的响应式 UI 组件的 MCP 服务器，解决了开发者在 UI 开发中的痛点。这个工具不仅能生成代码，更重要的是它还提供了一个具有"品味"的 AI 助手，可以生成高质量、可直接部署的 UI 组件。

（2）实施低摩擦的免费增值模式

21st.dev 允许新用户注册 API 密钥，并免费使用前 5 个请求。这种模式降低了用户的使用门槛，并提供足够的实用性来展示插件的价值。免费增值模式具有重要作用，包括作为插件功能的无风险演示、建立对代码质量的信任、形成用户习惯，以及通过用户分享产生口碑效应。

（3）将定价与用户价值对齐

21st.dev 通过对 API 请求数量设置限制，并在用户超出免费额度后收费（最初为每月 20 美元，后来有报告指出不同层级的定价为每月 8 美元和 10 美元）来体现用户价值。这种定价策略表明，有效的定价应该与用户从插件中获得的价值相符。对于某些 MCP 插件，这可能意味着基于使用量的定价；而对于其他插件，定价则可能参考分层访问或基于功能的模型。关键在于，定价应该反映插件带来的实际价值，如节省开发时间、降低错误率或解锁专业知识等。

此外，根据其他资料，21st.dev 还提供 Pro 和 Pro Plus 等付费计划，包含更多的 Token、高级组件、AI 组件生成、无限 UI 灵感和 SVG Logo 搜索等功能。它还提供按组件付费的选项。

21st.dev 的商业模式为其他 MCP 应用服务提供者提供了重要启示。

- ❑ 专注于解决实际问题：成功的 MCP 应用应该解决开发者或 AI 用户的具体痛点，提供真正有价值的功能。
- ❑ 利用免费增值模式吸引用户：通过提供免费的使用额度或基本功能，降低用户试用的门槛，快速积累用户基础。
- ❑ 根据用户价值制定合理的定价：定价应该与用户从应用中获得的实际价值相符，考虑使用量、功能级别等因素。
- ❑ 持续迭代和优化：随着 MCP 生态系统的发展和用户反馈的积累，不断优化应用的功能和商业模式。

9.4.2   探索 MCP 应用可能采用的商业模式

除了 21st.dev 采用的免费增值和订阅模式，MCP 应用还可以探索以下商业模式。

- ❑ 按使用量付费：根据 MCP 应用的实际使用量（如 API 调用次数、数据处理量等）向用户收费。这种模式适合使用量不稳定的用户，可以降低他们的初始成本。

- □ 功能增值服务：提供免费或低价的基础功能，然后对更高级或更专业的功能收取额外费用。例如，一个代码分析 MCP 应用可以免费提供基本的语法检查，但对更深入的性能分析或安全漏洞扫描功能收费。
- □ 与现有平台分成：如果 MCP 应用是作为某个 AI 应用平台的插件或扩展提供的，可以与该平台进行收入分成。例如，在 Cline Marketplace 上发布的 MCP 服务器，其收入可能需要与 Cline 平台分成。
- □ 一次性购买：对于某些特定的 MCP 应用，可以采用一次性购买的模式，用户支付一定费用后即可永久使用该应用的所有功能。
- □ 企业级解决方案：针对企业用户，提供定制化的 MCP 应用解决方案，并收取相应的服务费用和授权费用。这可能包括定制开发、专属功能、更高的使用限额和专门的技术支持。
- □ 数据货币化：如果 MCP 应用涉及数据的处理和分析，可以在保护用户隐私的前提下，将处理后的匿名数据或分析结果出售给第三方。
- □ 广告：如果 MCP 应用拥有庞大的用户基础，可以在应用内展示广告来获取收入。但需要注意广告的展示方式，避免影响用户体验。
- □ 赞助和捐赠：对于开源的 MCP 应用，可以接受用户的赞助和捐赠来支持应用的持续开发和维护。

9.4.3　不同 MCP 应用商业模式的对比与分析

不同的商业模式具有各自的优点和缺点，适合不同的 MCP 应用和用户群体。不同 MCP 应用商业模式的对比与分析见表 9-4。

表 9-4　不同 MCP 应用商业模式的对比与分析

商业模式	优点	缺点	适用场景
订阅服务	提供稳定的收入来源，易于预测收益，鼓励用户长期使用，方便提供持续更新和支持	用户可能因长期承诺而犹豫，存在用户流失的风险	需要持续提供价值、拥有稳定用户群体的应用，例如 UI 组件库、代码分析工具等
按使用量付费	降低用户初始成本，用户只需为实际使用付费，适合使用量不稳定的用户	收益不稳定，难以预测，可能需要复杂的计费系统	API 调用、数据处理等按需使用的服务
功能增值服务	吸引更广泛的用户群体，用户可以免费体验基本功能，为高级用户提供更多选择	需要仔细区分免费和付费功能，避免免费功能过于强大导致用户不愿付费，付费功能过于鸡肋导致用户不愿升级	功能分层的工具类应用，如代码编辑器插件、数据分析工具等
免费增值	快速积累用户基础，通过口碑传播吸引更多用户，将部分免费用户转化为付费用户	付费用户转化率可能较低，需要维护大量的免费用户，免费功能的设计需要仔细权衡	具有网络效应、用户基数大的应用，例如 UI 组件库、通用工具等
与现有平台分成	可以借助现有平台的流量和用户基础降低推广成本，与平台形成互利共赢的关系	需要与平台协商分成比例，可能受限于平台的政策和规定	作为现有 AI 应用平台的插件或扩展提供的 MCP 应用，如 Cline Marketplace 上的服务器

（续）

商业模式	优点	缺点	适用场景
一次性购买	用户一次性付费即可永久使用，简单直接	难以获得持续的收入，可能需要频繁推出新版本才能吸引用户再次购买	功能相对稳定、不需要持续更新和维护的应用
企业级解决方案	可以获得较高的收益，与企业客户建立长期的合作关系	需要投入大量的人力和资源进行定制开发和支持，销售周期较长	针对特定行业或企业需求的专业级 MCP 应用
数据货币化	可以将数据转化为额外的收入来源，提升应用的价值	需要严格遵守数据隐私法规，确保用户数据的安全和匿名化，可能面临用户的信任问题	涉及数据处理和分析的 MCP 应用，如市场分析工具、用户行为分析工具等
广告	可以为免费应用提供收入来源，降低用户的使用成本	可能影响用户体验，需要仔细考虑广告的展示方式和频率	用户基数庞大、但用户付费意愿较低的应用
赞助和捐赠	可以获得社区的支持，适用于开源项目	收入不稳定，依赖于用户的意愿	开源的、拥有社区支持的 MCP 应用

9.4.4　综合分析与结论

MCP 应用服务提供者要实现获取海量用户流量并进行商业变现的目标，需要采取一个全面的策略，将与各类 MCP 客户端集成、有效的推广策略和合理的商业模式相结合。

首先，深入了解 Cursor、Windsurf、Clinde 和 Cline 等主流 AI 应用平台的特性、用户群体和 MCP 集成能力是基础。根据自身应用的特点和目标用户，选择合适的平台进行集成，并遵循各平台的技术要求。

其次，制定有效的推广策略至关重要。通过参与开发者社区、撰写技术博客、利用社交媒体、参与行业会议等多种方式，提高应用的知名度和吸引力。特别是要注重提供高质量的技术内容和实用教程，帮助开发者快速上手并理解应用的价值。

最后，选择合适的商业模式是实现变现的关键。可以借鉴 21st.dev 等平台的成功经验，结合自身应用的特点和用户需求，探索订阅服务、按使用量付费、功能增值服务、与现有平台分成等多种模式。同时，通过提供免费试用或体验、优化用户 onboarding 流程、利用数据分析优化推广策略等方式，积极获取用户增长和流量。

通过以上多方面的努力，MCP 应用服务提供者有望在快速发展的 MCP 生态系统中取得成功，实现用户增长和商业价值"双丰收"。

第 10 章

AI Agent 互联网的未来展望

AI Agent 互联网正迎来快速发展的新时代，以自主 AI Agent、大模型与工具结合、开放协议与生态形成、科技巨头布局、多 Agent 协作等趋势为核心驱动力。MCP 的出现统一了接口标准，大幅降低了 AI Agent 接入数据和服务的复杂性，并催生了丰富的生态系统。围绕 MCP 涌现出了 Agent OS（Agent 操作系统）、MCP 基础设施（Infra）和 MCP Marketplace（AI Agent 服务市场）三大创业机遇，分别聚焦于构建 AI Agent 运行环境、提供基础设施服务以及连接 AI 能力供需两端的平台。

AI Agent 互联网对社会经济的影响深远，既带来了生产率提升和新产业机会，也带来了就业结构调整、隐私安全和伦理挑战等问题，因此创业者需要在积极布局的同时承担相应的社会责任，把握技术与市场的前沿趋势，才能在这场深刻变革中实现可持续的成长与成功。

10.1 AI Agent 互联网的发展趋势

AI Agent 互联网正以"自主智能 + 生态协同"为核心特征，重塑人类与信息世界的交互范式。它不仅突破了传统互联网在信息获取、任务执行与服务整合方面的瓶颈，更借助自主 Agent 的兴起、大模型的工具化演进以及标准协议的广泛推广，推动互联网从"人找服务"迈向"智能主动响应"的新纪元。随着多 Agent 协作网络逐步成型，一个由 AI Agent 构建的新型"数字社会"正在加速到来。

在这一变革中，掌握底层协议标准的力量将成为未来 AI Agent 生态中的核心主导者。作为支撑 AI Agent 互联网高速演进的关键基础设施，MCP 正在从根本上解决互操作、数据接入与上下文管理等核心难题，为 AI Agent 的规模化落地提供坚实的技术根基和清晰的产业路径。

10.1.1 回顾过去：传统互联网开始走向没落

在过去 20 年里，我们主要通过浏览器进入互联网世界，依赖网站、网页和 HTTP 完成查资料、购物、订票、办公等日常操作。这一模式的核心是"人找服务"——用户主动发起搜索,通过关键词定位信息,单击超链接逐页浏览,再手动筛选与整合,才能完成一项完整任务。在信息尚未爆炸的早期阶段,这种方式高效且具有划时代意义。

但随着信息量激增和需求复杂化,这种交互模式逐渐显露出局限。它依赖用户主动操作,缺乏连续性与智能化,无法根据行为和环境的变化动态调整服务,尤其在处理复杂任务时效率低、易出错、体验割裂。尽管传统互联网极大地拓展了信息获取的渠道,但其底层模式也带来了流程繁琐、响应迟缓、个性化不足等显著痛点,已难以满足新时代对高效、智能、一体化体验的需求。

1. 信息过载,搜索效率低下

进入信息时代后,网络内容呈指数级增长,海量资讯让人眼花缭乱,用户陷入"认知过载"的困境。单靠传统搜索往往难以及时找到有价值的内容——用户输入简单的关键词可能会得到成千上万条结果,需要自行过滤筛选。这种方式将重要信息淹没在噪声之中,用户常常要打开多个网页逐一比对,才能提炼出答案,搜索效率极低。面对动辄几十页的搜索结果,用户很容易遗漏关键要点,难以及时、准确地获取所需知识。

2. 用户体验碎片化

由于网络服务被不同的网站和 App 割裂开来,导致用户的使用体验支离破碎。在不同平台之间频繁切换账号和界面,重复输入相同的数据或指令,无法获得连续、一致的服务流程。例如,在网上购物时,用户也许需要分别在比价平台浏览商品信息,再切换到电商 App 下单支付,之后还可能需要登录物流网站跟踪包裹——整个过程跨越多个应用,衔接不连贯。各个平台独立封闭,缺乏统合用户旅程的机制,导致体验不顺畅。正如业界所批评的,移动互联网时代大量形形色色的 App 割裂了开放的 Web,用户每天使用手机上的各个独立应用度日,每个 App 背后运行规则迥异,使互联网被切割成信息孤岛。这种碎片化使用户难以在多个服务之间无缝衔接,整体体验不佳。

3. 多平台重复操作,服务流程割裂

不同网站和 App 间缺少统一接口,用户经常需要在多个平台上重复类似的操作。比如办理一项业务,可能要先在网页上提交申请,然后又要下载某个 App 查看进度,甚至还需线下电话核实身份。每一步都要求用户亲自参与、手动输入,信息无法在系统间自动流转。这种服务流程割裂带来的直接结果就是低效和麻烦:用户在各个平台之间来回奔波,耗费时间精力,还容易因为步骤烦琐而出错或放弃。

4. 人工客服效率低、交互体验不佳

当遇到复杂问题时,用户往往需要求助人工客服或专业人员。然而,传统人工客服常常意味着长时间的等待和低效的沟通。许多用户都有过这样的经历:拨打客服电话后听着音乐排队等候,或者在网站在线客服上发送询问却迟迟得不到响应。即便联系上人工客服,也可能因为客服人员需要同时应对大量咨询,导致回复缓慢或无法彻底解决问题。这种被动、低效的交互让用户体验大打折扣。此外,传统客服无法根据用户上下文自动调取相关信息，往往需要用户重复描述问题、提供个人信息，多次转接后才能得到解决方案，服务过程冗长且充满不确定性。

随着信息量指数级增长，这种交互方式的弊端日益显现。用户在多个平台之间频繁切换，既耗时又容易遗漏关键信息。以规划一次旅行为例，通常需要分别打开搜索引擎查攻略、跳转到订票网站购票、切换到地图应用安排行程，全流程高度依赖人工操作，效率低下且体验割裂。信息虽触手可及，却未真正"服务于人"。

如今，一个全新的互联网范式正在迅速形成：从"人找服务"转向"Agent 找能力"。AI Agent 通过理解自然语言，能够主动获取用户意图，自动拆解任务、调用工具、访问数据源，最终返回一个完整、可执行的解决方案。这种基于"委托—执行"机制的新交互模式，标志着传统互联网的终结，一个由智能体驱动的 AI Agent 互联网时代正加速到来。两者的主要区别如图 10-1 所示。

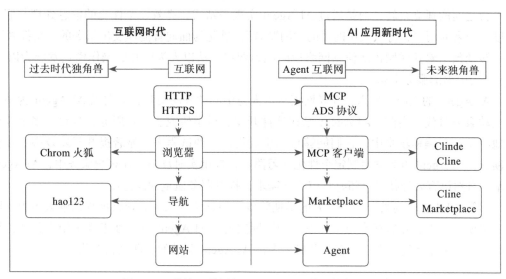

图 10-1　传统互联网与 AI Agent 互联网的主要区别

从交互路径看，传统互联网以"浏览器＋网站＋手动操作"为核心，用户需主动发起每一步操作，服务呈碎片化分布，缺乏连续性和个性化。而在 AI Agent 互联网中，用户不再是任务的执行者，而是意图的发出者；AI Agent 成为操作的主体，它们具备自主理解、工具调用和跨系统协作的能力，能够完成过去需要人工跨平台处理的复杂任务。

两者的核心区别可归纳如下，具体见表 10-1。

表 10-1　传统互联网与 AI Agent 互联网的核心区别

对比维度	传统互联网	AI Agent 互联网
交互方式	用户主动输入关键词、单击操作	用户通过自然语言表达意图，AI Agent 自动理解并执行
核心路径	浏览器＋网站＋手动操作	AI Agent ＋能力模块（工具／数据源）＋自动任务执行
服务模式	碎片化服务，平台间手动跳转	一站式服务，跨平台能力整合

（续）

对比维度	传统互联网	AI Agent 互联网
任务流程	用户逐步执行各环节	AI Agent 自主拆解任务、调度工具、整合结果
信息组织	以页面为单位展示信息	以意图为中心生成结果
效率表现	高度依赖人工，流程烦琐，易出错	高度自动化，响应快速，准确度高
个性化能力	基于用户手动筛选，缺乏对上下文的理解	基于用户画像与上下文，动态生成个性化方案
响应连续性	操作割裂，任务中断风险高	全流程自动衔接，连续响应，支持长链条任务执行
系统形态	以"网页"为基本单位的应用架构	以"智能体"为基本单位的能力网络
用户角色	浏览者、操作者	指挥者、需求发布者

❏ 传统互联网：人找服务、碎片化交互、依赖人工操作。

❏ AI Agent 互联网：Agent 找能力、任务式交互、支持自动协同与个性化响应。

AI Agent 互联网带来了范式层级的跃迁：不再依赖用户反复输入和单击，不再被限制于平台之间的孤立跳转，而是通过 AI Agent 实现一站式、高效、个性化的信息处理与服务调度。未来的用户，将从操作网页的"浏览者"，进化为面向智能体发出指令的"指挥者"。这一转变预示着互联网正从信息网络迈向能力网络，从以人为中心的操作模式发展为以 AI Agent 为中枢的服务生态。

AI Agent 的兴起，标志着互联网正从以人为中心的被动交互，迈向以 AI Agent 为核心的主动服务时代。当前，AI Agent 已在软件开发、科学研究、客户服务、教育等多个领域落地应用：在编程场景中，它们能够自动生成代码、调试程序，显著提升开发效率；在教育领域，AI Agent 可为学生制定个性化学习路径，提供实时反馈；在客户服务中，AI Agent 可基于自然语言处理技术，随时响应用户需求，提升服务质量和满意度。

尽管 AI Agent 尚处于加速发展的早期阶段，但其跨场景的表现已展现出强大潜力。随着底层模型能力、互联标准与生态系统的不断完善，AI Agent 有望在未来重塑人类的信息获取方式、工作流程与生活形态，开启一个由 AI Agent 驱动的互联网新时代。

10.1.2 聚焦当下：AI Agent 重构网络新秩序

随着 AI 大模型的迅猛发展，我们正站在一个全新互联网时代的门槛——AI Agent 互联网正加速成型。在这一生态中，AI 不再是孤立运转的智能单体，而是以"Agent"的形态组网协同，彼此连接、能力共享、任务联动，开启"能力即服务"的新时代。

当前 AI Agent 互联网的雏形，正逐步演化为一个以"能力"为核心的网络结构：用户通过支持 MCP 的浏览器与 AI Agent 进行自然语言交互，AI Agent 则在后台智能调度大模型、工具与数据源，并与其他 AI Agent 协同合作，构建起一个高度自动化、智能协同的服务系统。这一全新逻辑标志着互联网正从"人找信息"的信息网络，迈向"Agent 找能力"的能力网络。

❏ 交互入口：用户通过 MCP 浏览器与 AI Agent 进行自然语言交互。

❏ 能力调度：AI Agent 在后台调用大模型、工具和数据源，完成任务执行。

❑ 智能协作：不同 AI Agent 之间相互配合，构建起智能协同的多 Agent 网络。

如图 10-2 所示，MCP 作为连接模型、工具与数据的核心协议，正成为新一代智能互联网的关键基础设施。而谁能率先掌握这一协议的主导权，谁就有可能成为下一代互联网的引擎厂商，占据智能生态的战略高地。

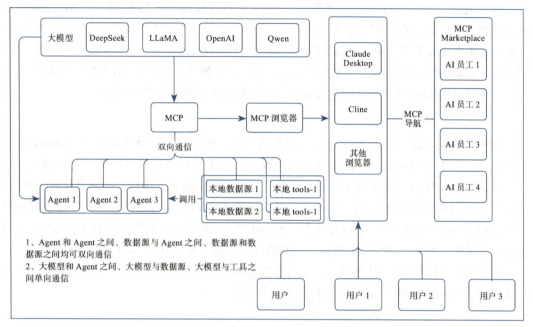

图 10-2　新一代智能互联网的关键基础设施

在传统 AI 应用中，DeepSeek、LLaMA、OpenAI、Qwen 等大模型各自为政，缺乏统一的互操作机制。图中所示的 MCP，成为打破孤岛的关键。它相当于 AI 世界的"USB-C标准"，为各类大模型、AI Agent、数据源与工具之间提供了通用的接口语言，实现双向通信与调用，极大提升了连接效率与生态兼容性。

MCP 不仅实现了模型与 AI Agent 之间的连接，更构建出多层级、可协作的智能体网络：AI Agent 之间可以通信协作，如 Agent 1 与 Agent 2 协同处理任务；AI Agent 也可通过 MCP 调用本地的数据源与工具，比如调度本地 tools-1 完成特定功能；甚至数据源之间也能实现打通，推动异构系统的联动与整合。换言之，MCP 正在将 AI 系统从传统的 API 集成范式，推进到以语义为驱动的动态互联模式，使 AI Agent 从单一的"个人助手"进化为连接各方能力的"协作中枢"。

用户可通过支持 MCP 的浏览器（如 Cline、Claude Desktop 或其他浏览器）接入 AI Agent 生态。这些浏览器不仅是访问 AI Agent 的入口，也是管理工具、数据与任务流的可视化前台。用户在使用时无需关心具体是哪个 App 或平台提供服务，只需提出需求，AI Agent 便会在背后完成任务编排与工具调用。

在 MCP 导航的引导下，用户还可进入 MCP Marketplace，在其中快速接入各类 AI 工具（AI 数字员工 1、2、3、4 等）。这些工具作为模块化服务单元，被任意一个 AI Agent 或用户浏览器调用，实现"即插即用"的能力扩展。这种设计正在重构传统"以应用为中心"的软件分发模式，转向"以能力为中心"的服务分发逻辑。

在智能技术全面渗透社会的大背景下，互联网的底层结构正发生深刻变革。AI Agent 互联网的兴起，不仅是人工智能发展的自然延伸，更标志着新一代信息基础设施的雏形已然显现。从最初的单点智能工具，到如今具备自主感知、跨平台调度与多 Agent 协同能力的复杂系统，AI Agent 正以前所未有的速度重塑我们的工作方式、商业逻辑，乃至整个社会的运行机制。

以下是 AI Agent 在互联网演进过程中当前最具代表性的几个核心趋势。

1. 自主 AI Agent 的崛起

近年来我们见证了自主 AI Agent 的爆发式兴起。例如，2023 年开源项目 Auto-GPT 一度走红，它基于 GPT-4 模型，能够在无人干预的情况下连续自主执行任务。用户输入一个目标后，Auto-GPT 会自主生成子任务、搜索信息、调用应用程序接口，直到完成整个项目。这使得人们初次感受到 AI Agent 的潜力：从执行营销策划到编写代码，再到自动进行投资分析，AI Agent 开始在各领域展露身手。Auto-GPT 开源后短短几周内即在 GitHub 上获得超过 4 万星标，开发者社区反响热烈。类似的自主 Agent 还有 BabyAGI、AgentGPT 等，它们都是尝试让 AI 像人类一样连续工作、自主决策的实践。这股趋势表明，AI 正从被动回答问题的助手（如 ChatGPT）向主动执行任务的智能体转变。

2. 大模型能力进化与工具结合

大型语言模型的能力提升，为 AI Agent 提供了强大的"大脑"。例如，OpenAI 在 2023 年为 ChatGPT 推出了插件（Plugins）功能，使其能够调用第三方应用和服务，如联网搜索、浏览网页、调用地图和购物平台等。再如，Google 的 Bard 和微软的 Bing Chat 也在不断加入对外部应用的连接能力。这些进展意味着 AI Agent 不再局限于对话，而是可以直接行动、访问实时信息并执行操作。特别是"工具使用"（Tool Use）能力的加入，让 AI Agent 能够控制浏览器、文件系统、数据库乃至物联网设备。例如，有开发者让 ChatGPT 通过插件帮自己预订机票和酒店、处理日程安排；微软研究院的团队则提出了"HuggingGPT"系统，由一个 AI Agent 协调调用多个开源模型来解决复杂任务。大模型与工具生态的结合大大拓展了 AI Agent 的用途和边界。此外，一些初创公司也在这一方向积极探索。比如，由 OpenAI 前员工创立的 Adept AI Labs 开发 AI 助手，让模型能够像人一样操作计算机界面，执行各种办公软件任务。Adept 在 2023 年获得了 3.5 亿美元的 B 轮融资，估值达到约 10 亿美元；这一巨额融资显示了业界对这类工具型 AI Agent 的强烈信心。

3. 开放协议与生态系统形成

随着 AI Agent 对接工具和数据的需求增加，标准化接口和开放协议开始涌现。开发者通过 MCP 可以让 AI 模型方便地调用不同工具，而工具提供方只需实现一个 MCP 服务器，就能被各种 AI 应用接入。这种标准化极大降低了 AI Agent 互联互通的门槛，使"AI Agent 互联网"真正成为可能——不同机构和个人开发的 AI Agent 能够通过统一协议协同工作、共享资源。开源社区也涌现了许多针对 AI Agent 的工具框架，如 LangChain（提供链式调用 LLM 和工具的组件）等，为开发 AI Agent 应用打下基础。可以预见，围绕开放标准，一个繁荣的 AI Agent 生态正在形成，类似于移动互联网时代围绕 TCP/IP 和 HTTP 所建立的协同生态。

4. 科技巨头的布局与普及

大型科技公司也在加速将 AI Agent 引入主流产品和服务中。OpenAI 除了推出插件，还在 2025 年发布了面向企业的"Responses API"，帮助开发者和企业构建可自主执行任务的定制 AI Agent，并推出了名为"Operator"的示范性 AI Agent 产品。微软则在 Office 办公套件中嵌入了 Copilot 智能助手，能够自主总结邮件、安排日程、分析数据。Meta 公司的首席执行官马克·扎克伯格在 2023 年表示，看到了"将 AI Agent 引入数十亿用户"的巨大机会——例如计划在 WhatsApp 和 Messenger 中提供 AI Agent，帮助用户完成日常事务。这些举措表明，AI Agent 正从实验室和极客社区走向大众市场。随着基础设施的完善（如算力和云服务支持）和用户教育的推进，更多人将习惯于让 AI Agent 处理日常事务。从个人生活中的虚拟助理到企业流程的自动化，AI Agent 的应用普及有望呈指数级增长。

5. 多 Agent 协作与新型网络

展望未来，当 AI Agent 的数量和能力达到一定规模时，AI Agent 之间的协作将成为新趋势。"AI Agent 互联网"不仅指人类通过互联网使用 AI Agent，也包含 AI Agent 彼此通过互联网直接交互。例如，一个销售 Agent AI 可以直接与另一个采购 Agent AI 自动协商交易；一个用户的个人助理 AI 可以与他人的助理 AI 沟通来安排会议。这样的场景在一些实验中已初见端倪：2023 年斯坦福大学的研究者构建了一个虚拟小镇，让 25 个 AI Agent 作为居民在其中生活、交流，甚至自主组织节日派对，展现出近似人类社交的复杂行为。这预示着未来可能出现由 AI Agent 组成的"数字社会"。在商业领域，多 Agent 协同也许可以极大提高效率，例如供应链各环节由不同 AI Agent 自动协商优化。在技术层面，这需要完善的通信协议、安全机制以及对 AI 行为的规范。然而，一旦实现，一个高度自动化、智能协同的 AI Agent 网络将重新定义未来的互联网形态。

当前，AI Agent 互联网正处于快速演进阶段。从单一的聊天机器人发展为能够自主行动的智能体，再到多个 Agent 协同工作的网络，其发展趋势为创业者开启了全新的想象空间和机遇。下面我们将深入探讨这些趋势背后的关键技术和产业机遇，其中 MCP 作为核心基础设施，扮演着不可或缺的角色。

10.1.3　展望未来：引领第三次数字范式跃迁

"AI Agent 互联网"正成为继 PC 互联网与移动互联网之后的第三次数字范式跃迁，其影响力度可与前两次技术革命比肩。从用户交互方式到应用形态，从产业格局到商业逻辑，整个数字生态正在经历深度重构。在这一进程中，传统基于网页与应用的逻辑正被全面改写。

AI 数字员工正崛起为未来劳动力的"新物种"。在 AI Agent 互联网架构下，AI 不再是一个孤立的大模型，而是演化为由多个具备专长的智能体组成的协作系统。每一个 AI Agent 都相当于一个岗位的数字化员工：有的擅长编程，有的专注数据分析，有的专精图像生成。这些"AI 数字员工"不再单打独斗，而是在 MCP 的统一调度下，灵活响应任务需求，协同处理复杂工作流程，构建出一个真正的"多 Agent 协作网络"。

对这一未来智能互联网的工作模式如图 10-3 所示。它所揭示的核心理念是：未来的互联网不再是由一个个割裂的网站与应用构成的信息孤岛，而是一个由智能体互联协作构建的"能力网络（Capability Web）"。在这个网络中，MCP 浏览器作为枢纽，承载用户意图，协调调用各类 AI Agent，实现服务的智能生成与动态分发，重塑整个数字社会的运作方式。

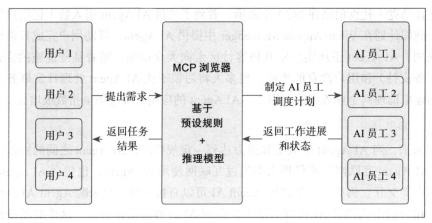

图 10-3   未来智能互联网的工作模式

在未来工作模式中，用户只需通过 MCP 浏览器提出需求，系统便可基于预设规则与推理模型，自动制定 AI 数字员工的调度计划。整个过程无需用户频繁操作，智能体将自动完成需求的理解、任务的拆解与执行，最终将整合后的结果反馈给用户。

这一过程背后的核心逻辑，正是"Agent 找能力"范式的具体体现。用户不再需要逐一操作各类 App、工具或服务接口，而是由 AI Agent 统一协调资源、调度任务、整合多源能力，从而构建起一种高效、自动、面向目标的智能协作机制。这不仅显著提升了服务效率，也深刻改变了人机协作的基本单位，从"人操作工具"演进为"智能体服务人类"。

当然，传统互联网不会在一夜之间消失，但其"以人为操作中心"的交互逻辑正在逐步让位于"以智能体为服务中心"的新范式。我们正站在这一历史性转折的起点，迈入一个更加智能、主动、以人为本的互联网新时代。

随着 AI Agent 的持续演进，数字生态正从"工具堆叠"的操作模式走向"智能协同"的系统协作；从"平台割裂"的信息孤岛迈向"语义互联"的能力网络。未来的互联网将不再是一个个彼此割裂的网站和应用集合，而是一个由智能体协同构建、理解人类意图、主动提供服务的能力网络（Capability Web）。而这种对数字生态的重塑，正在通过以下几个关键趋势加速落地。

1. 交互入口从多应用转向单一智能体

在移动互联网时代，人们为了不同垂直需求下载安装诸多 App，每个 App 占据一个功能入口，用户流量分散在微信、淘宝、抖音、高德地图等应用之间。而在 AI Agent 时代，用户将越来越多地通过一个通用 Agent 来完成各种不同任务，流量有可能从多个 App 聚合到单一 Agent 入口。

当技术成熟到一定程度，使得通用 Agent 几乎可以完全接管终端交互时，用户将不再需要在设备上拥有海量 App 图标，取而代之的是通过对话窗口或语音接口与一个超级 AI 对话，让它帮你调用各种服务。届时，应用开发商的格局可能更加集中，少数拥有强大 AI Agent 产品的平台将占据大部分市场份额。因此，我们已经看到，无论是手机厂商还是互联网巨头，都在争相构建自己的 AI Agent 产品，以抢占这一未来入口的控制权。

2. App 角色转变为后台服务提供者

随着 AI Agent 成为用户主要的前台交互界面，传统的 App 可能退居幕后，演变为被 AI Agent 调用的"功能模块"或 API 提供方。在所谓"无 App"（App-less）的交互模式下，用户不再关心是通过哪个 App 获取服务，AI Agent 会根据需求直接调用底层能力。

在 AI Agent 模式下，App 将弱化为硬件的后台服务提供方，AI Agent 通过语义理解直接调用各应用的底层能力，为用户生成需要的内容和结果。例如，以后用户不会再特意打开大众点评找餐馆、打开携程订机票，而是对 AI Agent 说出需求，AI Agent 会自行从大众点评、携程等获取数据，综合后给出一个方案。用户甚至未必知道 AI Agent 用了哪些数据源——就像我们跟私人助理说"帮我预订今晚 7 点家附近评价好的川菜馆的位子"，AI Agent 自会去查美食评价和预订系统。

也就是说，应用从前台走向后台，它们的功能通过开放接口提供给 AI Agent，由 AI Agent 来组合调度为用户服务。在这个过程中，传统的应用商店地位也将受到冲击。有观点认为，未来手机厂商可能会推出"Agent Store"，专门上架各种 AI 智能体，因为用户关心的是 AI Agent 能提供哪些能力，而不是下载某个具体 App。

对于传统的 App 开发者来说，这意味着必须重新思考产品的定位。一个天气服务或打车服务可能不再以独立 App 的形式存在，而是作为能力插件供各类 AI Agent 调用，嵌入到更大范围的服务流程中。

AI Agent 将成为新的超级应用入口，App 从用户触手可及的图标，转变为后台支撑的一项项服务模块，互联网服务的入口逻辑正在被彻底改写。

3. 人机交互范式变革，LUI 兴起

AI Agent 大行其道将带来交互界面的革新。过去几十年，我们习惯了图形用户界面（GUI）——单击、菜单、表单。但在 AI Agent 时代，自然语言界面（LUI）会成为主流之一。

用户通过语言（文本或语音）与系统交流，系统用对话的方式反馈，甚至可以在必要时展示图形结果。这种极简的对话交互将替代大量传统的 GUI 操作。

未来的应用形态可能是 LUI 与 GUI 的融合。当 AI Agent 能高效完成任务时，用户无需接触 GUI；在需要精细调整时，AI Agent 也可唤出可视化界面供用户干预。这会降低技术使用门槛，让不懂复杂软件的人也能通过对话使用高级功能。正如幻影智库报告所言，基于自然语言的极简交互将取代许多传统图形界面操作，形成 LUI+GUI 的混合模式。例如，Photoshop 这样的专业软件，或许未来你只需对 AI Agent 说"把这张照片背景换成夜空并加强一下人物亮度"，AI Agent 在后台调用图像编辑 API 完成操作，你看到的就是结果图，而无需亲自学习复杂的修图工具。

这将使技术真正服务于人，而非让人适应技术。这种对话＋操作的范式，很可能成为未来所有数字设备的默认交互方式——从手机、计算机，到汽车中控、智能手表，乃至未来的 AR 眼镜，都会内置一个可对话的智能 AI Agent 界面。

4. 服务体验更加个性化、主动化

AI Agent 的普及意味着每个用户都将拥有一个了解自己偏好和历史的数字助手。借助连续的对话和长期的数据积累，AI Agent 可以为用户建立全面的个人画像和上下文，从而提供高度个性化的服务。这超越了传统网站千人一面的内容呈现或 App 统一的业务流程。

你的 AI Agent 会记得你喜欢什么风格的音乐、你常去的餐厅、你上次求医的病史细节，下次再有相关需求时，它能提供量身定制的方案。此外，AI Agent 能做到事前张罗——也就是服务的前置化、主动化。例如，它会提前帮你安排好节假日行程建议供选择、在发现你工作忙乱时主动帮你筛选重要邮件、在你可能忘记缴费时提前处理等等。许多重复性的问题将被 AI Agent 自动解决在萌芽中，用户甚至未察觉问题已被预防或处理。

这种主动服务正是用户所期望的"懂我所需，急我所急"。可以说，AI Agent 有望将用户体验提升到一个新高度：服务无处不在且润物细无声。这既是技术进步的成果，也是互联网以用户为中心理念的更高阶体现。

5. 数字生态竞争重塑

当 AI Agent 成为主要入口和用户管家，整个数字产业的利益分配与竞争格局将随之重构。谁掌握了用户的 AI Agent，谁就握有了未来的流量入口与数据宝库。这也解释了为何当前无论是操作系统厂商（如苹果、小米），还是超级 App 平台（如微信、淘宝），都在加速投入 AI Agent 的研发布局，以免将关键入口拱手让人。未来或将出现系统级 AI Agent 与第三方互联网公司 AI Agent 争夺用户青睐的局面。

与此同时，内容和服务的分发逻辑也会发生根本变化。过去，平台通过算法为用户推荐内容；而在 AI Agent 模式下，内容分发的主导者变成了 AI Agent。它会根据用户的意图，从不同来源抓取或生成所需信息。这种转变可能冲击以信息流广告为核心的商业模式，倒逼企业探索新的变现路径。

为了提高在 AI Agent 生态中的可见性，各服务提供商势必需要提升自身的数据接口质量，并围绕 AI Agent 的调用习惯进行适配。这种博弈关系有点像当年网站争抢搜索引擎排名，只不过现在的"搜索引擎"换成了 AI Agent。

可以预见，围绕 AI Agent 的生态将逐步形成新的技术标准和产业联盟，比如开放 AI Agent 工具接口、定义服务调用协议等。整个互联网产业也将围绕"如何接入 AI Agent"展开重组，迈向一个更加智能、协同的服务网络。

6. 催生新的应用和就业形态

AI Agent 的大规模应用不仅替代旧模式，也会催生出许多新的应用形态和职业机会。一个可能的新生态是"Agent 商店"或"Agent 模板市场"：用户或企业可以从中下载特定领域的 AI Agent（例如法律顾问 Agent、营养师 Agent 等），或者为自己的通用 Agent 安装新的技能模块。

这类似于当年 App Store 的繁荣，只不过提供的是各种智能体。开发者将致力于设计、训练各种垂直 Agent，以满足不同行业、不同人群的需求。另一方面，新的就业角色如"智能体训练师""AI 对话设计师"会涌现——他们负责为 AI Agent 设计对话流程、训练专业知识、监督 Agent 表现等。

这些都将成为数字经济新的增长点和创新热点。正如有观点指出，垂直领域的 AI Agent 市场潜力巨大，可能远超传统的软件即服务市场。当每家公司都需要定制自己的 AI Agent，每个人都希望拥有独特人格的 AI 助手，其中蕴含的商业机会不可估量。

传统互联网的旧时代终将落幕，取而代之的是 AI Agent 主导的新纪元。我们有理由对这场变革抱持乐观，它将大幅提升效率和体验，让数字科技更好地造福每个人。这是"关键的时刻"，我们正见证交互入口和计算范式的革命性转变。在这个进程中，拥抱 AI Agent，即拥抱互联网的未来。

10.2 MCP 在 AI Agent 互联网中的角色与价值

MCP 已逐步成为 AI Agent 时代的"超级接口"。在智能体互联网快速成型的今天，语言模型不再是信息的孤岛，而正演化为面向世界的智能中枢。然而，当 AI Agent 需要连接现实世界的数据库、工具系统乃至企业服务时，谁能充当这一关键桥梁？ MCP 正是在这一背景下应运而生。它就像"AI 时代的 USB-C"，以标准化、通用性强的连接协议，悄然成为 AI Agent 通往外部世界的核心通道，正在重塑 AI 系统的接入范式与协作生态。

10.2.1 MCP 的角色：AI 时代的"统一连接协议"

过去，大模型要想调用一个外部系统，比如查数据库、发邮件、抓网页，往往需要开发者硬编码接口、维护 API、适配各种平台，一切手动操作、高度定制，效率低下。而

MCP 的出现彻底改变了这种局面。

1. AI Agent 的"接口统一器"

MCP 的最大价值，正是为 AI Agent 提供了一套通用、标准化的接口层。它将复杂多样的外部工具抽象封装为统一的"能力单元"（MCP 服务器），而 AI 应用（MCP 主机）只需一次性对接 MCP，即可访问所有符合标准的工具与服务，无需关心背后的实现逻辑与接入细节。

这就如同 USB 标准的诞生，使我们不再需要区分 VGA、串口或 PS/2 接口，只要是 USB 设备，插上即用。而 MCP 就是 AI 时代的"智能 USB"，让 AI Agent 能够像插上扩展坞一样，轻松调用来自各方的能力模块。

在 MCP 出现之前，开发者想要让 AI 应用对接不同的数据源或工具，往往需要为每一个接口编写专属集成代码，工作量大、维护困难。而 MCP 提供的统一协议极大简化了这一过程。对于 AI 开发者而言，只需对接一次 MCP，就能无缝接入各种能力服务，显著降低开发与维护成本；对于工具或 API 提供者而言，只需构建一个 MCP 服务器，就能让自己的能力被所有支持 MCP 的 AI 应用调用，避免重复适配，提升效率与曝光。

这种"标准化接入"的机制也为企业级 AI 部署带来了巨大价值。企业可以将内部系统封装为 MCP 接口，使自有 AI Agent 在权限控制下安全访问内部数据库与业务流程，从而有效打破数据孤岛，推动内部信息系统的智能化重构。

2. AI Agent 互联网的"中间件基础设施"

在更大的系统视角下，MCP 其实是 AI Agent 互联网的一项"底座"技术。它将模型与工具解耦，使得不同来源的能力可以自由组合、动态调度，从而构建一个由智能体驱动的开放网络。

在 MCP 架构下，AI Agent 不再是孤立运行的单体模型，而是具备调用海量插件、应对复杂任务的"超级助手"。其背后的核心能力正是源于 MCP 提供的统一协议接口与语义适配机制。

这一标准的价值已在短时间内得到广泛验证。一方面，MCP 极大提升了 AI 系统的开发效率与可扩展性，开发者只需对接一次协议，即可访问多样化的工具与数据源；另一方面，它迅速催生了一个活跃的新生态。自开源以来短短数月内，社区已涌现出超过 2000 个 MCP 服务器，覆盖 API 服务、数据库接口、业务流程工具等多种能力组件，成为近年来增长最快的 AI 中间件框架之一。

MCP 不仅为 AI Agent 提供了可自由扩展的"能力百宝箱"，也显著增强了其解决实际问题的能力。这一演化过程，正如当年 HTTP 之于万维网：标准带来互操作性，互操作性催生指数级的创新涌现。可以说，谁掌握了这套"中间件连接力"，谁就掌握了 AI Agent 互联网时代的主动权。

3. 跨平台协同的"通用语言"

最妙的一点是：MCP 并不是某家大厂的专属技术，而是一个开放协议。这意味着无论你用的是 Claude、GPT-4、LLaMA 还是自研模型，只要支持 MCP，就能接入同一批能力模块。这种"连接即调用"的架构，正在让 AI 走出孤岛，进入真正的互联协作时代。

在 MCP 出现之前，业界其实已有多种 AI Agent 对接方案，例如 OpenAI 的 Function Call 机制、GPT 插件（GPTs）、Agent SDK，以及 LangChain、LlamaIndex 等第三方框架。但这些方案要么封闭在特定平台内部，要么集成复杂、难以复用，缺乏广泛的标准化基础。而 MCP 的出现正是在整合这些经验的基础上进一步抽象，借鉴函数调用的设计理念，同时又跳脱出某一平台的局限，将其打造为一个平台无关、生态兼容的底层标准。

正因如此，MCP 逐渐展现出平台级协议的潜力。有评论认为，它在 AI Agent 互联网中的意义，类似于移动支付时代的通用支付协议，或 TCP/IP 之于传统互联网。围绕 MCP，可能诞生出"AI Agent 时代的 Stripe""AI 领域的 App Store"这样的新型平台，为开发者、创业者带来前所未有的生态机会。

对初创团队而言，深入理解并应用 MCP 这一开放标准，意味着可以将自家服务标准化为 MCP 服务器，接入 AI Agent 生态圈，快速获取用户流量；也可以开发垂直领域的 MCP 主机，抢占行业智能化解决方案的前沿阵地。在巨头林立的 AI 战场中，MCP 为创业者提供了一条借标准起飞、以兼容制胜的技术路径。

10.2.2　MCP 的价值：降低门槛、创造可能、推动转型

MCP 不仅是技术桥梁，更是 AI 应用生态加速扩展的催化剂。它在实际落地中展现出的核心价值可归结为三点。

1. 降低 AI 集成门槛，让工具像积木一样插拔

在 MCP 出现之前，接入一个新工具意味着开发一堆接口逻辑。而现在，只要有 MCP 服务器，AI Agent 就能"零代码"调用。若想让 AI Agent 具备发邮件的能力，连接邮件 MCP 插件即可。若想让 AI Agent 能读取你计算机上的文件，只需接入本地文件 MCP 插件即可。

对开发者来说，这是一种革命性的简化。从烦琐的集成工程，变成了能力积木的自由拼搭，大大降低了 AI 应用的开发门槛。

2. 构建"插件经济"，创造 AI Agent 生态的无限可能

正因为 MCP 将能力标准化，它天然具备平台化的特性。目前，已有上千个 MCP 服务器被社区开发出来，从办公工具、数据库、API 服务到图像生成、代码自动化，几乎覆盖所有常见的功能模块。

这就为"AI Agent 插件经济"创造了肥沃的土壤——开发者可以打造自己的 MCP 服务器，上传到 Marketplace，被千千万万的 AI Agent 调用。这种模式有点像"App Store"，只不过 App 的用户从人类变成了 AI。

未来，围绕 MCP 的 Agent Store、能力市场、插件商店，甚至可能诞生新的独角兽公

司。正如有人所说: MCP 可能是 "AI 世界的 Stripe"。

3. 推动企业 AI 转型的关键抓手

从企业视角看, MCP 带来的最大价值是: 将 AI 能力无缝注入现有系统。无论是 ERP、CRM、文档系统、数据库, 只要封装成 MCP 接口, 企业的 AI Agent 就能统一访问。这意味着, 企业可以不重构、不更换系统, 就直接获得 AI Agent 的智能能力。AI 不再只是 "天外来客", 而是变成了你企业系统的一部分, 甚至可能成为你最聪明的员工。

MCP 或许不是最耀眼的技术, 却是 AI Agent 时代最具 "底层价值" 的标准之一。在这个智能体快速演化、万象更新的时代, MCP 为我们带来了一种前所未有的连接方式, 让开发更高效、企业更智能、AI 更自由。未来的 AI 应用将不再是一个个孤立的智能岛屿, 而是通过 MCP 构建起的智慧大陆。谁能率先掌握这条 "连接之路", 就有可能在 AI Agent 互联网的大航海时代中率先启航、赢得先机。

10.3　MCP 未来对 AI Agent 互联网的影响

MCP 未来的发展趋势将对 AI Agent 互联网产生深远的影响。当前, AI Agent 的互联互通面临着诸多挑战。由于缺乏统一的标准, 不同的 AI Agent 往往像孤岛一样, 难以进行有效的协作和信息共享。数据孤岛、信息不对称和交互复杂性等问题严重阻碍了 AI Agent 互联网的发展。

MCP 的出现和发展, 正是为了解决这些问题。作为一个旨在标准化 AI 应用与外部工具、数据源和服务连接方式的协议, MCP 有望成为连接不同 AI Agent 的桥梁, 打破现有的隔阂。

随着 MCP 对远程服务器支持的增强, AI Agent 将不再局限于本地环境, 而是可以轻松地通过互联网与其他 AI Agent 和服务进行交互。标准的身份验证和授权机制 (如 OAuth) 将确保 AI Agent 之间的安全可信连接。这将为构建分布式的 AI Agent 网络奠定基础, 使 AI Agent 可以在全球范围内协作完成复杂的任务。

MCP 的标准化还有助于解决数据孤岛的问题。通过统一的接口, AI Agent 可以访问来自各种数据源的信息, 无需关心底层数据的格式和存储方式。这将极大地提升 AI Agent 的智能水平和问题解决能力, 因为它们可以获取更全面和实时的信息。

此外, MCP 提供的工具发现机制将使得 AI Agent 能够自动发现并利用网络上可用的各种工具和服务。这意味着 AI Agent 可以根据任务需求动态地组合和调用不同的功能, 而无需人工干预。这种能力将极大地提高 AI Agent 的自主性和灵活性。

在交互复杂性方面, MCP 通过定义标准的通信协议和数据格式, 简化了 AI Agent 之间的交互过程。这将降低 AI Agent 之间协作的难度, 使得构建复杂的 AI Agent 网络成为可能。

然而, 值得注意的是, 虽然 MCP 在技术上为 AI Agent 的互联互通提供了基础, 但在实际应用中, 还需要解决一些非技术性的挑战, 比如不同 AI Agent 之间的信任、任务的分解和分配，以及协作过程中的冲突解决等。此外，对于涉及敏感数据的 AI Agent 交互，还需要制定相应的安全和隐私保护策略，这些都需要社区和参与者共同来完善 MCP 与 MCP 生态。

　　总的来说，MCP 的未来发展趋势，特别是对远程服务器的支持和标准化能力的提升，将极大地促进 AI Agent 互联网的形成和发展。它有望打破现有 AI Agent 之间的壁垒，实现更高效、更智能的协作，从而推动整个 AI 生态系统的进步。

10.4　AI Agent 互联网对社会和经济的影响

　　AI Agent 作为一种全新的智能交互模式，正在迅速重塑信息技术的基本面貌。从人与网页交互的"搜索驱动"互联网，迈向由 AI Agent 主导的"目标驱动"智能服务时代。这种演进不仅改变了人类获取信息、完成任务的方式，也深刻影响了社会组织结构和经济运行逻辑。

　　相较于传统软件依赖用户主动操作、工具以静态平台为主的范式，AI Agent 凭借自然语言理解、上下文记忆、多系统协同等能力，具备了主动理解、感知与执行的智能特质。从底层逻辑看，它正在推动服务形态从"人找服务"向"服务找人"的深层转变，为社会效率和经济增长打开新的增长曲线。

10.4.1　AI Agent 重塑人类社会生活

　　借助强大的自然语言理解、上下文记忆与跨系统操作能力，AI Agent 能够主动理解用户意图，完成复杂任务执行，并根据环境变化不断自我调整。在这一过程中，AI Agent 将人类从信息筛选、流程操作和事务处理中解放出来，推动服务个性化、决策智能化、流程自动化的深度变革。如图 10-4 所示，一种以"AI Agent 为中枢"的社会运作模式正在形成。

AI Agent 重塑人类社会生活

 从搜索
到智能决策

 从人找商品
到商品找人

 从工具助手
到主动秘书

 专业服务
从辅助到核心

 从互联设备
到智慧家庭

 企业自动化从执行到
智能决策

图 10-4　以"AI Agent 为中枢"的社会运作模式

1. 从搜索到智能决策

传统搜索引擎以关键词为基础，用户需自行过滤信息。AI Agent 则能根据用户问题直

接提供整合后的答案或行动方案，极大减少信息过载和交互成本。例如，用户咨询旅游计划，AI Agent 能够自动汇总热门景点、美食推荐及交通规划，形成完整行程方案。

特色优势：

- ❏ 降低信息过载，提供精准摘要。
- ❏ 对话式交互，智能调整反馈。
- ❏ 跨源数据融合，主动提供决策支持。

2. 从人找商品到商品找人

传统电商购物需要用户主动搜索比价。AI 购物 Agent 则根据用户需求自动推荐商品，跨平台比价并完成下单支付。例如，Rabbit R1 设备能依据用户语音指令，全自动完成购物流程。

特色优势：

- ❏ 个性化精准推荐，避免烦琐操作。
- ❏ 自动跨平台比价和搜券。
- ❏ 全自动化执行购物流程。

3. 从工具助手到主动秘书

AI Agent 显著提高办公效率及个人事务管理能力，能自主执行日程安排、文档撰写、邮件处理等复杂任务。例如，Microsoft 365 Copilot 能自动生成文档草稿、邮件摘要，并主动管理日程安排。

特色优势：

- ❏ 自动内容生成与信息整理。
- ❏ 智能化日程安排与事务提醒。
- ❏ 主动推送决策建议。

4. 专业服务从辅助到核心

AI Agent 正在教育、医疗、金融等领域发挥关键作用，逐渐从简单辅助走向核心决策支持。比如，医疗 Agent 能够实时记录病历、提示诊断方向；金融 Agent 可自动监测投资风险、智能推荐投资策略。

特色优势：

- ❏ 个性化、精准化的专业咨询。
- ❏ 提升行业决策效率。
- ❏ 主动发现问题并推荐行动方案。

5. 从互联设备到智慧家庭

传统智能家居设备独立控制繁琐，AI Agent 可一站式管理全屋 IoT 设备，实现主动感知和智能联动。例如，用户一句"我要看电影"，AI Agent 会自动联动灯光、窗帘、影音设备，调整到最佳观影状态。

特色优势：

- ❑ 自然语言统一控制。
- ❑ 跨设备智能联动。
- ❑ 主动感知环境，自动调整。

6. 企业自动化从执行到智能决策

AI 驱动的 RPA 2.0 突破传统机器人自动化局限，具备自主决策与异常处理能力。例如，财务自动化 Agent 可识别发票信息、处理数据异常；供应链管理 Agent 可自动触发采购并优化供应商选择。

特色优势：

- ❑ 智能化业务流程执行。
- ❑ 自主处理异常和复杂决策。
- ❑ 7 × 24 小时高效工作，减少人工成本。

AI Agent 的深度应用正在重新定义人类社会生活、工作与服务的方方面面，推动社会整体效率与体验的飞跃式提升。

10.4.2　社会价值实践优势与落地趋势

AI Agent 互联网正在以迅猛之势改变着我们的社会生活和经济形态。从个人到企业，再到社会整体，这项技术正逐步展现出前所未有的潜力与挑战。以下将从社会影响和经济影响两个方面，深入探讨 AI Agent 互联网所带来的机遇与风险。

1. AI Agent 互联网对社会的影响

从个人层面看，AI Agent 逐渐成为人们日常生活中的助手和伙伴。人们可以将安排日程、预订餐厅、在线购物和处理账单等日常琐事交由 AI Agent 完成，从而极大地释放个人时间和精力。此外，"私人 AI 助理"也开始出现，帮助用户高效地获取信息和进行决策。例如，法律领域已有 AI 法律顾问能够解答用户问题、起草合同文书；医疗领域则有 AI 健康管理助手实时监测用户体征、提醒用药和预约医生；教育领域中，以可汗学院 2023 年推出的基于 GPT-4 的智能导师"Khanmigo"为代表，AI Agent 可提供个性化、一对一的教学服务。这种技术普及后，更多人将以较低成本享受到过去只有少数人能获得的定制化服务，某种程度上有助于缩小资源获取的社会不平等。

与此同时，AI Agent 带来的社会挑战亦不可忽视。首先是就业形态的变化：当 AI 胜任大量重复性、基础性任务时，不少传统岗位可能被重新定义甚至取代，比如客服、文案、翻译等岗位都可能受到 AI Agent 的冲击。劳动者需要不断提升自身技能，以适应更多需要创造力和人际互动的岗位。其次是人与 AI 交互模式的转变：当人们使用 AI Agent 处理越来越多事务时，人际交流可能被机器交流替代，这或带来心理与伦理层面的潜在影响，如过度依赖 AI、人类部分决策能力或社交能力弱化等。此外，AI Agent 的大规模部署也带来了隐私和安全风险，如何在享受定制服务的同时保护个人数据安全，成为亟待解决的课题。同时，还需关注数字鸿沟问题，防止先进的 AI Agent 服务集中于发达地区或高收入群体，进一步扩大社会不平等。监管不力也可能导致 AI 技术被滥用于网络诈骗、虚假信息传播，严重影响社会信任。因此，各国政府和机构正积极研究制定相应监管框架，以实现 AI 的负责任发展。

社会对 AI Agent 的接受度正在趋于理性。尽管 ChatGPT 等现象级应用展示出巨大潜力，引发了社会广泛关注，但也存在一些过度宣传的案例。例如，2025 年初 Manus 公司的 AI Agent 平台，其实际功能远未达到宣传标准，这个事情也提醒了公众应保持理性认知。

2. AI Agent 互联网对经济的影响

AI Agent 对互联网经济的影响可能远比我们想象得更深刻。从提高生产效率的角度来看，AI Agent 带来了显著的改变。以往那些枯燥重复的脑力劳动，如数据录入、基础分析甚至代码编写，现在越来越多地交由 AI Agent 完成，这极大地降低了企业的运营成本，提升了生产效率。比如，一个初创公司的工程师，借助 AI 编码助手，就能独立完成过去需要一整个团队才能完成的项目；而营销领域的 AI Agent 可以高效地处理海量客户互动，帮助小型团队更精准、更高效地运营。据高盛预测，未来 10 年，类似生成式 AI 技术带来的生产力提升，将推动全球 GDP 增长约 7%，而这仅仅是一个开始。

同时，AI Agent 也在悄然催生新的产业和商业模式。以 AI 技术开发、训练和维护为主的市场快速扩张，AI 教练、AI 行为监管员等全新的职业应运而生；传统行业也开始涌现新的需求，如专门提供 AI 决策审计与风险控制的服务。这些都激发了资本市场的热情，仅 2023 年一年，全球生成式 AI 初创公司就获得了超过 200 亿美元的融资，科技巨头也纷纷通过并购整合 AI 技术和顶尖人才。微软对 OpenAI 的大笔投资就是一个标志性的例子，它清晰地反映了 AI 对整个产业格局的巨大影响。

这种转型带来的并不都是积极的消息。IBM 曾公开表示，计划暂停部分岗位招聘，并以 AI 替代约 7800 个职位，而类似的情况也出现在其他大型企业中。这种变化短期内可能导致劳动力市场出现震荡，对社会保障体系和劳动力再培训提出了更高要求。但从长期看，每一次技术变革都会创造新的就业机会，比如现在已经开始出现的"AI 驯养师""人机协作经理"等岗位。企业正努力探索人与 AI 的协作模式，试图通过优势互补，实现生产效益的最大化。

对创业者来说，现在正是抓住 AI 浪潮的重要时机。积极探索并利用 AI 带来的新机会，同时注重承担社会责任，推进员工技能培训，确保 AI 决策的透明度，以及构建有效的风险控制机制，这些都是企业在 AI 驱动经济中获得长远发展的关键。

未来，随着 AI Agent 技术不断演进，它对经济和社会的影响也必将更加深远。每个人、企业甚至政府都需要积极参与到这场对话与变革中，以便充分利用 AI Agent 带来的巨大机遇，并有效应对可能的挑战。这种持续的适应与协作，才是确保我们能够在 AI 时代健康发展的最佳途径。

第 **11** 章

MCP 和 A2A 协议的融合与竞争

AI Agent 技术正处于快速发展期,各种 AI Agent 如雨后春笋般涌现,它们在不同领域展现出巨大的潜力。为了实现 AI Agent 之间的有效协作和信息交换,标准化的通信协议变得至关重要。MCP 作为 AI Agent 时代早期出现的协议标准,为 AI Agent 与外部环境(如工具、数据源)的交互提供了规范。然而,MCP 并非孤立存在。早在 2023 年,开源社区就涌现了 ANP、Agora、agent.json、AITP 等多种 AI Agent 通信协议。更值得关注的是,在本书撰写之际,2025 年 4 月 9 日的 Google Cloud Next 25 大会上,Google 正式发布了其主导设计的 A2A 协议(Agent to Agent Protocol),并迅速获得业界的广泛关注。

面对众多的 AI Agent 相关协议,读者难免会产生疑问:这些协议之间有何区别?各自的定位和侧重点是什么? Google 的 A2A 和 MCP 之间是何种关系?是竞争还是合作?未来 MCP 和 A2A 在各自生态演进上又会有哪些可能性?本章旨在解答这些疑问。受篇幅所限,本章将不会对所有提及的协议进行详尽介绍,而是将重点对比分析 MCP 与最具代表性的 Google 最新发布的 A2A 协议。

11.1 智能系统的演进路径

在诸多 AI Agent 层的协议标准中,MCP 是最特殊的一位,要理解它的特殊性,我们需要先思考并推演一下以大模型为代表的智能系统的进化的路径和阶段会是什么样的。类比人类智能的进化历史,我们不难发现这个过程可以划分为以下几个阶段,如图 11-1 所示。

- ❑ 阶段一:初级智能涌现。
- ❑ 阶段二:智能体连接工具。
- ❑ 阶段三:智能体连接智能体。
- ❑ 阶段四:智能体连接世界。

1. 阶段一:初级智能涌现

智能系统的进化始于"涌现"——这一概念源自复杂科学,指系统整体通过简单元素的相互作用，自发形成超越个体能力的全新属性。以大模型为核心的人工智能技术，正是通过海量数据的训练和参数规模的突破，实现了从模式识别到逻辑推理的质变。例如，GPT-4 通过 1750 亿参数的 Transformer 架构，不仅能够生成连贯文本，更在数学推导和法律条文解释中展现出类人推理能力。这种涌现并非简单的数据堆砌，而是算法、算力和数据三者在临界点上的协同爆发。

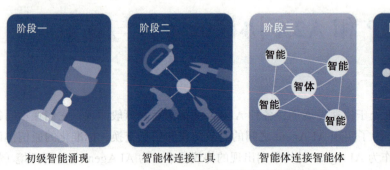

图 11-1　智能系统演进的四个阶段

这个阶段的标志性特征是"功能涌现"，即系统在未明确编程的情况下，自主解决开放域问题的能力。例如，医疗诊断 AI 通过分析患者数据识别疾病模式，其决策逻辑已非传统专家系统可比拟。然而，当前的涌现仍局限于任务执行层面，缺乏对环境和目标的全局认知。正如神经科学家所指出的："真正的智能涌现需要从功能层面向意识层面跃迁。"

从 ChatGPT 带给人们这种"智能涌现"的魔法体验至今，AI 的发展一直处于这个阶段，直到 Function Call 和 MCP 的出现。

2. 阶段二：智能体连接工具

当基础智能完成涌现后，系统开始向外延伸，进入"工具连接"阶段。这一阶段的本质是智能体通过 API、传感器和执行器，将虚拟智能与物理世界耦合。例如，微软 Copilot Studio 通过低代码平台集成 Power Automate 流程，使 AI 助手不仅能回答用户问题，还能直接操作企业数据库、生成工单。工具连接的核心突破在于"意图－行动"的闭环实现：智能体不仅理解用户需求，还能调用外部资源完成具体任务，如自动驾驶汽车通过激光雷达感知环境并实时调整路径。

工具连接催生了两种范式变革：

- ❑ 人机交互从"问答式"转向"协同式"。例如，工业机器人通过触觉反馈手套与人类操作员实时协作，在危险环境中完成精密操作。
- ❑ 工具网络形成"增强回路"。智能体在使用工具的过程中持续学习，优化工具调用策略。

OpenAI 的 Responses API 即通过多工具协同框架，使模型能够动态组合搜索引擎、文档库和虚拟操作系统，实现复杂问题求解。这个阶段的技术挑战在于工具兼容性与安全性——如何让异构系统在统一协议下协同，同时防止恶意工具入侵，成为智能体进化的关键门槛。MCP 正是在这个发展阶段中应运而生的。

3. 阶段三：智能体连接智能体

当单个智能体的能力趋于饱和，系统进化便迈入"群体智能"阶段。这一阶段的特征是多个智能体通过协议标准形成分布式网络，实现知识共享与任务协同。例如，AutoGen 框架支持医疗、金融、制造等领域的专业智能体分工协作：诊断 AI 提供病理分析，法律 AI 审核合规性，物流 AI 优化资源调配。

更深刻的变革发生在层级结构上。传统中心化架构逐渐被"涌现式组织"取代：基层智能体遵循简单规则（如优先响应紧急任务），中层协调者动态分配资源，高层决策者通过强化学习优化战略。这种架构在智慧城市的畅想中已初见端倪：交通管理 AI、能源调度 AI 和环境监测 AI 通过 5G 网络实时交互，使城市系统在秩序与弹性间找到平衡。此时，智能连接的协议标准成为关键基础设施，它不仅要定义交互格式，还需嵌入价值对齐机制，防止群体智能陷入"效率至上"的伦理陷阱。

4. 阶段四：智能体连接世界

终极阶段的智能系统将突破数字边界，与物理世界形成"超域融合"。通过物联网、脑机接口和量子传感技术，智能体不再是被动的观察者，而是能主动塑造现实的"共造者"。例如，Neuralink 的脑机接口让瘫痪患者通过意念操控机械臂，这一过程中，生物神经信号与 AI 控制算法形成双向闭环。在工业领域，数字孪生系统通过实时数据映射，使工厂设备能够预测性维护甚至自我优化。

这种连接的本质是建立"世界模型"——智能系统不仅理解物理规律，还能通过强化学习探索未知领域。波士顿动力公司的人形机器人通过数万次跌倒训练掌握的平衡能力，正是这种探索的缩影。当智能系统与能源网、交通网、生态网深度耦合，人类文明将进入"协同进化"的新纪元：气候 AI 通过调控云层反射率缓解全球变暖，农业 AI 通过基因编辑和无人机播种重塑粮食生产链。

在智能系统从"工具连接"迈向"智能协同"的关键跃迁中，协议标准的博弈正成为技术进化的核心战场。当前，我们正处于从智能体连接工具向智能连接智能的过渡期，而 MCP 与 A2A 两大协议的协同与竞争，恰恰勾勒出这一进程的底层逻辑。

MCP 作为 Anthropic 提出的工具连接标准，已在智能体与物理世界的接口层构建起基础设施。它通过结构化工具调用（如数据库查询、API 操作）解决了"智能体如何行动"的问题，使大语言模型能够像人类使用扳手一样精准操控数字工具。然而，当智能体需要跨系统协作时，单纯的工具连接已无法满足需求——正如人类社会的分工需要语言沟通，智能体间的任务分配、数据交换与动态协商急需更高维度的交互协议。

Google 于 2025 年 4 月推出的 A2A 协议，正试图在 MCP 奠定的工具层之上，构建起智能体间的"通用社交语言"。A2A 协议的突破性在于两点：其一，它通过"智能体名片"

（Agent Card）实现能力发现，使异构智能体能够像企业员工交换名片一样快速识别彼此专长；其二，它定义了任务派发、状态追踪与跨模态通信的标准化流程，支持从即时响应到长周期协作的全场景覆盖。这种设计使得 A2A 协议天然具备生态扩展性——当医疗诊断智能体需要调用药物研发智能体的分子模拟能力时，双方无需定制接口，只需遵循协议即可完成知识融合与行动协同。

从技术演进视角看，MCP 与 A2A 协议呈现出"工具 – 组织"的递进关系。MCP 如同工业革命中的机床标准，让单个智能体获得精确的"操作能力"；A2A 协议则如同现代企业的 ISO 管理体系，为群体智能提供协作范式。二者的竞争焦点在于协议层的主导权：MCP 若向智能体通信方向延伸，可能进化为"全能型协议"；而 A2A 协议则通过拥抱 MCP 的工具接口，试图构建"协作层 + 工具层"的垂直生态。这种博弈在产业界已现端倪：LangChain 等框架同时支持两大协议，MongoDB 等数据平台则双向接入，形成"协议中立、场景驱动"的实用主义格局。

11.2　A2A 协议的背景

2025 年 4 月 9 日，在 Google Cloud Next 25 大会上，Google 正式推出了 A2A 协议，其如图 11-2 所示。作为云计算和人工智能领域的领导者，Google 的这一举动立即引起了业界的广泛关注。

图 11-2　Google 发布的 A2A 协议示意

A2A 协议旨在为不同框架和供应商构建的 AI Agent 提供一个开放的、标准化的通信方式，从而打破当前 AI Agent 生态系统中存在的互操作性壁垒。Google 强调，构建 AI Agent 系统需要两个关键层面：工具和数据的集成与 Agent 之间的通信。

A2A 协议正是专注于解决后者，旨在实现 AI Agent 之间的直接通信、安全信息交换和跨平台协作。

A2A 协议的发布之所以能引起如此大的关注和讨论，主要归因于以下几个方面：首先，Google 作为行业巨头，发布的任何技术标准都具有很强的号召力和影响力。其次，Agent 技术正处于蓬勃发展期，但缺乏统一的通信标准一直是制约其进一步发展的瓶颈。A2A 协议的出现，被认为是填补了这一空白，有望推动 AI Agent 生态系统的繁荣。此外，A2A 协议得到了包括 Atlassian、Box、Salesforce、SAP、ServiceNow 等超过 50 家技术合作伙伴的支持和贡献，这进一步提升了其在业界的认可度和影响力。开发者社区也对 A2A 协议表现出浓厚的兴趣，纷纷对其技术细节、应用前景以及与现有协议的关系展开讨论。

A2A 协议发布后，与 MCP 的关系自然成为讨论的焦点。业界普遍关注的问题包括：A2A 和 MCP 是竞争关系还是合作关系？它们各自适用于哪些场景？开发者是否需要同时关注这两种协议？ Google 在发布 A2A 协议时强调，A2A 协议是 Anthropic 的 MCP 的补充，MCP 主要负责为 Agent 提供工具和上下文，而 A2A 协议则负责 Agent 之间的通信和协作。然而，也有一些观点认为，在实际应用中，A2A 协议和 MCP 可能会存在功能上的重叠，甚至形成竞争关系。本章将深入探讨这两种协议的技术细节和设计理念，以期更清晰地理解它们之间的关系，并为读者提供更全面的分析。

11.3　A2A 协议的深度剖析

本小节会深入剖析 A2A 协议的技术原理，主要从设计理念、协议架构、关键特性等方面分别阐述。

11.3.1　A2A 协议的设计理念与架构

1. A2A 协议的设计理念

A2A 协议旨在实现不同 AI Agent 之间的无缝通信和协作，其核心架构和设计理念体现了对互操作性、安全性、灵活性和可扩展性的高度重视。A2A 协议的核心设计理念主要围绕着以下几个关键要素。

- ❑ 拥抱 AI Agent 能力：A2A 协议旨在使 AI Agent 能够以其自然的、非结构化的方式进行协作，即使它们不共享内存、工具和上下文。这使得真正的多 Agent 场景成为可能，而不会将 AI Agent 限制于特定的"工具"。
- ❑ 构建在现有标准之上：协议构建在 HTTP、SSE 和 JSON-RPC 等广泛使用的标准之上，从而简化了与现有 IT 基础设施的集成。
- ❑ 默认安全：安全性是 A2A 协议的核心考虑因素，它支持企业级的认证和授权机制，并与 OpenAPI 的认证方案对齐。
- ❑ 支持长程任务：A2A 协议被设计为足够灵活，可以处理从快速任务到可能需要数小时甚至数天的深度研究等各种场景。在整个过程中，A2A 协议可以向用户提供实时的反馈、通知和状态更新。
- ❑ 模态无关：认识到 AI Agent 世界不仅限于文本，A2A 协议被设计为支持各种通信模态，包括文本、图像、音频和视频流。

2. A2A 协议架构

在协议架构上，A2A 协议采用了经典的 CS 架构模型（Client-Server）。在这个模型中，一个 AI Agent 扮演客户端的角色，负责发起任务请求，而服务端的 AI Agent 则扮演远程服务器的角色，负责处理这些任务请求并返回结果。客户端和服务器使用了 HTTP 作为传输协议，在数据传输标准上和 MCP 一样，使用了 JSON-RPC2.0 规范，A2A 协议的架构如图 11-3 所示。

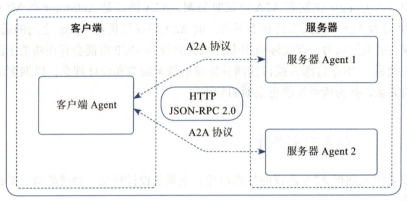

图 11-3　A2A 协议的架构

11.3.2　A2A 协议涉及的角色

A2A 协议中一共涉及 3 个角色，分别是：用户（User）、客户端（Client）、远程智能体（Remote Agent），如图 11-4 所示。

图 11-4　A2A 协议涉及的 3 个角色

- User：使用智能系统完成任务的用户或者系统。既可以是一个真实的人类，也可以是其他智能系统或者服务。
- Client：客户端可以是一个 AI Agent、应用程序或者服务。用户是通过 Client 向远程智能体发起请求来处理任务的。实现了 A2A 协议的 Client 也被称为 A2A Client。
- Remote Agent：远程智能体是一个黑盒，无须向 Client 暴露自己的内部流程，只需要向 Client 发起的任务，返回最终的结果响应即可。实现了 A2A 协议的远程 AI Agent 也被称作 A2A 服务器。

11.3.3　A2A 协议的核心概念

A2A 协议中一共有五大核心概念，分别是：智能体名片（Agent Card）、任务（Task）、消息（Message）、内容单元（Part）、产出物（Artifact），理解这些概念对于学习 A2A 协议有非常重要的帮助。

1. Agent Card

A2A 协议要求每一个作为 A2A 服务器的 Remote Agent 都需要以 JSON 格式对外暴露一个 Agent Card。名片描述了这个智能体支持的能力和具备的技能，以及需要什么样的授权机制等基本信息。这些信息的格式协议有非常明确和严格的要求，如下代码所示：

```
1   // AgentCard（智能体名片）传递关键信息：
2   // - 总体信息（版本、名称、描述、用途）
3   // - 技能：智能体可执行的能力集合
4   // - 智能体默认支持的交互模式 / 内容类型
5   // - 认证要求
6   interface AgentCard {
7     // 智能体的可读名称
8     // 示例："菜谱智能体"
9     name: string;
10
11    // 智能体功能的可读描述，用于帮助用户和其他智能体理解其能力
12    // 示例："帮助用户处理菜谱和烹饪相关事务的智能体"
13    description: string;
14
15    // 智能体服务地址的 URL
16    url: string;
17
18    // 智能体的服务提供商（可选）
19    provider?: {
20      organization: string;   // 组织名称
21      url: string;            // 组织官网
22    };
23
24    // 智能体版本号，格式由提供商定义（示例："1.0.0"）
25    version: string;
26
27    // 智能体文档的 URL（可选）
28    documentationUrl?: string;
29
30    // 智能体支持的扩展能力
31    capabilities: {
32      streaming?: boolean;              // 是否支持 SSE 流式传输
33      pushNotifications?: boolean;      // 是否支持向客户端推送更新通知
34      stateTransitionHistory?: boolean; // 是否公开任务状态变更历史
35    };
36
37    // 智能体的认证要求
38    // 遵循 OpenAPI 认证结构规范
```

```
39    authentication: {
40      schemes: string[];        // 认证方案，如 Basic、Bearer
41      credentials?: string;  // 客户端使用的私密凭证（仅限私有名片）
42    };
43
44    // 智能体所有技能默认支持的输入模式
45    defaultInputModes: string[];   // 支持的输入 MIME 类型
46
47    // 智能体所有技能默认支持的输出模式
48    defaultOutputModes: string[];  // 支持的输出 MIME 类型
49
50    // 技能定义：智能体可执行的独立能力单元
51    skills: {
52      id: string;               // 技能唯一标识符
53      name: string;             // 技能可读名称
54      description: string;  // 技能功能描述，供客户端或用户理解用途
55
56      // 描述该技能的其他标签集合
57      // 示例: " 烹饪 "" 客户支持 "" 账单处理 "
58      tags: string[];
59
60      // 该技能的典型使用场景示例
61      // 供客户端作为提示理解技能用途
62      // 示例: " 我需要一个面包的食谱 "
63      examples?: string[];
64
65      // 该技能特有的输入模式（覆盖默认设置）
66      inputModes?: string[];   // 支持的输入 MIME 类型
67
68      // 该技能特有的输出模式（覆盖默认设置）
69      outputModes?: string[];  // 支持的输出 MIME 类型
70    }[];
71  }
```

每个 AI Agent 要支持 A2A 协议，就必须先定义一张符合上述格式的名片。客户端在执行任务时，会先获取到可以联系到的所有 AI Agent 的名片信息，然后在执行 User 的用户时，根据这个名片来选出当前最适合执行这个任务的 AI Agent。

为了方便 AI Agent 的发现过程，A2A 协议建议将 Agent Card 文件命名为 agent.json，并且可以放在 AI Agent 对外提供的服务域名的如下路径上：

```
1   https://base url/.well-known/agent.json
```

这种基于约定的设计非常便利，在互联网时代有非常多类似的实践，譬如网页爬虫 Robot.txt。客户端可以直接通过 GET 请求，直接读取到 Agent Card。企业也可以维护一个私有化的服务注册中心，并针对不同的 Client 进行服务发现的权限控制。以对 Remote Agent 进行更精细化的服务发现的权限管理。

2. Task

在 A2A 协议中，任务是一个可大可小的概念。它可以是一个简单的问答，譬如询问

"中国的首都是哪儿？"远程智能体可以选择让客户端在线等的方式等待其回答。当回答结束响应返回给客户端时，这个任务也就结束了。任务也可以是一个复杂问题，例如："下周一带团队去上海参展，10 个人住三晚，找个离会展中心近的酒店，记得开发票，顺便定周五下午回城的高铁"。这个任务因为无法即时完成，因此是一个异步任务，远程智能体通常需要拆解成很多子任务，并通过多步骤的执行，调用不同的工具组合和其他智能体来完成最终的任务。因此这个任务的状态需要在 Remote Agent 中进行持久化存储，以便客户端可以随时来查询状态。

从技术概念上讲，任务在 A2A 协议中被设计成一个具有状态管理的实体，它使得客户端与远程智能体能够协作完成特定目标并生成结果。在任务执行过程中，与远程智能体通过消息（Message）进行交互，而 Remote Agent 最终将生成产出物（Artifact）作为任务结果。

任务的创建是由客户端发起，而任务状态则是完全由远程智能体来控制的。一个多轮对话的任务，通常需要远程智能体给客户端返回一个 SessionId 作为会话标识，以便将多轮对话中的多个任务关联到同一个会话中。

Remote Agent 在收到客户端发来的任务时，可以采取以下任意一种处理方式，就像我们人类处理问题的种种方式一样：

- 立即执行并完成请求。
- 安排延迟处理（异步执行）。
- 拒绝该请求。
- 协商采用其他交互模式。
- 要求客户端提供更多信息。
- 将任务委托给其他智能体或系统处理。

3. Message

在 A2A 协议中，除了任务最终的 Artifact 之外，所有的信息都可以称为 Message，包括 Remote Agent 的思考过程、客户端传递来的上下文信息，以及 Remote Agent 自己设定的系统指令（System Prompt）、在执行任务过程中的错误信息、状态信息等。所有这一切都被定义为 Message，Message 被设计成是多模态的，既可以是纯文本也可以是图像或者语音文件等。Message 实体的接口格式如下所示：

```
1   interface Message {
2       role: "user" | "agent";  // 区分是用户发的消息还是 Agent 的消息
3       parts: Part[];    // 消息体，是一个 Part 数组
4       metadata?: Record<string, any>;
5   }
```

4. Part

Part 是 Client 与 Remote Agent 之间交换的内容单元，作为 Message 或 Artifact 的组成部分，每个部分都有独立的内容类型和元数据。一个 Message 或者 Artifact 可以拥有多个

Part，就好像你在使用 AI 助理产品时，针对一次提问，你既可以用文字提出问题，也能以附件的形式在输入框中上传多个 PDF 文件一样。每一个 PDF 文件，或者文本消息都是一个包含单独类型描述的 Part。接口定义如下所示：

```
1  interface TextPart {
2      type: "text";
3      text: string;
4  }
5  interface FilePart {
6      type: "file";
7      file: {
8          name?: string;
9          mimeType?: string;
10         // 以下二选一
11         bytes?: string; //base64编码内容
12         uri?: string;
13     };
14 }
15 interface DataPart {
16     type: "data";
17     data: Record<string, any>;
18 }
19 type Part = (TextPart | FilePart | DataPart) & {
20     metadata: Record<string, any>;
21 };
```

5. Artifact

Artifact 是远程智能体在执行 Task 时的最终交付物，它既可以是一段文本回答，也可以是一个研究报告 PDF 文档，还可以是一个通过文生视频模型生成的视频文件，甚至可以是一次编码任务所生成的完整的代码文件夹。接口定义如下所示：

```
1  interface Artifact {
2      name?: string;
3      description?: string;
4      parts: Part[];
5      metadata?: Record<string, any>;
6      index: number;
7      append?: boolean;
8      lastChunk?: boolean;
9  }
```

11.3.4　A2A 协议的关键特性

除上述概念设计之外，A2A 协议还在传输机制、消息推送、安全授权机制上有针对性的设计。

1. 传输机制

A2A 协议采用基于 HTTP/SSE 的半双工通信模式，通过 HTTP 实现智能体间的任务分发与状态同步。其核心设计是通过 HTTP 兼容现有企业 IT 基础设施，通过 JSON-RPC 封装消息支持长轮询（Long Polling）实现准实时通信。例如，在跨企业供应链协作场景中，A2A 协议通过 HTTP 请求发送任务参数，再通过 SSE 接收异步状态更新。与 MCP 相比存在比较大的差异，具体如表 11-1 所示。

表 11-1　A2A 协议和 MCP 的传输机制对比

对比维度	A2A 协议	MCP
连接方式	基于 HTTP 1.1/2.0 的请求 – 响应模式，复杂任务需多次建立连接	使用 SSE 长连接（默认）或 Streamable HTTP，单次连接持续复用
消息封装	JSON-RPC 消息体通过 HTTP Body 传输，头部包含任务元数据（如认证令牌）	JSON-RPC 2.0 消息通过 SSE 事件流或 HTTP Body 分片传输，支持批处理消息
流式处理	通过 SSE 实现单向服务器推送，客户端无法在流中发送新请求	全双工通道允许客户端在接收流数据时同步发送新请求（如工具调用追加参数）
会话管理	依赖 HTTP Cookie 或 OAuth 令牌维持会话状态	通过 SSE 连接自动维护会话 ID，服务端主动推送 "keep-alive" 心跳包

MCP 引入的 Streamable HTTP 正在替代 SSE，通过 HTTP/2 的流分帧技术实现更高吞吐量。而 A2A 协议计划在 2025 年下半年支持 WebSocket 协议，向真正的全双工演进。两者的技术路线呈现趋同态势，未来可能在智能体工具化场景实现协议互操作。

2. 消息推送

A2A 协议设计了一个远程智能体向 Client 推送安全消息的机制。其设计考量主要是针对耗时数小时至数天的任务，传统轮询机制会产生大量无效请求。针对该类异步任务，推送机制可以避免 Client 为了获取任务的最新状态而进行频繁无意义的轮询，同时避免 Client 连接超时等问题。

A2A 协议并没有强制设置一个中立的消息推送服务器，在设计上同时考虑了更加安全的独立消息推送服务器的情况，例如在企业级安全隔离环境中直接用类似 WebHook 的方式将通知回调地址注册给 Remote Agent。

3. 安全授权机制

A2A 协议把每个 AI 智能体都当作独立的企业应用来看待（就像不同部门都有自己的办公室）。它们工作时不需要互相透露内部机密（比如财务部的账本或人事部的档案），只需要确认对方的合法身份就能合作。其身份验证的流程如下：

❑ 工作证申领：每个 AI Agent 在合作前，需要先去企业统一的 "人事部"（认证服务器）办理数字工作证（Token）。

❑ 门禁检查：每次协作时，任务接收方会仔细检查客户端申请的工作证的真伪。这个证件不是通过 A2A 协议本身传递的，而是完全复用 HTTP 中关于鉴权的机制（HTTP Header）。

❑ 电子名片：每个 AI Agent 都有张公开的 Agent Card，上面明确写着需要什么样的认证方式，就像公司前台贴着 "访客请出示身份证登记"。

11.4　MCP 和 A2A 等 Agent 协议的融合与竞争分析

　　Google 在发布 A2A 协议时，明确表示 A2A 协议是 Anthropic 的 MCP 的补充。从技术角度来看，这种互补性主要体现在它们各自关注的层面不同。MCP 更侧重于 AI Agent 与外部工具和数据资源的连接，提供了一种标准化的方式，使得 AI Agent 可以安全地访问和使用各种外部能力。而 A2A 协议则专注于 AI Agent 之间的直接通信和协作，旨在解决多 AI Agent 系统中的互操作性问题。例如，一个 AI Agent 可以使用 MCP 查询数据库获取信息，然后通过 A2A 协议将这些信息传递给另一个 AI Agent 进行进一步处理。

　　然而，尽管两者在设计上存在互补性，但在实际应用中，也可能存在潜在的竞争。例如，一些 Agent 框架可能会选择同时支持工具调用和 AI Agent 间通信的功能，从而模糊 MCP 和 A2A 协议之间的界限。此外，如果 MCP 未来也扩展了 Agent 间通信的能力，那么它将可能与 A2A 协议形成更直接的竞争。

　　Google 在发布 A2A 协议时，强调 MCP 只是一个工具协议，这可能也包含着一种竞争性的营销考量，旨在突出 A2A 协议在 AI Agent 间通信方面的独特价值和定位，如图 11-5 所示。

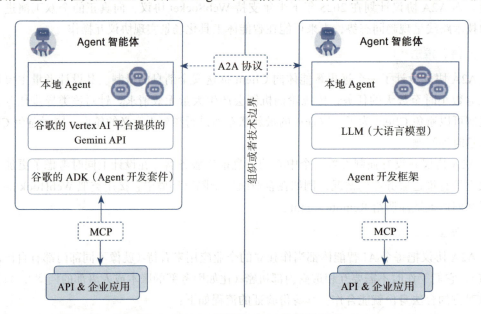

图 11-5　A2A 协议和 MCP 协作示意图

11.4.1　A2A 协议与 MCP：互补和潜在竞争

1. 技术互补性：分层架构的协同效应

　　从技术架构看，A2A 协议与 MCP 的互补性体现在分层设计上。MCP 聚焦于工具、数据、Prompt 等上下文载体的标准化接入，采用客户端－服务端（C/S）架构，通过 JSON-RPC

2.0 实现结构化参数传递，例如，调用 API 查询数据库或生成财务报表。其核心功能是解决模型与外部资源的"最后一公里"连接问题，类似于"AI 领域的 USB-C 接口"。而 A2A 协议则定位于智能体间的协作层，基于 HTTP、SSE 和 JSON-RPC 构建去中心化通信机制，支持非结构化数据（如音频、视频流）传输和多模态交互协商。例如，在医疗场景中，MCP 负责连接电子病历数据库，A2A 协议则协调诊断智能体、影像分析智能体与药品管理智能体的协作流程。

两者的互补性还体现在协议栈的分工：MCP 作为工具层标准化接口，A2A 协议作为协作层定义交互规则。这种分层设计类似于互联网中 TCP/IP 与 HTTP 的关系——MCP 确保数据源的可靠接入，A2A 协议则管理智能体间的动态任务分配。谷歌 ADK（Agent Development Kit）同时支持两种协议，进一步验证了其协同价值：开发者在 MCP 工具库基础上，通过 A2A 协议实现跨系统任务编排。

2. 优势与场景分析：工具增强 vs 群体智能

MCP 的核心优势在于降低工具调用门槛。其实时上下文管理能力（如动态获取 CRM 系统更新）和细粒度权限控制，使其在企业数据集成（如 Salesforce 与 Google Workspace 的联动）、轻量化 API 调用（天气查询、邮件发送）等场景中表现突出。例如，程序员通过 MCP 连接 GitHub 仓库，可直接生成代码并管理分支，开发效率提升显著。

A2A 协议的差异化价值则体现在复杂任务协作上。其任务生命周期管理支持长达数天的异步任务跟踪）和分布式决策能力，使其在跨企业供应链协同（如物流 Agent 与仓储 Agent 协商库存）、长周期科研项目（如药物研发中的实验 Agent 协作）等场景中不可替代。典型案例显示，某汽车维修厂通过 A2A 协议协调零件供应商 Agent，同时利用 MCP 调用故障诊断 API，形成"A2A 搭台，MCP 唱戏"的协同模式。

3. 共同目标与生态合作可能性

尽管技术路径不同，两者均致力于推动 AI Agent 的工程化落地。MCP 通过解决工具链碎片化问题，加速单体 Agent 的能力扩展；A2A 协议则通过定义协作标准，释放多 Agent 系统的群体智能潜力。这种目标一致性在谷歌的生态布局中已现端倪：A2A 协议支持将 MCP Server 注册为"工具资源"，实现协议栈的垂直整合。

合作可能性主要体现在以下三个方面。

- ❏ 协议互操作性：A2A 协议的任务描述可嵌入 MCP 工具调用指令，形成端到端任务链。
- ❏ 安全机制互补：MCP 的 OAuth 2.0 认证与 A2A 协议的动态密钥交换结合，可构建跨企业协作的双重防护体系。
- ❏ 开发者工具融合：提供同时支持两种协议的 SDK，降低多模态 Agent 开发门槛。

4. 竞争可能性与生态博弈

尽管当前定位互补，但协议的发展可能引发潜在竞争。技术层面，MCP 的扩展潜力不容小觑：其"用户体验协商"机制已支持类 A2A 协议的结构化数据交互，若进一步纳入任务路由功能，可能侵蚀 A2A 协议的协作层市场。Anthropic 若推动 MCP 向"通用 Agent 协议"发展，将直接挑战 A2A 协议的生态地位。

谷歌的竞争性策略体现在以下两方面。

❑ 定义权争夺：通过将 MCP 定性为"工具协议"，在生态话语权上压制其发展空间。这种"技术降维"策略类似容器生态中 Kubernetes 对 Docker 的收编。

❑ 生态资源分流：A2A 协议联合 50 余家巨头企业形成联盟，与 MCP 的开源社区形成对峙，可能迫使开发者面临"协议二选一"的困境。

技术收敛趋势可能缓和竞争，中立基金会管理模式（如 Linux 基金会）或称为折中方案，通过分层协议规范（工具层 MCP、协作层 A2A 协议）实现生态共融。这种路径在历史上有成功先例——云计算领域的 CNCF（云原生计算基金会）便通过标准化容器与编排工具的关系，推动生态繁荣。

A2A 协议与 MCP 的竞合关系折射出 AI Agent 生态的深层矛盾：工具标准化与协作自由度之间的张力。短期来看，两者的互补性仍为主导，但长期生态格局将取决于协议扩展能力与产业联盟的博弈。谷歌的"协作层"定位与 Anthropic 的"工具层"深耕，最终可能催生类似互联网 TCP/IP 与 HTTP 的共生体系，为 AI Agent 的规模化落地奠定基石。

11.4.2 A2A 协议与 ANP、Agora、agent.json、AITP 等协议的差异

在 A2A 协议发布之前，开源社区已有多种 AI Agent 通信协议，譬如 ANP（Agent Network Protocol）、Agora、agent.json、AITP（Agent Interaction Transaction Protocol）等等。那么 A2A 协议与这些 AI Agent 协议之间的差异是什么呢？

1. ANP

在设计理念上，A2A 协议定位于企业级智能体协作，以任务（Task）为核心抽象，强调结构化流程管理，如招聘场景中的简历筛选与面试安排。ANP 定位于开放网络中的去中心化协作，采用 JSON-LD 和语义网技术，支持智能体间的数据爬取与动态链接，如酒店智能体通过 URL 公开房间信息供其他智能体自主处理。

与 A2A 协议的技术差异主要体现在 A2A 协议依赖 HTTP/SSE 和 JSON-RPC 实现双向通信，支持长时任务状态跟踪；ANP 基于 W3C DID 构建身份认证系统，强调跨平台身份互认与低耦合交互。

2. Agora

Agora 是动态生成通信协议的元协议，允许智能体根据需求协商交互规则（如 LLM 生成协议），适用于大规模去中心化网络。而 A2A AI 采用固定协议栈（如 Agent Card 定义能力），更适合企业内部的确定性协作流程。

Agora 的灵活性可弥补 A2A AI 在开放环境中的不足，例如在科研场景中动态调整数据交换规则；A2A AI 的标准化则能为 Agora 提供企业级安全框架（如 OAuth 集成）。

3. agent.json

agent.json 是轻量级服务发现协议，仅通过 .well-known 目录下的元数据文件声明智能体能力，适用于低门槛场景（如个人开发者的小型智能体）。而 A2A AI 的 Agent Card 不仅包含能力描述，还定义了任务生命周期管理和安全认证机制，满足企业级复杂需求。

4. AITP

AITP 是场景分化的代表，AITP 内置区块链支付模块，专注智能体间的价值交换（如数据交易、服务计费），其优势在于金融合规性与交易的不可篡改性。A2A AI 则缺乏原生支付支持，但可通过 MCP 调用外部支付工具（如 PayPal）实现类似功能。

11.4.3 多协议共存的可能性

在复杂的 AI Agent 系统中，多种通信协议并存是很可能且有必要的。不同的 AI Agent 可能基于不同的框架或技术栈开发，采用不同的通信协议。同时，AI Agent 系统可能需要与各种遗留系统或外部服务进行交互，这些系统可能使用不同的通信标准。因此，多协议共存是现实的需求。

然而，多协议共存也带来了挑战，例如，如何实现不同协议之间的互操作性，如何统一管理和监控不同协议下的 AI Agent 通信等。为了解决这些问题，可以探索不同协议之间进行桥接、转换或融合的技术方案。例如，可以通过开发协议转换网关，将一种协议的消息格式转换为另一种协议的格式，从而实现不同协议下的 AI Agent 之间的通信。此外，也可以考虑在更高层次上定义一套通用的 AI Agent 接口和交互规范，使得不同的底层通信协议都能够遵循这些规范，从而实现更高程度的互操作性。

展望未来，AI Agent 通信协议的发展趋势将更加注重标准化和互操作性。随着 AI Agent 技术的不断发展和应用场景的日益复杂，预计会出现更多的行业标准，以促进不同 AI Agent 系统之间的无缝协作。同时，针对特定应用场景的优化也将成为一个重要的发展方向，例如，针对实时性要求高的场景可能会出现低延迟的通信协议，而针对资源受限的设备可能会出现更轻量级的协议。

11.5 MCP 和 A2A 协议在各自生态上演进的可能性

11.5.1 生态参与者

MCP 由 Anthropic 主导，其生态参与者呈现"工具连接型"特征，具体有以下内容。

❑ 平台层：AWS、阿里云、腾讯云等云计算巨头通过提供 MCP 服务器托管服务，成为协议落地的物理载体。

❑ 数据层：Snowflake、ClickHouse 等数据库厂商将 MCP 接口标准化，实现模型与实时数据的低摩擦交互。

- ❏ 开发者生态：开源社区（如 GitHub 上的 ComposioMCP 项目）推动协议适配工具链的快速迭代，形成类似 Android 的开源联盟。

谷歌主导的 A2A 协议则构建了"智能体联邦"：

- ❏ 企业服务商：Salesforce、SAP 等通过 AI Agent 能力封装，将 CRM、ERP 系统转化为可协作的智能节点。
- ❏ 开发者工具链：LangChain、AutoGen 等框架集成 A2A 协议，使多 Agent 系统开发周期缩短 70%。
- ❏ 安全与合规伙伴：德勤、埃森哲等咨询机构提供协议落地的合规审计服务，解决跨组织数据流通难题。

二者既有竞争又能互补：MCP 解决单体智能的"工具调用"，A2A 协议实现群体智能的"任务分工"。例如医疗场景中，影像分析 AI Agent 通过 MCP 调取 CT 数据，再通过 A2A 协调诊断 Agent 生成报告，形成完整的诊疗链条。

11.5.2　生态基建

MCP 作为"工具接口协议"，其基础设施演进聚焦于资源连接的深度与广度，目标是成为 AI 调用外部系统的"万能插口"。

（1）协议注册与发现中心

- ❏ MCP Registry 的智能化升级：通过动态元数据管理（如接口参数、权限声明、性能指标）实现服务的即插即用。例如，阿里云 Nacos MCP Registry 支持存量 API 的"零代码升级"，将传统 HTTP 接口自动转化为 MCP 兼容格式。
- ❏ 混合协议适配层：如 Higress AI 网关支持 MCP 与 A2A 协议转换，通过任务拆解与重组实现跨协议工作流编排。

（2）开发工具链革新

- ❏ 低代码化与模块化：微软 AutoGen 框架通过 MCP 插件实现多 Agent 协作，开发者只需关注业务逻辑，无需处理底层协议差异。
- ❏ 开源生态扩展：社区已开发数以千计的 MCP 服务器，覆盖 GitHub、ERP 等场景，形成类似 Android 应用市场的插件生态。

（3）安全与合规基础设施

动态权限管理系统：基于角色（RBAC）或属性（ABAC）的实时权限校验，例如支付接口调用需通过零信任架构验证。

（4）多模态与边缘化支持

- ❏ 非结构化数据接口：扩展对图像、音频、生物信号的支持，如工业质检场景同步分析 X 光影像和传感器数据。
- ❏ 轻量化边缘协议：优化端侧设备协议栈，工厂质检系统通过 MCP 在边缘端完成图像分析，延迟降至 50ms 以内。

A2A 协议作为"智能体协作语言"，其基础设施演进围绕群体智能的涌现与优化，目标是构建去中心化的"Agent 联邦"。

1）能力发现机制升级。Agent Card 元数据库：类似 DNS 的全局检索系统，支持动态能力协商。例如医疗影像 Agent 可声明支持 3D 渲染结果推送。

2）任务编排基础设施。异步任务引擎：独创"任务 – 工件"模型支持秒级响应到数天的长周期任务。

3）价值交换与信任网络。智能体信用积分系统：基于任务完成率、接口稳定性等指标构建信用模型，衍生出金融产品交易市场。

4）人机共融架构。HMT（人类监管令牌）机制：允许动态调整智能体决策权重，医疗诊断场景人工干预率从 15% 降至 3%。

11.5.3　架构发展趋势

1. MCP 的架构发展趋势

根据 Anthropic 于 2025 年 1 月公布的最新路线图，MCP 正在经历一次全面升级，从最初的本地安全交互框架逐步发展为支持远程通信、多 Agent 协作的开放生态系统，这不仅拓展了 MCP 的应用边界，也反映了 AI 基础设施标准化的行业趋势。

（1）支持远程通信和安全增强

MCP 的首要演进方向是远程通信与安全增强。2025 年上半年，协议将优先实现 MCP 客户端通过互联网安全连接远程 MCP 服务器的能力，支持 OAuth 2.0 等标准化认证机制。同时，探索无服务器环境下的无状态操作将显著优化云端资源调度效率。在安全架构方面，引入沙盒隔离技术确保服务器运行环境安全，同时强化端到端加密与会话管理，使 MCP 能够适配金融、医疗等高敏感场景的严格要求。

（2）在多模态支持方面

未来，MCP 将重点推进多模态扩展与标准化进程。协议将从文本交互拓展至音频、视频等格式支持，为医疗影像分析、工业质检等场景提供跨模态应用基础。同时，MCP 正积极推动通过 IETF、ISO 等国际标准化组织的认证，目标是成为 AI 领域的"TCP/IP"，联合社区开发通用接口规范，确保与 ANP 等其他协议的互操作性。

（3）开发者生态建设

开发者生态建设成为 MCP 发展的重要支柱。通过提供 Python/TypeScript 等主流语言的 SDK 和更丰富的参考实现，MCP 将大幅降低采用门槛。特别是对 Git 操作、文件系统访问等复杂用例的演示，将帮助开发者理解协议的实际应用价值。标准化的包管理格式和跨平台部署支持，配合公共服务器注册表的建立，将极大简化 MCP 服务的分发与发现过程。

（4）AI Agent 和复杂工作流支持

在 AI Agent 与复杂工作流支持方面，MCP 引入了突破性的分层 Agent 系统。通过命名空间和拓扑感知技术，支持树状 Agent 结构，实现供应链管理等场景中的多层级任务协作。

交互式工作流也获得优化，改进的用户权限动态授权机制和流式结果传输能力，使长时间运行的复杂任务也能保持良好的用户体验。

（5）权限模型的精细化

这是 MCP 发展的另一核心方向。新版协议引入了基于角色的访问控制（RBAC）和属性基础的访问控制（ABAC）相结合的复合权限系统，允许企业根据组织结构、数据敏感度和用户职能定义多层次权限策略。值得注意的是，即将推出的权限联邦机制将允许跨组织安全协作，这对于多方参与的复杂业务场景具有重要意义。

（6）企业级应用深化

在企业级应用方面，MCP 将深化行业解决方案，如在金融领域实现实时风控数据调取，在制造业中整合 ERP 与 IoT 设备数据流。更具前瞻性的是，MCP 还在研究与量子通信协议的融合，为国防、航天等高安全需求领域提供抗攻击通信通道。

（7）在性能优化层面

MCP 通过引入请求批处理、选择性缓存和资源预分配等机制，显著降低了高频操作的协议开销。最新的性能测试表明，优化后的 MCP 在高并发环境下能够减少 30% 以上的延迟时间，这对于大规模部署至关重要。

MCP 的这些演进方向共同构成了一个更加开放、安全且专业的企业级 AI 基础设施，不仅强化了其在安全与控制方面的传统优势，也通过多模态支持、领域适配和互操作能力的增强，扩展了其应用边界，进一步巩固了 MCP 作为连接 AI 与企业世界的关键桥梁地位。

2. A2A 协议的架构演进

Google 的 A2A 协议正沿着更加精细化、功能全面的方向稳步演进。根据官方发布的 Roadmap，A2A 协议的架构演进主要聚焦于强化 AI Agent 的发现机制、完善协作模式、优化任务生命周期以及拓展客户端方法与传输能力，同时辅以更加丰富的示例与文档支持。

（1）更安全更完善的 AI Agent 发现机制

在 AI Agent 发现领域，A2A 协议正式将授权方案和可选凭证直接纳入 AgentCard 结构，这一改进将使 AI Agent 身份验证与能力声明更加紧密结合，提高了网络中 AI Agent 发现与连接的安全性与可靠性。这种标准化的身份与能力声明机制为构建更广泛、更开放的 Agent 生态系统奠定基础，促进了从简单客户端 – 服务器模式向更复杂的多级 Agent 网络的演进。

（2）支持动态能力协商机制

协作机制方面，官方计划探索实现 QuerySkill() 方法，使 AI Agent 能够动态检查其他 AI Agent 未支持或未预期的技能。这一机制将极大提升网络中 AI Agent 的自主协作能力，允许 AI Agent 根据任务需求主动发现并利用网络中其他 AI Agent 的专业能力，实现更灵活的任务委托与协作模式。这反映了 A2A 协议向更智能化协作框架发展的趋势，强化了 AI Agent 间的协商与能力互补机制。

（3）自适应的交互体验

任务生命周期与用户体验方面，A2A 协议将支持任务内的动态 UX 协商，例如 AI

Agent 能够在对话过程中添加音频 / 视频等交互元素。这种灵活性使 AI Agent 能够根据任务进展自适应地调整交互方式，提供更丰富、更直观的用户体验。同时，这也增强了 AI Agent 对任务语义的理解与响应能力，使其能更智能地适应复杂任务需求。

（4）增强双向交互能力

在客户端方法与传输能力上，A2A 协议计划探索扩展对客户端发起方法的支持（超越当前的任务管理范畴），并改进流式传输的可靠性和推送通知机制。这些改进将进一步增强协议的双向交互能力，使客户端 Agent 具有更强的主动性，从而支持更复杂的交互模式和应用场景。

（5）增强生态赋能和开发者友好

为支持生态的快速发展，官方还将简化 " Hello World"示例，提供更多与不同框架集成或展示特定 A2A 协议功能的示例，为客户端 / 服务器库提供更全面的文档，并从 JSON 模式生成人类可读的 HTML 文档。这些举措将显著降低开发者采用门槛，促进 A2A 协议生态的开放性和多样性。

总体而言，A2A 协议的架构演进路径展现了其构建自组织、自进化智能网络的愿景，通过增强 AI Agent 发现、自主协作、动态交互和客户端能力，A2A 协议正逐步实现从基础通信协议向全面智能协作框架的跃升，为未来分布式 AI 应用提供强大的基础设施支持。

11.5.4　商业模式

在未来一年内，MCP 与 A2A 协议的协同发展将重构 AI 生态的底层架构，可能会催生出以下几类新型商业模式。

1. 智能体即服务（AaaS）

第三方专业 AI Agent 市场将兴起，类似移动互联网时代的应用商店。开发者可将特定领域的 AI 能力（如财税申报、法律咨询、医疗诊断）封装为标准化 Agent，通过 A2A 协议接入企业系统，按调用量或结果付费。譬如：某初创公司开发税务 Agent，企业通过 A2A 协议调用其服务完成跨境报税，每笔交易收取 0.1 ～ 1 美元费用。可能的发展路径有以下几种。

- ❑ 垂直场景突破：2025 年 Q3 前，聚焦高频刚需领域（如客服、招聘）形成标杆案例。
- ❑ 生态标准化：2025 年底出现类似 AWS Marketplace 的智能体交易平台，支持服务质量评级与自动结算。
- ❑ 长尾创新：2026 年初涌现基于多 Agent 协作的复合型服务（如 "市场调研＋竞品分析＋投放策略" 全流程 Agent 组合）。

2. 工具链即服务（TaaS）

传统软件工具（如数据库、设计软件）通过 MCP 微服务化，开发者按需调用模块化功能。例如 Adobe 将 Photoshop 功能拆解为 "图片修复""风格迁移"等独立服务，按 API 调用次数计费。其可能的发展特征有以下几点。

- □ 工具解构：2025 年 Q4 前，头部 SaaS 厂商（如 Salesforce、SAP）将核心功能 MCP 化。
- □ 动态组合：2026 年出现"工具乐高"平台，支持跨厂商工具链的自动编排（如自动串联 Stripe 支付接口与物流 API）。
- □ 价值重构：工具提供商从软件许可模式转向"使用量 + 结果价值"混合计费（如设计工具按生成图片的商业转化率分成）。

3. 动态生态治理服务

随着协议生态扩大，将衍生出协议合规审计、AI Agent 信誉评级、跨系统争议仲裁等第三方服务。例如，第三方机构基于区块链记录 AI Agent 任务完成率、响应延迟等指标，提供信用评估报告。可能的发展路径如下。

- □ 基础服务（2025 年）：协议兼容性测试工具（如 MCPSecure）成为企业刚需。
- □ 价值延伸（2026 年）：出现基于风险评估模型，用于智能体服务的保险精算。
- □ 生态闭环：协议层内置治理机制，形成自我演进的规则体系。

本章重点对比分析了 MCP 与 Google 最新发布的 A2A 协议。MCP 作为 AI Agent 时代早期出现的现象级协议，主要解决了 AI Agent 与外部工具和数据的连接问题。而 A2A 协议则专注于 AI Agent 之间的直接通信和协作，旨在打破不同 AI Agent 系统之间的互操作性壁垒。通过对智能系统演进路径的推演，我们可以看到，从智能涌现到智能连接工具，再到智能连接智能，最后到智能连接世界，AI Agent 通信协议在不同的阶段扮演着不同的角色。A2A 协议的发布，标志着 AI Agent 技术正迈向一个更加互联互通的新阶段。

尽管 Google 强调 A2A 协议与 MCP 是互补关系，但两者在实际应用中仍可能存在一定的竞争。同时，A2A 协议也与其他 AI Agent 通信协议如 ANP、Agora、agen.json、AITP 等存在着既有区别又有联系的关系。未来，多协议共存与融合将是 AI Agent 通信领域的重要趋势。MCP 和 A2A 协议作为当前最具影响力的两种协议，其生态系统的演进将直接影响 AI Agent 技术的未来发展方向和应用落地。

总而言之，以 MCP 和 A2A 协议为代表的 AI Agent 协议，对于推动 AI Agent 技术的进步、促进 AI Agent 应用的落地具有重要的价值和意义。它们为构建更加智能、协作和高效的 AI Agent 系统提供了关键的基础设施，预示着 AI Agent 技术将在未来的数字世界中发挥越来越重要的作用。